7天學會大數據資料處理—NoSQL

MongoDB
入門與活用

第五版

使用 MongoDB 7.0 &
Visual Studio 2022

黃士嘉、莊家郡 著

U0096030

- 認識 NoSQL 與各類型資料庫
- 學習 MongoDB 的管理工具操作
- 認識 Visual Studio 2022 開發環境
- 學習 MongoDB Compass 圖形介面的使用技巧
- 學習 MongoDB 的新增、更新、刪除與查詢技巧
- 使用索引加速查詢效率與分析效能
- 使用聚合處理複雜的查詢操作
- 使用複製提供可靠的系統服務
- 開發與測試 Web API 伺服器系統

快速具備MongoDB的基本使用技能

活用大數據資料處理的實用入門書！

MongoDB入門與活用

7天學會大數據資料處理—NoSQL

作　　者：黃士嘉、莊家郡
責任編輯：曾婉玲

董 事 長：曾梓翔
總 編 輯：陳錦輝

出　　版：博碩文化股份有限公司
地　　址：221 新北市汐止區新台五路一段 112 號 10 樓 A 棟
　　　　　電話 (02) 2696-2869　傳真 (02) 2696-2867

郵撥帳號：17484299　戶名：博碩文化股份有限公司
博碩網站：http://www.drmaster.com.tw
讀者服務信箱：dr26962869@gmail.com
讀者服務專線：(02) 2696-2869 分機 238、519
（週一至週五 09:30 ～ 12:00；13:30 ～ 17:00）

版　　次：2024 年 8 月第五版

建議零售價：新台幣 690 元
I S B N：978-626-333-945-3（平裝）
律師顧問：鳴權法律事務所 陳曉鳴 律師

本書如有破損或裝訂錯誤，請寄回本公司更換

國家圖書館出版品預行編目資料

7 天學會大數據資料處理 -NoSQL：MongoDB 入門與
活用 / 黃士嘉，莊家郡著 . -- 第五版 . -- 新北市：博碩
文化股份有限公司，2024.08
　　面；　公分

ISBN 978-626-333-945-3(平裝)

1.CST: 資料庫管理系統 2.CST: 關聯式資料庫

312.7565　　　　　　　　　　　　　113011675

Printed in Taiwan

歡迎團體訂購，另有優惠，請洽服務專線
博 碩 粉 絲 團　(02) 2696-2869 分機 238、519

序 言

在大數據（Big Data）時代，NoSQL（Not only SQL）已經成為資料儲存的主流，NoSQL 的出現並非意味著關聯式資料庫系統（Relational Database Management System, RDBMS）的消失，而是在網路上資料特性更加多元、複雜與大量。NoSQL 代表新型態資料庫系統資料儲存及處理的需求差異，並延伸出多樣的儲存方式，例如：文件型（Document）、鍵值型（Key-Value）、記憶體型（In-memory）、圖學型（Graph）等，其相符於大數據對於資料的三大特性—Volume、Velocity、Variety（簡稱 3V），成為新形態的資料處理與儲存的有效解決方案。

在資料庫網站排行榜「DB-Engines Ranking」中，對於各類資料庫系統在網路上被提及的數量、Google Trend 的關鍵字搜尋頻率、Stack Overflow 相關的技術討論、業界所開出的工作需求、個人於 LinkedIn 履歷所列出的專業技能以及 Twitter 社群討論活躍度之綜合評估上，以文件類型（Document Store）的 MongoDB 最為活躍。在 2024 年 NoSQL 的最具影響力資料庫中排名第一。

因此，本書以 MongoDB 作為主要資料庫，來進行介紹與教學練習，其 MongoDB 具有以下特性：

❑ **文件型導向的資料儲存及操作**：採用 JSON 格式進行資料儲存，大幅提升資料表達的可讀性，同時相符於前端開發對於資料需求的格式。有效地規劃資料格式，可降低開發的複雜度，並有利於網路資料的交換。

❑ **強大的查詢映射功能**：MongoDB 提供了豐富且靈活的查詢語言，可以進行複雜的資料篩選、排序和轉換。其查詢語言支援多種查詢操作符，包括範圍查詢、正則表達式和地理空間查詢，這使得資料處理變得更加簡單高效。

❑ **獨有的 Aggregation Pipeline 管線式聚合資料運算**：將資料透過多重階段的管線運算，轉換成聚合資料結果，在各個管線階段中使用 MongoDB 制定的聚合指令。與 Map-Reduce 不同之處在於，不需要在每一個管線階段都針對輸入的資料進行對應的輸出，而是在管線中篩選特定的資料或產生新的資料，並針對不同管線順序進行重組與索引，在巨量資料的聚合運算中，大幅提升處理速度。

筆者任教於國立台北科技大學電子工程系，觀察到大數據處理是重要的趨勢，因此將超過 15 年的研究教學成果與系統實作經驗整理成書，希望能帶領讀者從零開始，在實作中學習，透過精心設計的 Lab，讓讀者可以快速上手。

本書第一版、第二版、第三版及第四版，分別在 2016 年、2017 年、2019 年及 2021 年出版，在博客來網路商城長期榮登電腦書籍資料庫類第一名，熱銷 4000 本。在第五版中，我們延續前四版實作的精髓，全面翻新內容，以最新發表的 MongoDB 7.0 與 MongoDB Compass 作為開發環境，增加情境式的章節範例，使讀者融入其中，輕鬆地學習如何將 MongoDB 應用於程式專案開發。

筆者和所領導的多媒體系統實驗室團隊，基於 MongoDB 資料庫系統，共同研發「iTalkuTalk：看影片，AI 口語練習，英日韓中德西法俄越語」和「BlueNet 交通大平台」系統，在 Google Play 商店，榮獲超過 4.8 顆星和 4.6 顆星的評價，其中「iTalkuTalk：看影片，AI 口語練習，英日韓中德西法俄越語」在 2024 年下載量超過 100 萬，提供母語人士語言學習影片 8000 片、人工智慧互動口語練習約 8 萬句，App 最佳排名第一名，截至 2024 年 6 月，已經累積超過 210 個國家使用，累積註冊活躍會員超過 27 萬人，包括，越南活躍會員 9 萬人、台灣活躍會員 7 萬人、中南美洲活躍會員 5 萬人。我們也在「iTalkuTalk：看影片，AI 口語練習，英日韓中德西法俄越語」App 中，首創真人學伴配對學習，多人競賽學習模式，讓學習語言更具真實性和趣味性。

本書共有十一個章節：① NoSQL 介紹；② 安裝 MongoDB 資料庫與啟動服務；③ MongoDB 資料庫管理工具基本操作；④ 安裝 MongoDB 資料庫之圖形使用者介面與基本操作；⑤ 安裝 MongoDB 資料庫的整合開發環境與基本操作；⑥ MongoDB 基本操作：查詢；⑦ MongoDB 基本操作：新增、更新與刪除；⑧ MongoDB 進階應用：效能分析與優化；⑨ MongoDB 進階操作：聚合；⑩ MongoDB 進階功能：複製；⑪ MongoDB 應用範例：實作會員系統 Web API，從最基本的環境安裝、服務啟動、資料操作，到後續的效能優化及會員系統，從簡單到深入，讓讀者入門當前最火紅的 MongoDB，並在短短的一週快速上手，了解如何將 MongoDB 實際應用於真實的系統產品。

黃士嘉　謹識

國立台北科技大學電子工程系教授

加拿大 McGill University 國際客座教授

加拿大 Ontario Tech University 國際客座教授

IEEE Broadcasting Technology Society 台灣分會會長

IEEE Sensors Journal 期刊編輯

IEEE Transactions for Intelligent Vehicles 期刊編輯

IEEE Open Journal of the Computer Society 期刊編輯

Electronic Commerce Research and Applications 期刊編輯

目 錄

01 NoSQL 介紹
[CHAPTER]

02 安裝 MongoDB 資料庫與啟動服務
[CHAPTER]

03 MongoDB 資料庫管理工具基本操作
[CHAPTER]

04 安裝 MongoDB 資料庫的圖形使用者介面
|CHAPTER| 與基本操作

05 安裝 MongoDB 資料庫的整合開發環境與
|CHAPTER| 基本操作

MongoDB 基本操作：查詢

07 MongoDB 基本操作：新增、更新與刪除
[CHAPTER]

08 |CHAPTER| MongoDB 進階應用：效能分析與優化

09 |CHAPTER| MongoDB 進階操作：聚合

10 |CHAPTER| MongoDB 進階功能：複製

11 |CHAPTER| MongoDB 應用範例：實作會員系統 Web API

01

NoSQL 介紹

學習目標

❏ 介紹四種類型的 NoSQL 資料庫，包含文件導向資料庫、
鍵值資料庫、列式資料庫與圖形資料庫

1.1 觀念說明

1.1.1 為什麼會有 NoSQL

Google 的搜尋、Facebook 的社交與 Instagram 的圖片等服務，需要處理 PB 等級的巨量資料。網路服務業者為了解決如此龐大的資料量，若採用傳統的關聯式資料庫架構，需要藉助資料庫叢集技術，但這需要高額的硬體設備且不適用於分散式的資料儲存，因此有人提出不同的解決方案，如 NoSQL 資料庫。

「NoSQL」（Not Only SQL）是非傳統的關聯式資料庫的統稱，它優化大量資料的存取效率，並提供「無綱要」（Schemaless）及「水平擴充」（Scale out）的特性，以增加資料庫設計的彈性，因此在面對巨量資料時，有較佳的管理與分析能力。

1.1.2 NoSQL 和大數據的關係

NoSQL 的設計可以滿足大數據的 3V 特性。

資料量（Volume）

透過分散式運算架構可以處理大量資料。

速度（Velocity）

可以在一定的時間內完成查詢操作。

多樣的資料格式（Variety）

網路上的資訊各式各樣，但以半結構化或非結構化資訊居多，如表 1-1 所示。由於半結構化或非結構化資訊無法事先定義資料模型，所以不適合存放於傳統的關聯式資料庫。

表 1-1　以資訊的結構來區分資訊種類表

類別	舉例
結構化（Structured）	具有明確格式的資料，如關聯式資料庫內記錄的資料。
半結構化（Semi-structured）	XML、JSON、Logs、RFID tag。
非結構化（Unstructured）	網頁、E-mail、多媒體資訊（圖片、影像、聲音）。

使用傳統關聯式資料庫儲存資料之前,必須先定義資料表的欄位,即設計資料庫綱要(Schema),但是 NoSQL 屬於無綱要(Schemaless)設計,所以在儲存資料之前,不必定義資料庫綱要(Schema),因此 NoSQL 相較於傳統關聯式資料庫,更容易處理多樣性的資訊。以下舉例說明傳統關聯式資料庫的資料儲存方式。

STEP 01 建立一個實驗室成員的資料表,包含姓名、學號、性別等欄位。

○ 建立資料表指令

```
CREATE TABLE "實驗室成員" (
    "姓名" string,
    "學號" string,              資料庫綱要:定義資料表的欄位
    "性別" string
);
```

結果

表 1-2　實驗室成員資料表

姓名	學號	性別

STEP 02 新增三筆實驗室成員,包含李小穎、林小宏與劉小賓。

○ 新增資料指令

```
INSERT INTO "實驗室成員"( "李小穎", "108418012", "男");
INSERT INTO "實驗室成員"( "林小宏", "108418005", "男" );
INSERT INTO "實驗室成員"( "劉小賓", "108418006", "男" );
```

結果

表 1-3　新增三筆資料後的資料表

姓名	學號	性別
李小穎	108418012	男
林小宏	108418005	男
劉小賓	108418006	男

接著,實驗室今年來了一位姓名為吉米林的外籍學生。

STEP 01 更改資料庫綱要，增加國籍欄位。

表 1-4　新增一個國籍欄位的資料表

姓名	學號	性別	國籍
李小穎	108418012	男	NULL
林小宏	108418005	男	NULL
劉小賓	108418006	男	NULL

STEP 02 新增一筆實驗室成員，即姓名為吉米林的外籍學生。

○ 新增資料指令

```
INSERT INTO "實驗室成員"("吉米林", "105369012", "男", "美國");
```

結果

表 1-5　新增一筆資料後的資料表

姓名	學號	性別	國籍
李小穎	108418012	男	NULL
林小宏	108418005	男	NULL
劉小賓	108418006	男	NULL
吉米林	105369012	男	美國

從上面的例子來看，為了區分外籍學生，必須為資料表增加國籍的欄位，但若使用 NoSQL 的無綱要（Schemaless）設計，則不需修改資料表欄位，即可新增資料。此外，在同一個欄位中，還能接受不同資料型態的資料。

1.1.3　NoSQL 的分類

從資料模型的角度來看，NoSQL 主要劃分為四個基本的資料模型。

圖 1-1　NoSQL 基本分類與實作的資料庫

下表為四種 NoSQL 資料模型的介紹。

表 1-6　四種 NoSQL 資料模型介紹表

資料模型	應用場景	說明
文件導向資料庫（Document Oriented Database）	Web 環境下的數據資料。	可以支援 Web 環境下的數據資料，以集合（Collection）的方式儲存，每個集合有多筆文件（Document）組成，每筆文件可為 Web 結構化資料（如 JSON）。
鍵值資料庫（Key-value Oriented Database）	記錄檔系統、內容快取（主要用於處理大量資料的高存取負載）。	此資料模型的設計理念來自雜湊表，在 key 與 value 之間建立映射關係，透過 key 可以直接存取 value，進而進行基本的操作。
列式資料庫（Column Oriented Database）	分散式檔案系統。	以列儲存，將同一列資料存在一起。
圖形資料庫（Graph Oriented Database）	社交網路、推薦系統、關係圖譜。	採用圖結構的概念來儲存資料，並利用圖結構相關演算法提高性能。

※ 完整的 NoSQL 分類，請參考：URL https://en.wikipedia.org/wiki/NoSQL。

1.2　文件導向資料庫

1.2.1　文件導向資料庫介紹

「文件導向資料庫」（Document Oriented Database）是將 XML 或 JSON 文件導入 NoSQL 概念中。換言之，在資料模型的設計就是採用上述兩種格式作為儲存資料的方式。此模型著名的實作包括 MongoDB、CouchDB、RavenDB 等。

○ XML：可延伸標記式語言（eXtensible Markup Language），以下是 XML 的範例：

```
<?xml version="1.0">
<實驗室成員>
    <姓名>李小穎</姓名>
    <學號>108418012</學號>
    <性別>男</性別>
</實驗室成員>
```

○ JSON：輕量級資料交換語言（JavaScript Object Notation），以下是JSON的範例：

```
{
    "姓名": "李小穎",
    "學號": "108418012",
    "性別": "男"
}
```

> **💬 說　明**　**關聯式資料庫 vs 文件導向資料庫**
>
> 在關聯式資料庫中主要以表格（Table）的方式儲存資料，而資料被稱為「列」（Row）；文件導向資料庫主要以集合（Collection）的方式儲存資料，而資料被稱為「文件」（Document）。

表 1-7　資料庫對應表

	關聯式資料庫	文件導向資料庫
資料表	資料表（Table）	集合（Collection）
資料	列（Row）	文件（Document）

1.2.2　文件導向資料庫舉例說明

　　建立一個實驗室成員的資料表（Collection），包含姓名、學號、性別、興趣等欄位，接著新增三筆成員資料（Document），包含李小穎、林小宏與劉小賓（Document 以 JSON 格式呈現）。圖 1-2 比較文件導向資料庫與傳統關聯式資料庫之間的差異。

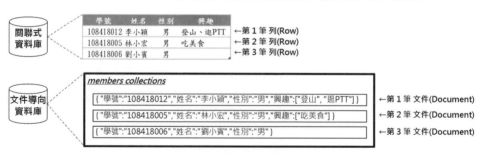

圖 1-2　關聯式資料庫 vs 文件導向資料庫示意圖

1.3 鍵值資料庫

1.3.1 鍵值資料庫介紹

「鍵值資料庫」（Key-value Oriented Database）是以 Amazon 的 Dynamo 研究論文《Dynamo: Amazon's Highly Available Key-value Store》以及分散式雜湊表為基礎。一筆資料包含一組「鍵值」（Key-Value），在 key 與 value 之間建立映射關係，透過 key 可以直接存取 value，進而進行基本的操作。此模型著名的實作包括 Redis、Memcached、Riak 等。

> **說 明** **關聯式資料庫 vs 鍵值資料庫**
>
> 在關聯式資料庫中主要以表格（Table）的方式儲存資料，而資料被稱為「列」（Row）；鍵值資料庫主要以桶（Bucket）的方式儲存資料，而資料被稱為「鍵值」（Key-Value）。
>
> **表 1-8 資料庫對應表**
>
> | | 關聯式資料庫 | 鍵值資料庫 |
> |---|---|---|
> | 資料表 | 資料表（Table） | 桶（Bucket） |
> | 資料 | 列（Row） | 鍵值（Key-Value） |

1.3.2 鍵值資料庫舉例說明

建立一個實驗室成員的資料表（Bucket），包含姓名、學號、性別、興趣等欄位，接著新增三筆成員資料（Key-Value），包含李小穎、林小宏與劉小賓。圖 1-3 比較鍵值資料庫與傳統關聯式資料庫之間差異，鍵值資料庫當中的 key 內容為自定義，例如：可定義成「學號＋欄位名稱」，但 key 必須具有唯一性。

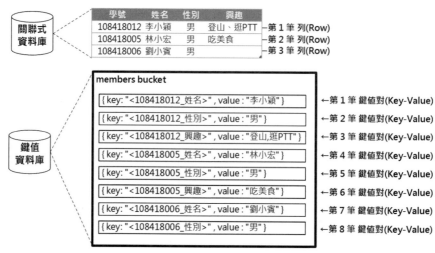

圖 1-3　關聯式資料庫 vs 鍵值資料庫示意圖

1.4　列式資料庫

1.4.1　列式資料庫介紹

「列式資料庫」（Column Oriented Database）是以列儲存，將同一列資料存在一起。此模型著名的實作包括 Apache Cassandra、Google BigTable、Hadoop Hbase 等。

> 💬 **說　明**　**關聯式資料庫 vs 列式資料庫**
>
> 在關聯式資料庫中主要以表格（Table）的方式儲存資料，而資料被稱為「列」（Row）；列式資料庫主要以欄位群（Column Family）的方式儲存資料，而資料被稱為「列」（Row）。

表 1-9　資料庫對應表

	關聯式資料庫	列式資料庫
資料表	資料表（Table）	欄位群（Column Family）
資料	列（Row）	列（Row）

1.4.2 列式資料庫舉例說明

建立一個實驗室成員的資料表（Column Family），包含姓名、學號、性別、興趣等欄位，接著新增三筆成員資料（Row），包含李小穎、林小宏與劉小賓。圖 1-4 比較列式資料庫與傳統關聯式資料庫之間差異。

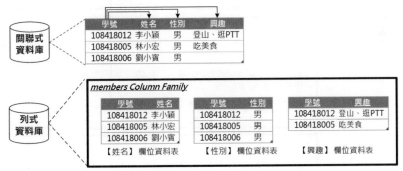

圖 1-4 關聯式資料庫 vs 列式資料庫示意圖

1.5 圖形資料庫

1.5.1 圖形資料庫介紹

「圖形資料庫」（Graph Oriented Database）是採用圖結構的概念來儲存資料，並利用圖結構相關演算法提高性能。此模型著名的實作包括 Neo4j、Hyper GraphDB 與 FlockDB（Twitter）等。

> **💬 說 明　關聯式資料庫 vs 圖形資料庫**
>
> 在關聯式資料庫中主要以表格（Table）的方式儲存資料，而資料被稱為「列」（Row）；圖形資料庫主要以節點（Node）的方式儲存資料，而資料被稱為「屬性」（Attribute）。

表 1-10 資料庫對應表

	關聯式資料庫	圖形資料庫
資料表	資料表（Table）	節點（Node）
資料	列（Row）	節點的屬性（Attribute）

1.5.2　圖形資料庫舉例說明與操作

　　建立一個學校選課系統，其中包含「學生」（students）、「課程」（classes）、「教職員」（staffs）、「學生 - 課程」（students-classes）與「教職員 - 課程」（staffs-classes）等五個資料表。圖 1-5 比較圖形資料庫與傳統關聯式資料庫之間差異。

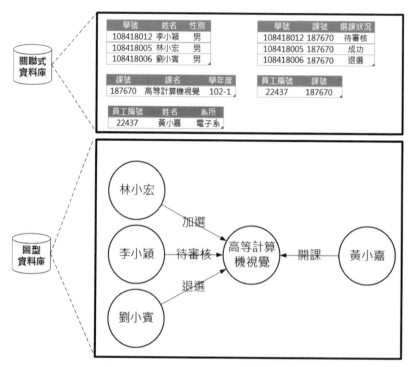

圖 1-5　關聯式資料庫 vs 圖形資料庫示意圖

🗄 傳統關聯式資料庫的操作步驟

STEP 01　建立 students 資料表，並新增資料。

○ 建立資料表指令

```
CREATE TABLE "students"("學號" string, "姓名" string, "性別" string);
```

○ 新增資料指令

```
INSERT INTO "students"( "李小穎", "108418012", "男" );
INSERT INTO "students"( "林小宏", "108418005", "男" );
INSERT INTO "students"( "劉小賓", "108418006", "男" );
```

結果

表 1-11　students 資料表

學號	姓名	性別
108418012	李小穎	男
108418005	林小宏	男
108418006	劉小賓	男

STEP 02 建立 staffs 資料表，並新增資料。

○ 建立資料表指令

```
CREATE TABLE "staffs"("員工編號" string, "姓名" string, "系所" string);
```

○ 新增資料指令

```
INSERT INTO "staffs"( "22437", "黃小嘉", "電子系" );
```

結果

表 1-12　staffs 資料表

員工編號	姓名	系所
22437	黃小嘉	電子系

STEP 03 建立 classes 資料表，並新增資料。

○ 建立資料表指令

```
CREATE TABLE "classes"("課號" string, "課名" string, "學年度" string);
```

○ 新增資料指令

```
INSERT INTO "classes"( "187670", "高等計算機視覺", "102-1" );
```

結果

表 1-13　classes 資料表

課號	課名	學年度
187670	高等計算機視覺	102-1

STEP 04 建立 students-classes 資料表,並新增資料。

○ 建立資料表指令

```
CREATE TABLE "students-classes"("學號" string, "課號" string, "選課狀況" string);
```

○ 新增資料指令

```
INSERT INTO "students-classes"( "108418012", "187670", "待審核" );
INSERT INTO "students-classes"( "108418005", "187670", "成功" );
INSERT INTO "students-classes"( "108418006", "187670", "退選" );
```

結果

表 1-14 students-classes 資料表

學號	課號	選課狀況
108418012	187670	待審核
108418005	187670	成功
108418006	187670	退選

STEP 05 建立 staffs-classes 資料表,並新增資料。

○ 建立資料表指令

```
CREATE TABLE "staffs-classes"("員工編號" string, "課號" string);
```

○ 新增資料指令

```
INSERT INTO " staffs-classes"( "22437", "187670");
```

結果

表 1-15 staffs-classes 資料表

員工編號	課號
22437	187670

 圖形資料庫的操作步驟

STEP 01 進入 Neo4j 官網下載最新版本,網址: URL https://neo4j.com/download/ ,點選「Download」按鈕下載並安裝。

圖 1-6　Neo4j 下載頁面

STEP 02 開啟 Neo4j，點選「Add」按鈕後，選擇「Local DBMS」來新增本地資料庫。

圖 1-7　Neo4j 管理頁面

STEP 03 設定資料庫資訊。

❶輸入資料庫名稱、密碼及版本。

❷點選「Create」按鈕來建立資料庫。

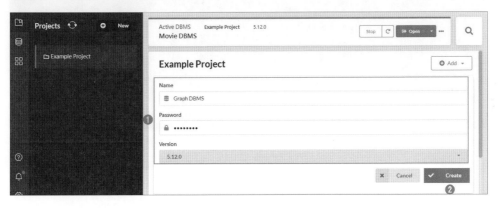

圖 1-8　設定資料庫資訊

STEP 04 啟動資料庫,並開啟圖形使用者介面。

❶點選「Start」按鈕來啟動資料庫。

❷點選「Open」按鈕來開啟圖形使用者介面。

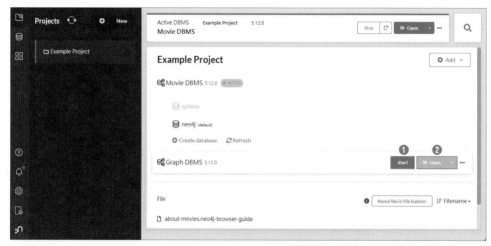

圖 1-9　啟動資料庫與開啟圖形使用者介面

STEP 05 圖形使用者介面的使用說明(Neo4j 預設的管理介面 Port 為 7474,資料庫為 7687)。

❶輸入 Neo4j 語法的地方。

❷執行語法的按鈕。

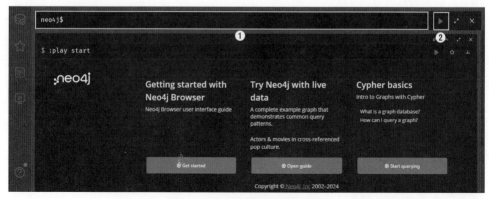

圖 1-10　Neo4j 圖形使用者介面

STEP 06 建立學生 / 課程 / 教職員節點（Node）。

○ Neo4j 的語法，建立一個節點

```
CREATE （變數名稱 : 節點類型 { 節點屬性 }） RETURN 變數名稱
```

○ 建立學生節點的操作步驟

❶建立學生（Student）節點，分別執行下面三條指令：

```
CREATE (var:Student { 學號 : '1108418012', 名字 :'李小穎', 性別 :'男' }) RETURN var
CREATE (var:Student { 學號 : '1108418005', 名字 :'林小宏', 性別 :'男' }) RETURN var
CREATE (var:Student { 學號 : '1108418006', 名字 :'劉小賓', 性別 :'男' }) RETURN var
```

❷查詢結果指令：

```
MATCH (n) RETURN n LIMIT 100
```

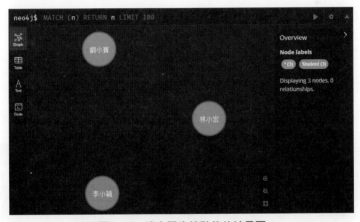

圖 1-11　建立學生節點後的結果圖

○ 建立課程（Class）節點的操作步驟

❶建立節點指令：

```
CREATE (var:Class { 課號 : '187670', 課名 :'高等計算機視覺', 學年度 :'110-1' }) RETURN var
```

❷查詢結果指令：

```
MATCH (n) RETURN n LIMIT 100
```

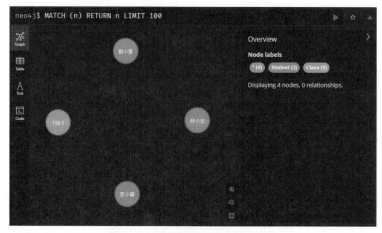

圖 1-12　建立課程節點後的結果圖

○ 建立教職員（Staff）節點的操作步驟

❶ 建立節點指令：

```
CREATE (var:Staff { 員工編號：'22437', 名字 :' 黃小嘉 ', 系所 :' 電子系 ' }) RETURN var
```

❷ 查詢結果指令：

```
MATCH (n) RETURN n LIMIT 100
```

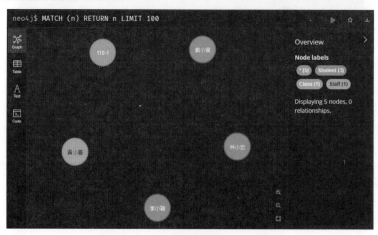

圖 1-13　建立教職員節點後的結果圖

STEP 07 建立連線關係（Relationship）。

○ Neo4j 的語法，建立兩個節點之間的連線關係

```
MATCH (var1:查詢條件), (var2:查詢條件}) CREATE (var1)-[:線段屬性]->(var2)
```

○ 建立學生節點與課程節點之間的連線關係的操作步驟

❶ 建立學生節點（Student）至課程節點（Class）之間的連線關係，分別執行下面三條指令：

```
MATCH (var1:Student { 名字:'李小穎' }), (var2:Class { 課號: '187670' }) CREATE
(var1)-[:待審核]->(var2)
MATCH (var1:Student { 名字:'林小宏' }), (var2:Class { 課號: '187670' }) CREATE
(var1)-[:加選]->(var2)
MATCH (var1:Student { 名字:'劉小賓' }), (var2:Class { 課號: '187670' }) CREATE
(var1)-[:退選]->(var2)
```

❷ 查詢結果指令：

```
MATCH (n) RETURN n LIMIT 100
```

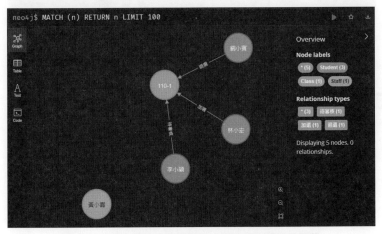

圖 1-14　建立學生與課程節點之間的連線關係結果圖

○建立連線教職員節點至課程節點之間的連線關係的操作步驟

❶建立連線教職員節點（Staff）至課程節點（Class）之間的連線關係指令：

```
MATCH (var1:Staff { 名字:'黃小嘉' }), (var2:Class { 課號: '187670' }) CREATE
(var1)-[:開課]->(var2)
```

❷查詢結果指令：

```
MATCH (n) RETURN n LIMIT 100
```

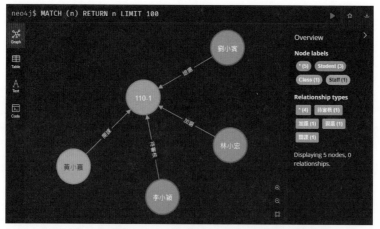

圖 1-15　建立教職員與課程節點之間的連線關係結果圖

🎵 延伸學習　**Neo4j 其他常用的語法教學**

❏ 刪除節點

```
MATCH (n:節點編號) DELETE n
```

❏ 刪除某個節點以及其和其他節點的連線關係

```
MATCH (n:節點編號)-[r]-() DELETE n,r
```

❏ 刪除某個節點所有的連線關係

```
MATCH (n:節點編號)-[r]-() DELETE r
```

02

安裝 MongoDB 資料庫與啟動服務

學習目標

❏ 在 Windows 作業系統上安裝 MongoDB 資料庫與啟動
MongoDB 服務

2.1 觀念說明

2.1.1 MongoDB 特性介紹

以集合的方式儲存資料

在「關聯式資料庫」（Relational Database）中，主要以表格（Table）的方式儲存資料，資料被稱為「列」（Row）；而 MongoDB 為非關聯式資料庫中的「文件導向資料庫」（Document Oriented Database），主要以集合（Collection）的方式儲存資料，而資料被稱為「文件」（Document）。

表 2-1　關聯式資料庫與文件導向資料庫的專有名詞比較

	關聯式資料庫	文件導向資料庫
資料表	資料表（Table）	集合（Collection）
資料	列（Row）	文件（Document）

MongoDB 資料庫中文件（Document）是採取 JSON 的格式作為儲存資料的方式。JSON 英文全名為「JavaScript Object Notation」，是一種資料交換語言。以下為 JSON 的格式：

```
{
    "姓名" : "林小傑",
    "學號" : "105369012",
    "性別" : "男"
}
```

無綱要設計

使用傳統關聯式資料庫儲存資料前，必須先定義資料表的欄位，即設計資料庫綱要（Schema），但是 MongoDB 屬於無綱要（Schemaless）設計，所以在儲存資料之前，不必定義資料庫綱要（Schema）。

可儲存非文件的大型物件

MongoDB 除了可以儲存文件（上限大小為 16MB）之外，還能儲存非文件的物件，例如：圖片或視訊等容量較大的資料。儲存非文件的物件必須使用 MongoDB 的 GirdFS，它是一種 MongoDB 所定義的規範，它包含兩個集合：①檔案資訊集合（fs.files）；②檔案區塊集合（fs.chunks）。

支援多種程式語言

MongoDB 支援 C、C++、C#、Go、Java、JavaScript、PHP、Python、Ruby、Rust、Scala、Swift 等多種程式語言。

2.2 下載 MongoDB 主程式及資料庫相關工具

2.2.1 下載主程式

STEP 01 進入 MongoDB 官方網站，下載主程式。

下載網址：[URL] https://www.mongodb.com/try/download/community。MongoDB 適用於多種作業系統，包含 Windows、Linux 和 MacOS，並提供企業版（Enterprise）與社群版（Community）。本書使用的 MongoDB 版本為 7.0 的社群版（Community），電腦的作業系統為 Windows 11。

❶在目錄選單中，選擇「MongoDB Community Server Download」。

❷在 Version 選單中，選擇「7.0.x」。

❸在 Platform 選單中，選擇「Windows x64」。

❹在 Package 選單中，選擇「msi」。

❺點選「Download」按鈕。

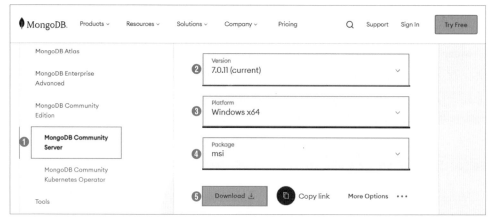

圖 2-1　主程式下載頁面

ST EP 02 主程式下載完成。

下載完成後，檔案名稱為「mongodb-windows-x86_64-7.0.x-signed.msi」。

圖 2-2　主程式下載完成

2.2.2　下載資料庫命令工具

ST EP 01 進入 MongoDB 官方網站，下載資料庫命令工具。

下載網址：URL https://www.mongodb.com/try/download/shell。MongoDB 提供資料庫命令工具，以指令的方式來進行資料庫的各種操作。本書使用的資料庫管理工具版本為2.2，電腦的作業系統為 Windows 11。

❶在目錄選單中，選擇「MongoDB Shell」。

❷在 Version 選單中，選擇「2.2.x」。

❸在 Platform 選單中，選擇「Windows x64 (10+)」。

❹在 Package 選單中，選擇「msi」。

❺點選「Download」按鈕。

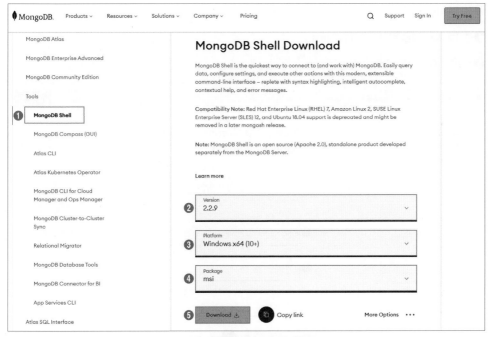

圖 2-3　資料庫命令工具下載頁面

ST EP 02 資料庫管理工具下載完成。

下載完成後，檔案名稱為「mongosh-2.2.x-x64.msi」。

圖 2-4　資料庫命令工具下載完成

2.2.3　下載資料庫管理工具

ST EP 01 進入 MongoDB 官方網站，下載資料庫管理工具。

下載網址：URL https://www.mongodb.com/try/download/database-tools。MongoDB 提供資料庫管理工具，以管理與分析資料庫狀態。本書使用的資料庫管理工具版本為 100.9，電腦的作業系統為 Windows 11。

❶在目錄選單中，選擇「MongoDB Database Tools」。

❷在 Version 選單中，選擇「100.9.x」。

❸在 Platform 選單中，選擇「Windows x86_64」。

❹在 Package 選單中，選擇「msi」。

❺點選「Download」按鈕。

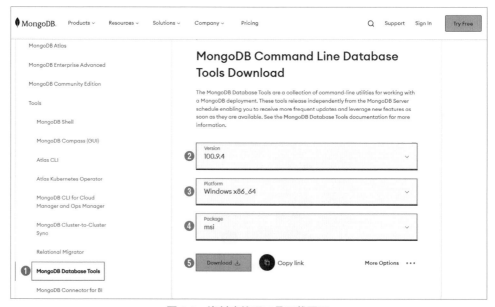

圖 2-5　資料庫管理工具下載頁面

STEP 02 資料庫管理工具下載完成。

下載完成後，檔案名稱為「mongodb-database-tools-windows-x86_64-100.9.x.msi」。

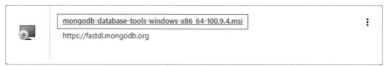

圖 2-6　資料庫管理工具下載完成

2.3　安裝 MongoDB 主程式及資料庫相關工具

2.3.1　安裝主程式

STEP 01 執行下載完成的主程式檔案，開始進行安裝流程。

圖 2-7　安裝流程：執行 MongoDB 主程式的安裝檔

STEP 02 勾選同意授權協議。

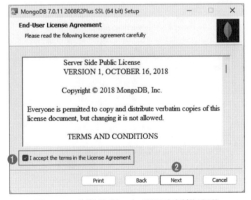

圖 2-8　安裝流程：勾選同意授權協議

STEP 03 選擇安裝類型。

圖 2-9　安裝流程：點選完整安裝

STEP 04 設定安裝位置。

❶ 將 MongoDB 安裝為「服務」（Service），並將服務名稱（Service Name）命名為「MongoDB」。

❷ Data Directory 為資料儲存位置，儲存在「C:\Program Files\MongoDB\Server\7.0\data」資料夾。Log Directory 為操作記錄檔儲存位置，儲存在「C:\Program Files\MongoDB\Server\7.0\log」資料夾。

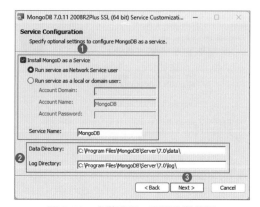

圖 2-10　安裝流程：預設安裝位置

STEP 05 安裝 MongoDB Compass。

MongoDB 官方提供 Compass 管理工具，以圖形介面管理資料庫，並提供豐富的圖表分析功能，且易於上手使用，後續章節會介紹此工具的使用方法。

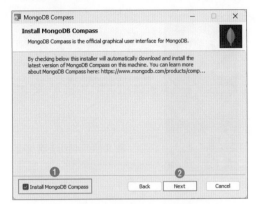

圖 2-11 安裝流程：安裝官方圖形化介面管理工具（Compass）

STEP 06 開始安裝與完成。

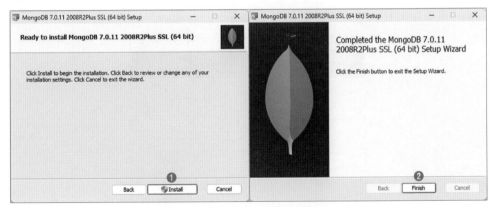

圖 2-12 安裝流程：開始安裝與完成

2.3.2　安裝資料庫命令工具

STEP 01 執行下載完成的資料庫命令工具檔案，開始進行安裝流程。

圖 2-13　安裝流程：執行資料庫命令工具的安裝檔

STEP 02 設定安裝位置。

圖中路徑為資料庫命令工具安裝位置，儲存在「C:\Program Files\mongosh」資料夾。

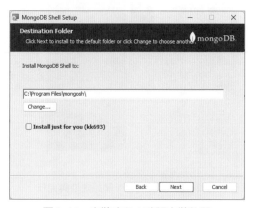

圖 2-14　安裝流程：確認安裝位置

ST EP 03 開始安裝與完成。

圖 2-15 安裝流程：開始安裝與完成

2.3.3 安裝資料庫管理工具

ST EP 01 執行下載完成的資料庫管理工具檔案，開始進行安裝流程。

點選 Next 開始安裝流程

圖 2-16 安裝流程：執行資料庫管理工具的安裝檔

STEP 02 勾選同意授權協議。

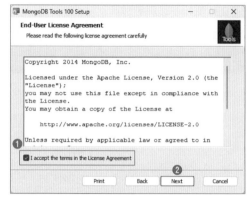

圖 2-17　安裝流程：勾選同意授權協議

STEP 03 設定安裝位置。

❶ Location 為資料庫管理工具安裝位置，儲存在「C:\Program Files\MongoDB\Tools\100」資料夾。

❷ 點選「Next」按鈕。

圖 2-18　安裝流程：點選完整安裝

STEP 04 開始安裝與完成。

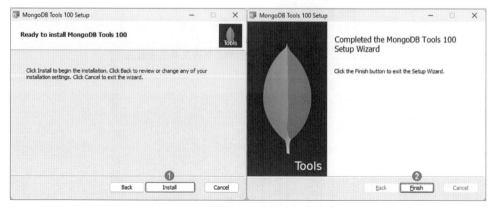

圖 2-19　安裝流程：開始安裝與完成

♪ 延伸學習　**MongoDB 主程式與資料庫工具的檔案介紹**

❏ 主程式安裝位置「C:\Program Files\MongoDB\Server\7.0」

圖 2-20　主程式目錄檔案示意圖

❏ 資料庫命令工具安裝位置「C:\Program Files\mongosh」

圖 2-21　資料庫命令工具目錄檔案示意圖

❏ 資料庫管理工具安裝位置「C:\Program Files\MongoDB\Tools\100」

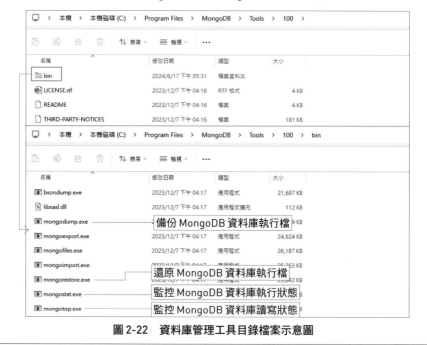

圖 2-22　資料庫管理工具目錄檔案示意圖

2.3.4　設定環境變數

　　為了在命令提示字元（cmd）中使用 MongoDB 主程式與管理工具，需要將 MongoDB 目錄中的 bin 資料夾新增至環境變數。通常在安裝過程中，系統會自動將 bin 資料夾新增至環境變數，如果系統未自動處理，就需要自行新增。

STEP 01 開啟系統環境變數。

❶按下 ⊞ 鍵，並在查詢列中輸入「環境變數」。

❷在查詢清單的「編輯系統環境變數」項目上按滑鼠左鍵。

圖 2-23　搜尋環境變數視窗操作示意圖

STEP **02** 設定系統環境變數項目。

❶在「系統內容」視窗中，點選「環境變數」按鈕。

❷在「環境變數」視窗的系統變數區塊內，尋找 Path 變數。

❸在「環境變數」視窗中，點選「編輯」按鈕。

❹在「編輯環境變數」視窗中，點擊「新增」按鈕，並輸入「C:\Program Files\MongoDB\Server\7.0\bin」及「C:\Program Files\MongoDB\Tools\100\bin」。

❺在「編輯系統變數」視窗中，點選「確定」按鈕。

❻在「環境變數」視窗中，點選「確定」按鈕。

❼在「系統內容」視窗中，點選「確定」按鈕。

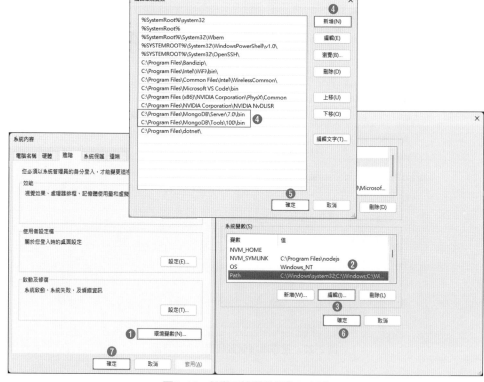

圖 2-24　新增環境變數操作示意圖

2.4　檢查與啟動 MongoDB 服務

　　在安裝過程中，MongoDB 會自動建立服務，我們可透過 Windows 中的「服務」來確認 MongoDB 目前的服務狀態。

2.4.1　檢查電腦上 MongoDB 的服務狀態

❶在查詢列中，輸入「服務」並點選。

❷在「服務」視窗內尋找「MongoDB Server」服務，並透過左鍵點兩下來開啟服務內容。

❸透過「服務狀態」來確認 MongoDB 是否正在執行，並透過「啟動」執行 MongoDB 或「停止」暫停 MongoDB。

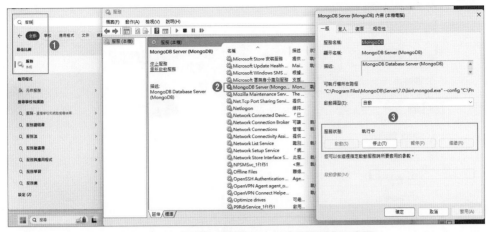

圖2-25　在「服務」尋找MongoDB服務操作示意圖

> **Ｑ 注 意**　如果沒有任何有關MongoDB的服務，需要透過Windows Service啟動MongoDB服務。

　　如果MongoDB服務未啟動，可使用以下兩種方式來啟動：①啟動方式一：「使用Windows Service啟動MongoDB服務」，每次電腦重新啟動後，都會自動重啟MongoDB服務；②啟動方式二：「使用命令提示字元啟動MongoDB服務」，若電腦重新啟動後，須手動重啟MongoDB服務。

2.4.2　啟動方式一：使用Windows Service啟動MongoDB服務

STEP 01　由於「建立Windows Service」時，必須是系統管理員身分，所以使用系統管理員身分執行「命令提示字元」。

❶在查詢列中輸入「cmd」。

❷在查詢清單的「命令提示字元」項目上按滑鼠右鍵。

❸點選「以系統管理員身分執行」。

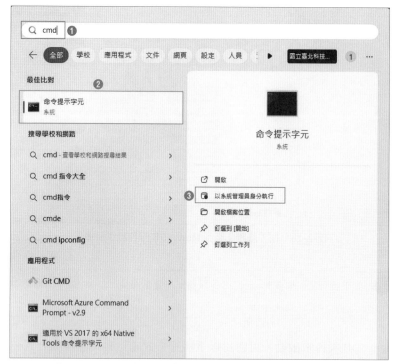

圖2-26　以系統管理員身分執行命令提示字元的操作示意圖

STEP 02 使用 mongod.cfg 組態檔建立 MongoDB 服務。

在命令提示字元（cmd）中，輸入「mongod --config "C:\Program Files\MongoDB\Server\
7.0\bin\mongod.cfg" -install」。

圖2-27　透過「系統管理員」權限的「命令提示字元」建立 MongoDB 服務操作示意圖

建立 MongoDB 服務後，在 Windows「服務」視窗會出現 MongoDB 項目，且新建立的
MongoDB 服務狀態是「已停止」。

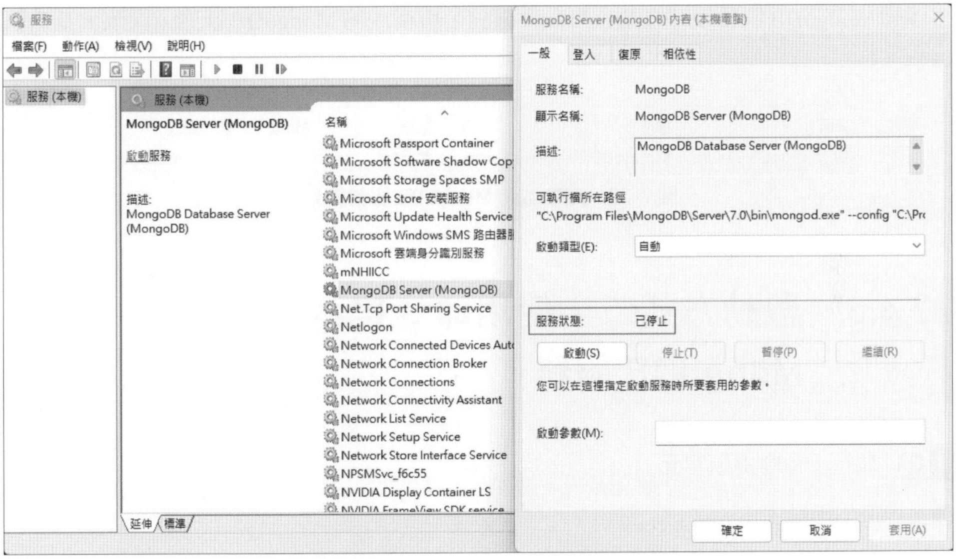

圖 2-28　成功建立 MongoDB 服務的結果圖

STEP 03 啟動與停止 MongoDB 服務。

　　我們可選擇使用「服務」中「MongoDB 內容」視窗內的「啟動」、「停止」，或是在命令提示字元（cmd）中輸入「net start mongodb」，以啟動 MongoDB，輸入「net stop mongodb」，以停止 MongoDB。

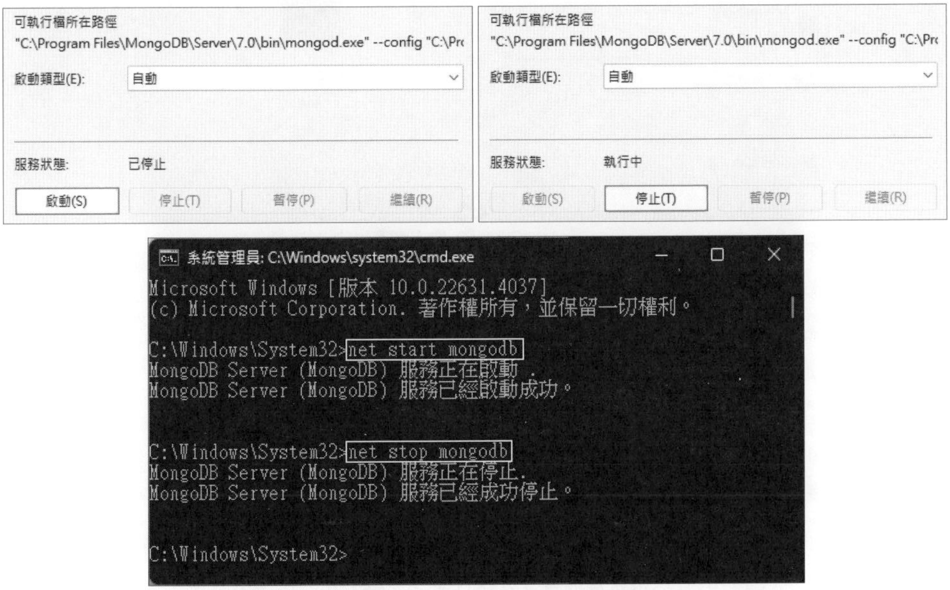

圖 2-29　啟動與停止 MongoDB 服務操作示意圖

　　啟動 MongoDB 服務後，在 Windows「服務」視窗內的 MongoDB 狀態，會改變為「執行中」。

名稱 ^	描述	狀態	啟動類型	登入身分
MongoDB Server...	MongoDB Database Server...	執行中	自動	Network Service

圖 2-30　成功啟動 MongoDB 服務結果圖

2.4.3　啟動方式二：使用命令提示字元啟動 MongoDB 服務

STEP 01 執行「命令提示字元」。

❶在查詢列中輸入「cmd」。

❷在查詢清單的「命令提示字元」項目上按滑鼠右鍵。

❸點選「以系統管理員身分執行」。

圖 2-31　以系統管理員身分執行命令提示字元的操作示意圖

STEP 02 使用 mongod.cfg 組態檔執行 MongoDB 服務。

在命令提示字元中，輸入「mongod --config "C:\Program Files\MongoDB\Server\7.0\bin\mongod.cfg"」。

> **Q 注　意**　將執行指令的命令提示字元（cmd）的視窗關閉，或同時按下 Ctrl + C 鍵，會關閉 MongoDB 服務。

```
系統管理員: C:\Windows\system32\cmd.exe                               —    □    ×
Microsoft Windows [版本 10.0.22631.3737]
(c) Microsoft Corporation. 著作權所有，並保留一切權利。

C:\Windows\System32>mongod --config "C:\Program Files\MongoDB\Server\7.0\bin\mongod.cfg"
```

圖 2-32　啟動並開啟 MongoDB 服務

🎵 **延伸學習**

Q：如何在 Windows Service 移除 MongoDB 服務？

A：在命令提示字元（cmd）中輸入「mongod --remove」。

```
系統管理員: 命令提示字元                                              —    □    ×
C:\Windows\system32>mongod --remove
{"t":{"$date":"2021-02-01T21:02:16.562+08:00"},"s":"I",  "c":"CONTROL",  "id":23285,  "ctx":"main",
"msg":"Automatically disabling TLS 1.0, to force-enable TLS 1.0 specify --sslDisabledProtocols 'none'"
}
{"t":{"$date":"2021-02-01T21:02:16.565+08:00"},"s":"W",  "c":"ASIO",    "id":22601,  "ctx":"main",
"msg":"No TransportLayer configured during NetworkInterface startup"}
{"t":{"$date":"2021-02-01T21:02:16.565+08:00"},"s":"I",  "c":"NETWORK", "id":4648602,"ctx":"main",
"msg":"Implicit TCP FastOpen in use."}
{"t":{"$date":"2021-02-01T21:02:16.566+08:00"},"s":"I",  "c":"CONTROL", "id":23307,  "ctx":"main",
"msg":"Trying to remove Windows service '{toUtf8String_serviceName}'","attr":{"toUtf8String_serviceNam
e":"MongoDB"}}
{"t":{"$date":"2021-02-01T21:02:16.567+08:00"},"s":"I",  "c":"CONTROL", "id":23312,  "ctx":"main",
"msg":"Service '{toUtf8String_serviceName}' removed","attr":{"toUtf8String_serviceName":"MongoDB"}}

C:\Windows\system32>
```

圖 2-33　移除 MongoDB 服務操作示意圖

Q：如何修改 MongoDB 的資料儲存位置？

A：修改「C:\Program Files\MongoDB\Server\7.0\bin\mongod.cfg」中 dbPath 後的位置文字「C:\Program Files\MongoDB\Server\7.0\data」，修改為資料要儲存的位置後存檔，並重新啟動 MongoDB 服務後，才能讀取修改後的組態。

```
# mongod.conf

# 資料儲存位置與方式
storage:
  dbPath: C:\Program Files\MongoDB\Server\7.0\data
```

```
    journal:
      enabled: true

# 儲存系統紀錄的位置
systemLog:
  destination: file
  logAppend: true
  path:  C:\Program Files\MongoDB\Server\7.0\log\mongod.log

# 網路設定
net:
  port: 27017 #MongoDB 服務使用的 TCP 埠號。
  bindIp: 127.0.0.1 #限定只有自己的電腦可以連線 MongoDB。
```

❏ 「#」符號在組態檔為註解，註解符號後的文字並不會被 MongoDB 讀取。

03

MongoDB 資料庫管理工具基本操作

學習目標

❏ 使用 MongoDB 官方提供的資料庫相關工具

❏ 使用 mongosh 連接 MongoDB 資料庫服務與基本操作

❏ 學習資料庫狀態查詢、資料備份與還原

3.1　觀念說明

　MongoDB 官方除了提供 MongoDB 資料庫主程式之外，也提供一系列的相關工具，這些工具以命令列介面的方式與使用者進行互動，並協助使用者分析、診斷與維護 MongoDB 服務。本書使用 MongoDB 2.2 版本的命令工具和 100.9 版本的管理工具，在 Windows 作業系統預設的路徑分別是「C:\Program Files\mongosh」和「C:\Program Files\MongoDB\Tools\100\bin」。

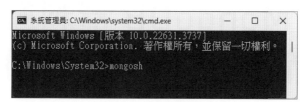

圖 3-1　命令列介面

表 3-1　官方提供的程式用途

名稱	用途說明
mongosh	mongosh（MongoDB Shell）是用於連線 MongoDB 資料庫的 JavaScript 互動介面。它可進行新增（Create）、查詢（Read）、更新（Update）、刪除（Delete）等資料操作，以及新增資料庫使用者、修改使用者的存取權限、設定 MongoDB 伺服器的複製（Replication）等管理員操作。
mongodump	mongodump 是用於備份資料（Backup）的工具。它可將資料庫的內容輸出成二進制的檔案，並搭配 mongorestore 進行資料庫還原。
mongorestore	mongorestore 是用於還原資料（Restore）的工具。它可讀取二進制的資料庫內容檔案。如果復原的資料與已存在資料庫內的資料「_id」值相同，並不會覆蓋相同的資料。
mongostat	mongostat 用於顯示目前執行中的 MongoDB 資料庫的每秒狀態，包含記憶體使用狀態、平均操作指令數量、MongoDB 收到 / 產生的網路流量等。
mongotop	mongotop 用於顯示目前執行中的 MongoDB 資料庫的每個集合執行操作所花費的時間。預設會統計每秒內 MongoDB 執行查詢、新增操作所花費的時間，也可更改統計時間的週期，例如：每五秒、每十秒統計一次。

♫ 延伸學習

❏ 更詳細的官方提供應用程式與說明，請參考：URL https://docs.mongodb.com/manual/reference/program/。

3.2 MongoDB Shell 連接 MongoDB 伺服器

ST
EP 01 啟動命令提示字元。

按下 ■ 鍵，並在查詢列中輸入「cmd」。

ST
EP 02 操作 MongoDB Shell。

❶在命令提示字元中輸入「mongosh」。成功連接 MongoDB 伺服器後，會顯示 MongoDB
伺服器執行和 MongoDB Shell 命令工具的版本資訊，如圖 3-2 所示。「Using
MongoDB：7.0.11」與「Using Mongosh：2.2.9」代表 MongoDB 伺服器版本為 7.0.11，
MongoDB Shell 命令工具版本為 2.2.9。

❷提示「Access control is not enabled for the database…」，表示 MongoDB 資料庫沒有啟
用權限控制，使用者需要注意資料是否會被他人讀取。

❸離開 mongosh（即中斷 MongoDB 連線）需要輸入「exit」或「quit()」或同時按下 Ctrl
+ C 鍵，便會離開 mongosh 的操作介面。

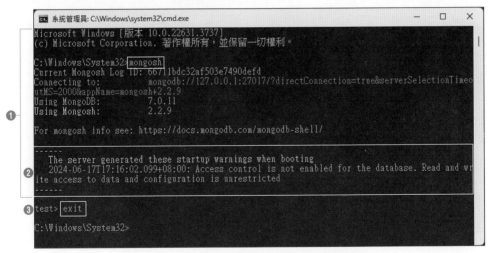

圖 3-2　MongoDB 伺服器成功連線並離開操作圖

❏ 完整的 MongoDB 執行紀錄，可瀏覽「C:\Program Files\MongoDB\Server\4.4\log\mongod.log」檔案。

❏ Ctrl + C 鍵會傳送 SIGINT 訊號給程式，代表使用者想要「中斷」程式，適用於大多數的命令列介面程式。

❏ mongosh 工具介紹，請參考：URL https://www.mongodb.com/zh-cn/docs/mongodb-shell。

❏ Access control 權限控制，請參考：URL https://www.mongodb.com/docs/manual/tutorial/enable-authentication。

❏ MongoDB 伺服器紀錄介紹，請參考：URL https://www.mongodb.com/docs/manual/reference/log-messages。

3.3 基本操作

以學生選課資料作為範例，說明 mongosh 工具的基本操作方式。首先，新增一個名為「ntut」的資料庫，並在 ntut 資料庫中新增一個名為「students」的集合，最後在 students 集合內新增學生選課資料，如圖 3-3 所示。

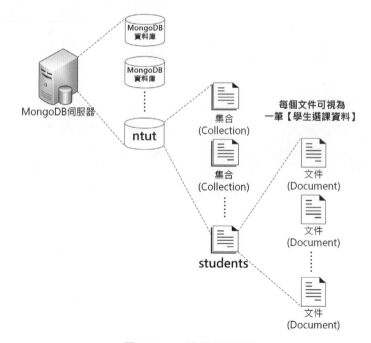

圖 3-3　ntut 資料庫示意圖

表 3-2　學生選課資料的結構

欄位名稱	型別	欄位說明					
_id	ObjectId	系統自動產生的唯一識別碼					
profile	document	欄位	型別	說明（學生基本資料）			
		name	string	學生姓名			
		id	string	學生學號			
course	document	欄位	型別	說明（學生選課資料）			
		110-1	array	欄位	型別	說明	
				course_id	string	課程識別碼	
				course_name	string	課程名稱	
				credits	int	學分數	
		110-2	array	欄位	型別	說明	
				course_id	string	課程識別碼	
				course_name	string	課程名稱	
				credits	int	學分數	

3.3.1　建立 ntut 資料庫與 students 集合

mongosh 無法透過單一指令建立資料庫，必須要指定資料庫與集合，並新增至少一筆資料操作，才可以完成資料庫建立。

STEP 01 使用 mongosh 工具連線 MongoDB 伺服器。

開啟命令提示字元（cmd），輸入「mongosh」。

圖 3-4　使用 mongosh 連線 MongoDB 伺服器操作圖

STEP **02** 在 ntut 資料庫的 students 集合新增一筆空資料，並顯示結果。

❶輸入「use ntut」，從原本的 test 切換到 ntut 資料庫。

❷輸入「show dbs」，以顯示目前所有的資料庫。可發現這時還沒有名為「ntut」的資料庫。

❸輸入「db.students.insertOne({})」，以在 students 集合新增一筆空的資料「{}」。回應訊息「acknowledged: true」代表操作成功，insertedId 後面代表成功新增那一筆資料的 _id，為系統自動產生的唯一識別碼。

❹輸入「show dbs」，會發現成功建立 ntut 資料庫。

圖 3-5 在 ntut 資料庫的 students 集合新增一筆資料操作圖

📝 額外練習

❏ 輸入「show collections」，以檢查 db 內的集合數量。

❏ 輸入「db.students.countDocuments()」，以檢查 db 資料庫內 students 集合的資料數量。

❏ 輸入「db」，以檢查目前使用的資料庫名稱。

❏ 輸入「db.dropDatabase()」，以刪除 ntut 資料庫。

❏ 輸入「db.students.drop()」，以刪除 students 集合。需要特別注意，如果 ntut 資料庫內只有一個集合，ntut 資料庫也會被移除。

3.3.2 新增學生選課資料

STEP **01** 使用 mongosh 工具連線 MongoDB 服務。

開啟命令提示字元（cmd），輸入「mongosh」。

STEP 02 在 ntut 資料庫的 students 集合新增兩筆選課資料。

❶輸入「use ntut」，以使用 ntut 的資料庫。

❷輸入「[3-1] 學生選課資料 .txt」的內容（檔案連結：URL https://github.com/taipeitechmm slab/MMSLAB-MongoDB/tree/master/Ch-3）。在 mongosh 互動介面中按滑鼠右鍵來貼上文字。

```
db.students.insert([{
    "profile":{"name":"林小宏","id":"108418005"},
    "course":{
        "110-1":[
            {"course_id":"179729","course_name":"專題討論 (A)","credits":1},
            {"course_id":"187174","course_name":"數位影像處理","credits":3},
            {"course_id":"179746","course_name":"軟硬體共同設計","credits":3},
            {"course_id":"179787","course_name":"VLSI 系統架構設計","credits":1},
            {"course_id":"187670","course_name":"高等計算機視覺","credits":3}
        ]
        ,"110-2":[
            {"course_id":"182495","course_name":"專題討論 (A)","credits":1},
            {"course_id":"182515","course_name":"資料庫系統","credits":3},
            {"course_id":"190446","course_name":"數位電視設計","credits":3},
            {"course_id":"190517","course_name":"最佳化概論","credits":3}
        ]
    }
},
{
    "profile":{"name":"劉小賓","id":"108418006"},
    "course":{
        "110-1":[
            {"course_id":"179729","course_name":"專題討論 (A)","credits":1},
            {"course_id":"187174","course_name":"數位影像處理","credits":3},
            {"course_id":"187182","course_name":"互動式娛樂服務之音訊處理技術",
"credits":3},
            {"course_id":"187656","course_name":"職場達人 - 自傳履歷與面試實務",
"credits":1},
            {"course_id":"187670","course_name":"高等計算機視覺","credits":3}
        ],
        "110-2":[
            {"course_id":"182495","course_name":"專題討論 (A)","credits":1},
            {"course_id":"182515","course_name":"資料庫系統","credits":3},
            {"course_id":"190446","course_name":"數位電視設計","credits":3},
            {"course_id":"190517","course_name":"最佳化概論","credits":3}
```

```
        ]
    }
}])
```

STEP 03 顯示結果。

圖 3-6　在 ntut 資料庫的 students 集合新增兩筆選課資料操作圖

✏️ **額外練習**　觀察看看使用 db.students.insertMany() 批量來新增選課資料，和前面使用 db.students.insertOne() 的不同之處。

❏ insertOne，請參考：URL https://www.mongodb.com/docs/manual/reference/method/db.collection.insertOne。

❏ insertMany，請參考：URL https://www.mongodb.com/docs/manual/reference/method/db.collection.insertMany。

3.3.3　選課資料操作（查詢、更新、刪除）

在前一節，我們在 ntut 資料庫的 students 集合新增兩筆選課資料，每一筆資料有個人資料（profile）的姓名（profile.name）與編號（profile.id）、以學期分類的選課資料（course），其中包含課堂編號（course_id）、課堂名稱（course_name）與課堂學分（credits）。在這一小節中，我們會進行查詢、更新與刪除，以操作目前儲存在 students 集合的選課資料。

STEP 01 使用 mongosh 工具連線 MongoDB 伺服器。

開啟命令提示字元（cmd），輸入「mongosh」。

STEP 02 查詢在 ntut 資料庫的 students 集合的資料。

輸入「db.students.find()」。find() 內沒有任何查詢條件，因此查詢所有資料。

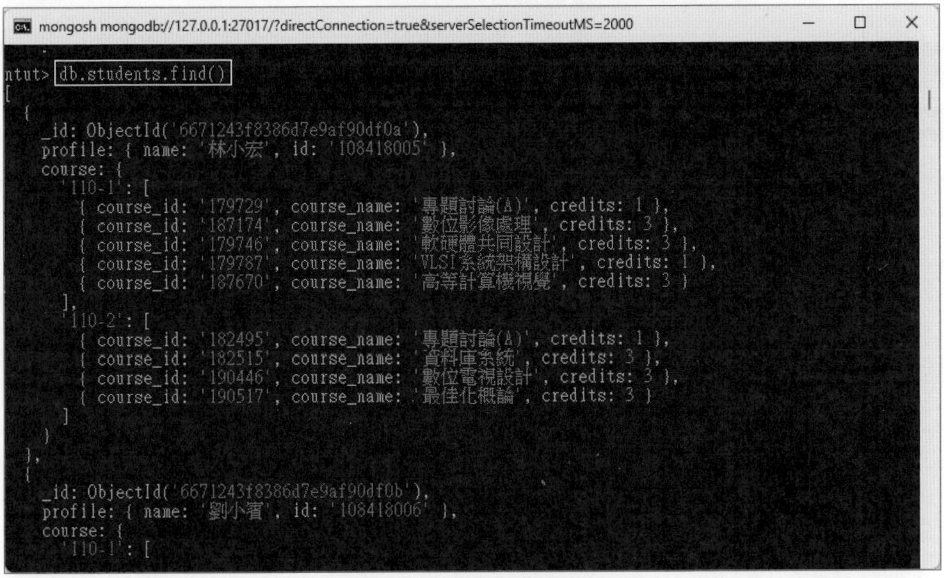

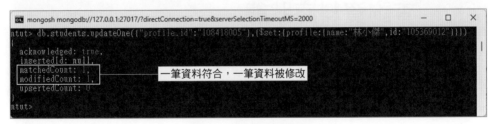

圖 3-7　查詢資料操作圖

STEP 03 將林小宏的 profile 資料更新為「{id: "105369012",name: " 林小傑 "}」。

輸入「db.students.updateOne({"profile.id": "108418005"}, {$set: {profile: {name: " 林小傑 ", id: "105369012"}}})」。找到 profile 的 id 為 108418005 的資料，並使用 $set 將 profile 的資料欄位修改為「{name: " 林小傑 ", id: "105369012"}」。

圖 3-8　更新資料操作圖

STEP 04 刪除劉小賓的資料。

輸入「db.students.deleteOne({"profile.id":"108418006"})」。找到 profile 的 id 為 108418006 的資料，並透過 deleteOne() 移除。

圖 3-9　刪除資料操作圖

✎ **額外練習**

❏ 查詢有修過 VLSI 系統架構設計的同學資料：

```
db.students.find({"course.110-1":{$elemMatch:{course_name:"VLSI 系統架構設計"}}})
```

因為 VLSI 系統架構設計課程只開在 110-1 學期，因此使用 "course.110-1" 查詢 110-1 的課程陣列元素的 course_name 是否為 VLSI 系統架構設計。

❏ 將所有同學 110-2 學期的最後一堂課移除，輸入如下：

```
db.students.updateMany({},{$pop:{"course.110-2":-1}})
```

使用 updateMany() 來更新多個符合的資料，查詢 {} 表示查詢所有資料，並將 110-2 的課程陣列元素透過 $pop 取出最後一個。

❏ find，請參考：URL https://www.mongodb.com/docs/manual/reference/method/db.collection.find。

❏ updateMany，請參考：URL https://www.mongodb.com/docs/manual/reference/method/db.collection.updateMany。

3.4　查詢資料庫狀態

　　資料庫的狀態會影響資料操作，因此使用者需要了解資料庫狀態，以確認資料庫是否正常執行。我們可透過 mongosh 連線資料庫，並執行查詢服務狀態的指令，或是使用 mongotop 與 mongostat 工具查詢執行狀態，以了解提供服務的電腦的儲存空間使用狀態，以及進行資料操作所耗費的時間。

STEP 01 使用 mongosh 指令，查詢 MongoDB 服務的執行狀態。

❶開啟命令提示字元（cmd），輸入「mongosh」。

❷輸入「db.runCommand({serverStatus: 1})」，以回傳 MongoDB 服務的連線資訊，例如：主機名稱（host）、版本（version）、程式位置（process）、程式編號（pid）、

執行時間（uptime）、主機本地時間（localTime）等。在傳送狀態指令時，將欄位值設定為「0」，即可篩選回傳的欄位，例如：db.runCommand({serverStatus:1, freeMonitoring:0})，回傳的資訊會將「freeMonitoring」欄位隱藏。

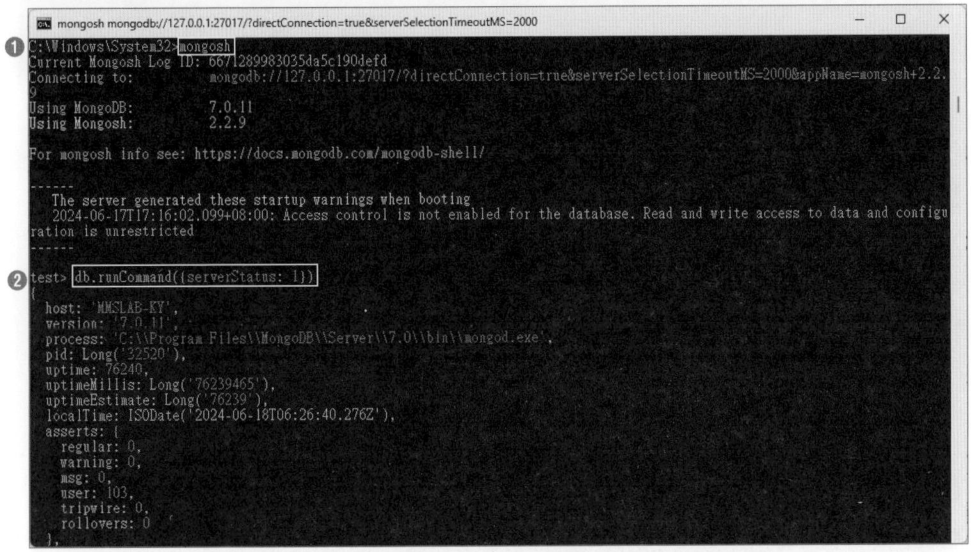

圖 3-10　mongosh 查詢 MongoDB 服務的執行狀態操作圖

使用 mongosh 指令查詢服務狀態時，可設定欄位來選擇想要取得的資訊，而最常見的資訊是查詢與修改資料所耗費的時間，但以上述的方法達到每秒監控的目的，只能不斷地輸入指令，因此 MongoDB 官方提供使用者自動監控資料操作狀態的工具 mongostat 與 mongotop。這兩個工具分別提供不同的資訊，mongostat 提供伺服器執行資料操作次數的計算，mongotop 提供資料庫集合執行資料操作所耗費的時間。

STEP 02 使用 mongostat 查詢 MongoDB 服務的執行狀態。

❶ 開啟命令提示字元（cmd）視窗，準備使用管理工具。

❷ 輸入「mongostat」，以查詢服務狀態的資訊。預設會顯示每一秒平均執行資料操作的次數、執行的指令（command）數、連線的數量（conn）、記憶體使用量（res）、回應時間（time）等。我們可設定計算的區間，例如：輸入「mongostat 5」，為每五秒查詢一次。

❸ 按下 Ctrl + C 鍵或關閉視窗，即可結束監控。

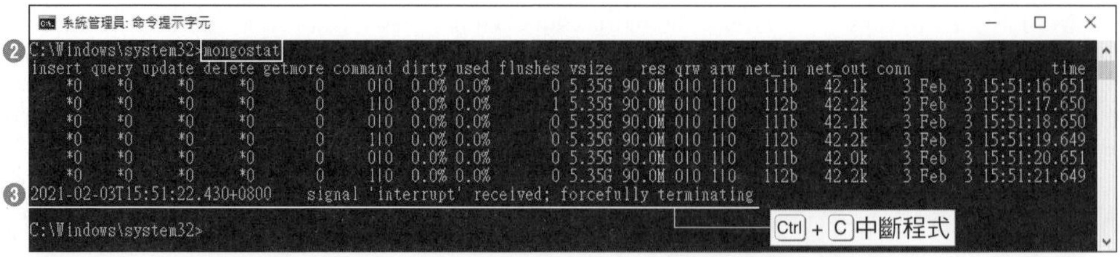

圖 3-11　mongostat 查詢 MongoDB 服務的執行狀態操作圖

✏️ 額外練習　目前只有一個 mongostat 工具連線至 MongoDB 資料庫，因此連線數只有「1」。
我們可以再開啟一個命令提示字元（cmd），並輸入「mongosh」，以同時觀察 mongostat 視窗
內的伺服器狀態資訊，並嘗試不同的動作，例如：資料操作、關閉 MongoDB 服務、執行其他管
理工具，以了解 mongostat 的數據變化。

❏ mongostat 欄位的詳細資訊，請參考：[URL] https://www.mongodb.com/docs/database-tools/
mongostat。

STEP 03　使用 mongotop 查詢 MongoDB 伺服器的執行狀態。

❶開啟命令提示字元（cmd）視窗，以使用管理工具。

❷輸入「mongotop」。顯示連線到 127.0.0.1（即本機電腦 localhost）的 MongoDB 服務，
並提供資料庫集合在一秒內耗費於資料操作的時間，單位為毫秒（ms）。我們可以輸
入「mongotop 5」，來指定統計的區間為五秒內在資料操作所耗費的時間。

圖 3-12　mongotop 查詢 MongoDB 服務的執行狀態操作圖

✏️ 額外練習　因為目前沒有任何資料操作，所以得到的數據是「0ms」，我們可以再開啟一
個命令提示字元（cmd），並依序輸入「mongosh、use ntut、db.students.find()」，並觀察
mongotop 的 ntut.students 集合的數據變化。目前資料庫儲存的資料數量不多，且沒有查詢條
件，因此 MongoDB 在查詢資料時所花費的時間非常少。我們可以按下「↑」方向鍵，以使用上次
輸入的指令，並延長統計區間，來觀察 mongotop 的數據變化。

3.5 實戰演練：資料備份與還原

　　使用 MongoDB 提供線上的應用服務時，為了避免突發事件所造成的資料遺失，以及降低資料遺失後的影響，我們必須有資料備份（Backup）與還原（Restore）的策略與方法。MongoDB 官方提供 mongodump 備份與 mongorestore 還原工具，讓使用者能運用它們進行資料備份與還原，以避免資料遺失。

STEP 01 使用 mongodump 備份 MongoDB 資料。

❶開啟命令提示字元（cmd）視窗，以使用管理工具。

❷輸入「D:」，以移動到 D 槽。

❸輸入「mkdir 190125」，以新增一個名為「190125」的目錄。

❹輸入「cd 190125」，以移動到 190125 目錄。

❺輸入「mongodump」，以執行備份工具。預設會輸出備份的資料到當前執行工具的 dump 目錄內，並顯示資料庫內所有集合的備份進度。

❻輸入「dir」，以列出當前目錄下的所有資料。

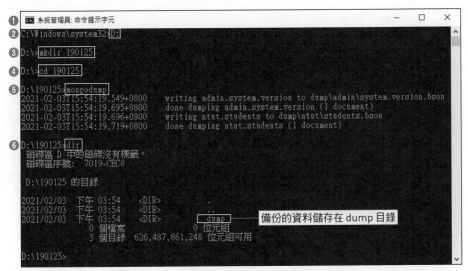

圖 3-13　mongodump 備份 MongoDB 資料操作圖

dump 資料夾內儲存以資料庫名稱命名的目錄，包含我們建立的「ntut」資料庫目錄，而目錄內部儲存 students 集合的資料，資料為 BSON 格式。

圖 3-14　備份資料結果圖

> 🎵 **延伸學習**　在命令提示字元（cmd）中，輸入「mongodump --out "D:\190125"」，即可完成上述的步驟，但備份工具不會新增 dump 資料夾，而是將資料放在 190125 目錄內。
>
> ❏ mongodump 詳細使用方式，請參考：URL https://www.mongodb.com/docs/database-tools/mongodump。
>
> ❏ MongoDB 資料庫備份方法，請參考：URL https://www.mongodb.com/docs/manual/core/backups。

STEP 02 為了示範還原工具，先將已建立的「ntut」資料庫刪除。

❶ 開啟命令提示字元（cmd）視窗，輸入「mongosh」。

❷ 輸入「use ntut」，以使用 ntut 資料庫。

❸ 輸入「db.dropDatabase()」，將 ntut 資料庫刪除。

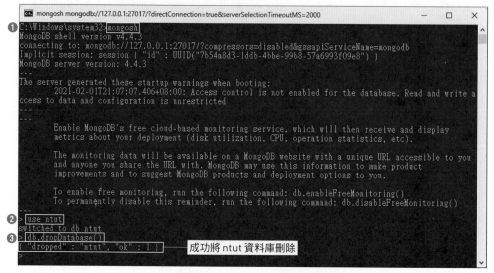

圖 3-15　將已建立的「ntut」資料庫刪除操作圖

STEP 03 使用 mongorestore 還原 MongoDB 資料。

❶開啟命令提示字元（cmd）視窗，以使用管理工具。

❷輸入「D:」，以移動到 D 槽。

❸輸入「cd 190125」，以移動到 190125 目錄。

❹輸入「mongorestore」，以執行還原工具。mongorestore 預設讀取 dump 目錄內的資料。

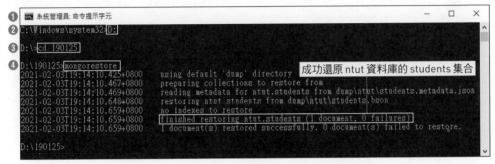

圖 3-16　mongorestore 還原 MongoDB 資料操作圖

04

安裝 MongoDB 資料庫的圖形使用者介面與基本操作

學習目標

❏ 在 Windows 作業系統上使用 MongoDB Compass 的基本
操作,例如:連接 MongoDB 資料庫服務、建立資料庫、
建立集合、新增資料與查詢資料

4.1 觀念說明

「圖形使用者介面」（Graphical User Interface，簡稱 GUI）是採用圖形方式顯示的使用者介面，它相較於傳統的命令列介面，更易於使用者操作。

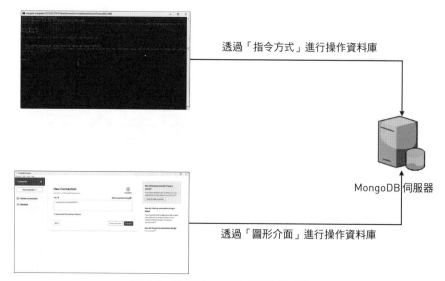

圖 4-1 操作 MongoDB 伺服器的方法

本書採用的 GUI 工具是 MongoDB 官方提供的 MongoDB Compass，可使用指令或圖形介面操作資料，且提供以 JSON 格式瀏覽和修改資料的功能，在進行資料操作時，會顯示對應的 Log（日誌），協助使用者快速地了解 MongoDB 指令。

圖 4-2 MongoDB Compass 操作介面

4.2　連接 MongoDB 服務

　　我們在前面 2.3.1 小節安裝 MongoDB 主程式的 Step5，就順便將 MongoDB Compass 安裝好了。使用 MongoDB 資料庫之前，需要連結至 MongoDB 服務，而在 MongoDB Compass 中，我們可以建立 MongoDB 服務的連線設定，以便後續連接至 MongoDB 服務。

4.2.1　建立新的 MongoDB 服務連線設定

❶點選「New Connection」，會看到「New Connection」視窗。

❷填寫 MongoDB 服務的 URI。MongoDB URL 是由「mongodb://<IP>:<連接埠號>」所組成的，我們連線至本地資料庫的預設 URL 為「mongodb://localhost:27017/」。

❸點選「Save & Connect」按鈕，以建立新的 MongoDB 服務連線設定。

❹填寫 MongoDB 服務設定檔的識別名稱。

❺點選「Save & Connect」按鈕，以儲存 MongoDB 服務連線設定。

圖 4-3　開啟新的 MongoDB 服務連線操作圖

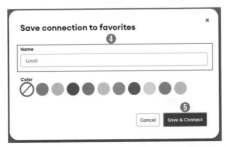

圖 4-4　設定新的 MongoDB 服務連線設定檔的識別名稱

Q 注 意 如果點選「Save & Connect」按鈕，而出現「Connect ECONNREFUSED…」，表示連線失敗。失敗原因可能有兩種：① MongoDB 服務沒有啟動，導致連線沒有回應；②在 B 電腦架設 MongoDB 服務且已經啟動，但由測試的電腦連線到 B 電腦的 TCP 埠（27017）連線被防火牆擋住導致連線失敗，設定防火牆時需注意「內對外」、「外對內」或「雙向」的規則。

4.2.2　連接 MongoDB 服務

STEP 01 選擇要連線的 MongoDB 服務。

❶從清單中選擇 MongoDB 連線設定檔。

❷點選「Connect」按鈕，以進行連線。

圖 4-5　連接 MongoDB 服務操作圖

STEP 02 成功連線至 MongoDB 服務後，就會顯示出所有的資料庫。

圖 4-6　連接 MongoDB 服務結果圖

4.3 GUI 基本操作

以學生選課資料作為範例，說明 MongoDB Compass 的基本操作方式。首先，新增一個名為「ntut」的資料庫，並在 ntut 資料庫中新增一個名為「students」的集合，最後在 students 集合內新增學生選課資料，如圖 4-7 所示。

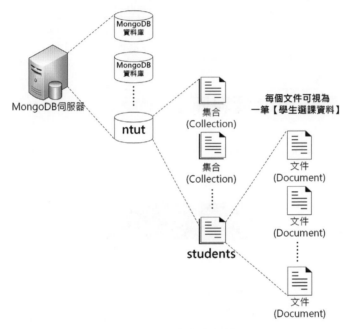

圖 4-7　ntut 資料庫示意圖

表 4-1　學生選課資料的結構

欄位名稱	型別	欄位說明		
_id	ObjectId	系統自動產生的唯一識別碼		
profile	document	欄位	型別	說明（學生基本資料）
		name	string	學生姓名
		id	string	學生學號

欄位	型別	說明（學生選課資料）		
		欄位	型別	說明
110-1	array	course_id	string	課程識別碼
		course_name	string	課程名稱
course document		credits	int	學分數
		欄位	型別	說明
110-2	array	course_id	string	課程識別碼
		course_name	string	課程名稱
		credits	int	學分數

4.3.1 　建立 ntut 資料庫

STEP 01 開啟「Create Database」視窗，點選「Databases」右方的「+」來建立新資料庫。

圖 4-8　開啟「Create Database」視窗操作圖

STEP 02 輸入資料庫和集合名稱。

❶填寫資料庫名稱「ntut」。

❷填寫集合名稱「students」。

❸點選「Create Database」按鈕。

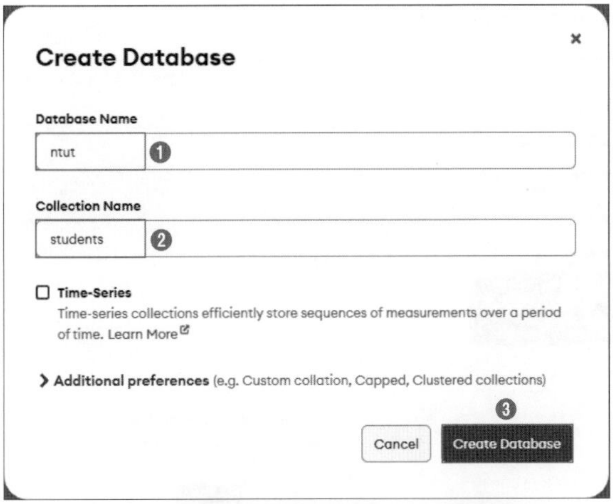

圖 4-9　輸入資料庫和集合名稱操作圖

ST EP 03 成功建立 ntut 的資料庫及 students 的集合。

圖 4-10　建立 ntut 資料庫結果圖

4.3.2　新增學生選課資料

ST EP 01 開啟「Insert document」視窗。

❶點選「students」集合。

❷點選「ADD DATA」。

❸點選「Insert document」。

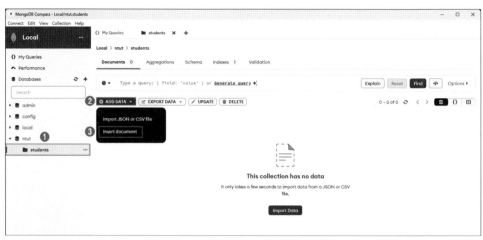

圖 4-11　開啟「Insert document」視窗操作圖

STEP 02 輸入資料。

❶在「Insert Document」視窗中輸入「[4-1] 學生選課資料 .txt」的內容（檔案網址：URL
https://github.com/taipeitechmmslab/MMSLAB-MongoDB/tree/master/Ch-4）。

```
[
    {
        "profile":{"name":"林小宏","id":"108418005"},
        "course":{
            "110-1":[
                    {"course_id":"179729","course_name":"專題討論 (A)","credits":1},
                    {"course_id":"187174","course_name":"數位影像處理","credits":3},
                    {"course_id":"179746","course_name":"軟硬體共同設計",
"credits":3},
                    {"course_id":"179787","course_name":"VLSI 系統架構設計",
"credits":1},
                    {"course_id":"187670","course_name":"高等計算機視覺","credits":3}
            ]
            ,"110-2":[
                    {"course_id":"182495","course_name":"專題討論 (A)","credits":1},
                    {"course_id":"182515","course_name":"資料庫系統","credits":3},
                    {"course_id":"190446","course_name":"數位電視設計","credits":3},
                    {"course_id":"190517","course_name":"最佳化概論","credits":3}
            ]
        }
```

```
    },
    {
        "profile":{"name":"劉小賓","id":"108418006"},
        "course":{
            "110-1":[
                {"course_id":"179729","course_name":"專題討論(A)","credits":1},
                {"course_id":"187174","course_name":"數位影像處理","credits":3},
                {"course_id":"187182","course_name":"互動式娛樂服務之音訊處理技術",
"credits":3},
                {"course_id":"187656","course_name":"職場達人－自傳履歷與面試實務",
"credits":1},
                {"course_id":"187670","course_name":"高等計算機視覺","credits":3}
            ],
            "110-2":[
                {"course_id":"182495","course_name":"專題討論(A)","credits":1},
                {"course_id":"182515","course_name":"資料庫系統","credits":3},
                {"course_id":"190446","course_name":"數位電視設計","credits":3},
                {"course_id":"190517","course_name":"最佳化概論","credits":3}
            ]
        }
    }
]
```

❷點選「Insert」按鈕來完成新增的動作。新增的資料為兩筆資料（Document）。

圖 4-12　在「Insert Document」視窗輸入資料操作圖

🎵 延伸學習　　JSON 有兩種資料結構，分別為物件（Object）與陣列（Array）。物件包含一系列非排序的鍵值對（Key-Value Pair），並以「:」區隔鍵（Key）與值（Value），而物件的開始與結束，以「 { 」及「 } 」作為表示，並以「,」區隔多個物件；陣列的開始與結束，以「[」及「]」作為表示，並以「,」區隔陣列中的元素。鍵（Key）是字串（String）型別，而值（Value）的型別包含數值（Number，且能以「e」或「E」表示為指數形式）、布林值（Boolean，即「true」或「false」）、陣列（Array）、字串（String）、物件（Object）或空值（Null）。

❏ 範例：標準的 JSON 格式資料，可以是下列幾種組合：

```
{
    "KEY":"VALUE",
    "KEY2":{
            "KEY3":"VALUE3"
           },
    "KEY4":[{"KEY5":"VALUE5"},"VALUE6",true,false,null],
    "KEY7":null,
    "KEY8":[null,"VALUE7",[["VALUE8"]]]
}
```

✏️ 額外練習　　建立新的資料庫與集合，並在集合中新增不同的資料，以觀察新增結果。新增資料如下：

```
[1000,1e3,1E3,1E-3,1e-3]
```

4.3.3　查詢資料

❶開啟 students 集合畫面，點選「students」集合。

❷查看 students 集合查詢頁面。

圖 4-13　查詢資料操作圖

圖 4-14　表格的資料檢視方式（Table View）

圖 4-15　純文字的資料檢視方式（Text View）

4.4 實戰演練：使用 MongoDB Compass 快速更新、刪除資料

接續前面匯入的學生選課資料，本範例實作透過 MongoDB Compass 的 GUI 介面進行快速的資料更新和刪除。

4.4.1 更新資料

STEP 01 查詢 students 集合資料。

❶點選「students」集合。

❷點選資料展開顯示。

圖 4-16　查詢展開資料操作圖

STEP 02 進入編輯資料狀態。

❶將游標放置在這筆資料的框框上，就會出現右上的控制選項。

❷點選「Edit document」按鈕。

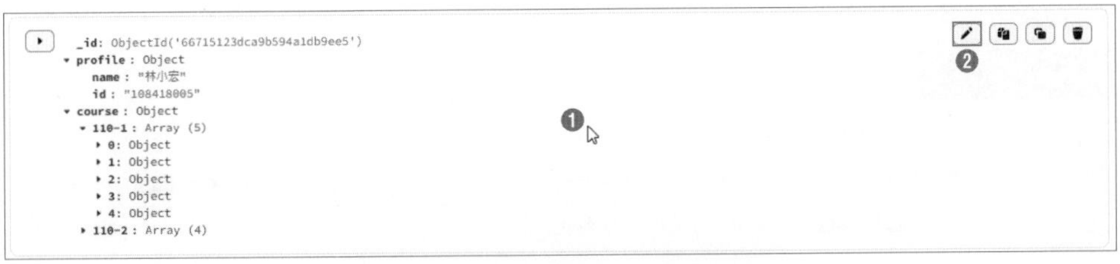

圖 4-17　進入編輯資料狀態操作圖

ST **03** 編輯資料。
EP

❶將 profile.name 的值改成「林大宏」。

❷點選「UPDATE」按鈕。

❸出現「Document updated.」，即表示編輯資料完成。

圖 4-18　編輯資料操作圖

圖 4-19　完成編輯結果圖

4.4.2　刪除資料

ST **01** 開啟 students 集合畫面。
EP

❶點選「students」集合。

❷點選資料展開顯示。

圖 4-20　查詢展開資料操作圖

STEP 02 刪除資料。

❶將游標放置在這筆資料的框框上，就會出現右上的控制選項。

❷點選「Remove document」按鈕。

❸點選「DELETE」按鈕後，完成刪除。

圖 4-21　進入編輯資料狀態操作圖

```
    _id: ObjectId('66715123dca9b594a1db9ee5')
  ▼ profile : Object
      name : "林小宏"
      id : "108418005"
  ▼ course : Object
    ▼ 110-1 : Array (5)
      ▶ 0: Object
      ▶ 1: Object
      ▶ 2: Object
      ▶ 3: Object
      ▶ 4: Object
    ▶ 110-2 : Array (4)
```
Document flagged for deletion.　　　　　　CANCEL　DELETE ❸

圖 4-22　刪除資料操作圖

05

安裝 MongoDB 資料庫的整合開發環境與基本操作

學習目標

❑ 介紹如何在 Windows 作業系統上安裝 Visual Studio 2022 以及 Visual Studio 2022 基本的操作教學，如匯入 MongoDB 函式庫、使用 C# 定義資料結構與操作資料庫

5.1　觀念說明

　　我們可藉由指令或圖形使用者介面的方式，學習 MongoDB 的資料操作與觀念，但進行軟體開發時，必須搭配程式語言、開發環境與 MongoDB 套件來操作資料庫。

　　「整合開發環境」（Integrated Development Environment，簡稱 IDE）是輔助程式開發人員開發軟體的應用程式，內部通常會包含程式語言的編譯器、自動建構工具與除錯工具，以加快開發人員建構軟體的速度。

　　本書所採用的程式語言為 C#、整合開發環境為 Visual Studio 2022。Visual Studio 2022 提供完整的開發流程，在開發時提供程式碼建議，讓開發者快速且正確地撰寫程式碼，並提供除錯與測試工具，讓開發者減少錯誤與迅速修正。書中會以圖形使用者介面與範例，來教導 MongoDB 的資料操作指令，並在章節末使用 C# 程式語言與 Visual Studio 2022 開發環境實作程式範例。

> ◆ 提　示　　Visual Studio 2022 目前僅支援 Windows 作業系統，若作業系統為 macOS，可選擇 Visual Studio for Mac 或 Visual Studio Code。

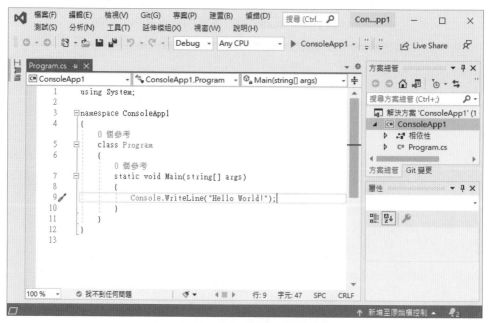

圖 5-1　Visual Studio 2022 操作介面

5.2 安裝 Visual Studio 2022

STEP 01 下載 Visual Studio 2022 安裝程式。本書所使用的版本為社群版（Community），
下載網址：URL https://visualstudio.microsoft.com/zh-hant/downloads/，點選
「免費下載」。

圖 5-2　Visual Studio 2022 官方下載頁面

STEP 02 執行安裝檔，並點選「繼續」。

圖 5-3　進行安裝

STEP 03 等待程式下載與安裝。

圖 5-4　等待程式下載與安裝

STEP 04 選擇與安裝開發工具。

❶選擇「ASP.NET 與網頁程式開發」及「.NET 桌面開發」。

❷點選「安裝」按鈕。

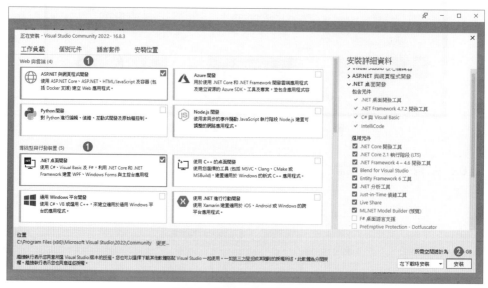

圖 5-5　選擇與安裝開發工具

ST EP 05 等待程式下載與安裝。

Visual Studio Installer

已安裝　　可用

Visual Studio Community 2022

正在下載及驗證: 2.29 GB 的 17 MB　　　　　　　(7 MB/秒)　　　　　　暫停
0%
正在安裝: 套件0 的 0
0%
正在建立 Windows 還原點...

☑ 在安裝完成後啟動

版本資訊

開發人員新聞

What's next for System.Text.Json?
.NET 5.0 was released recently and has come wit...
2022年12月17日 星期四

PowerShell 7.2 Preview 2 release
Today we are proud to announce the second...
2022年12月17日 星期四

gRPC Web with .NET
gRPC-Web allows browser-based applications to...
2022年12月15日 星期二

檢視更多線上內容...

需要協助嗎? 歡迎瀏覽 Microsoft 開發人員社群或
通過 Visual Studio 支援與我們連絡。

安裝程式版本 2.8.3074.1022

圖 5-6　等待程式下載與安裝

ST EP 06 點選「不是現在,以後再說。」。

Visual Studio

歡迎!
連接至您所有的開發人員服務。

登入即可開始使用 Azure 點數、將程式碼發佈至私人 Git 存放庫、同
步設定,以及將 IDE 解除鎖定。

為什麼要登入 Visual Studio?

登入(I)
沒有帳戶嗎? 建立一個!

不是現在,以後再說。

圖 5-7　登入帳戶

STEP 07 選擇開發設定與佈景主題。

❶選擇「Visual C#」及「淺色」（佈景主題可依據個人喜好設定）。

❷點選「啟動 Visual Studio」按鈕。

圖 5-8　選擇開發設定與佈景主題

STEP 08 等待 Visual Studio 設定完成。

圖 5-9　等待 Visual Studio 設定完成

5.3　建立第一個主控台應用程式並執行

STEP 01 點選「建立新的專案」。

圖 5-10　建立新的專案

ST EP 02 選擇專案類型。

❶選擇「主控台應用程式（.NET Core）」。

❷點選「下一步」按鈕。

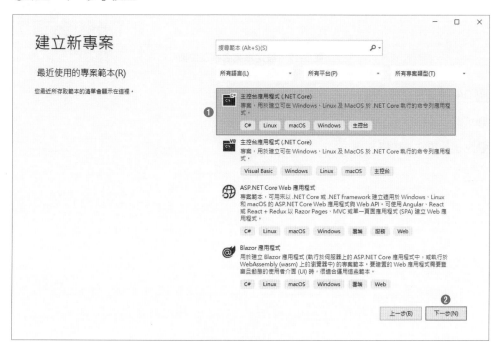

圖 5-11　選擇專案類型

STEP 03 設定專案名稱及位置。

❶輸入專案名稱（後續章節的專案名稱會以章節順序命名）。

❷選擇專案位置。

❸點選「建立」按鈕。

設定新的專案

主控台應用程式 (.NET Core)　C#　Linux　macOS　Windows　主控台

專案名稱(N)

❶　ConsoleApp1

位置(L)

❷　C:\Users\MMSLAB\source\repos

解決方案名稱(M)

ConsoleApp1

☐　將解決方案與專案置於相同目錄中(D)

❸

上一步(B)　建立(C)

圖 5-12　設定專案名稱及位置

STEP 04 選擇目標框架版本。

❶選擇「.NET 8.0」。

❷點選「建立」按鈕。

圖 5-13　設定專案名稱及位置

STEP 05 專案建立完成後，會顯示預設的程式碼，點選上方工具列的綠色箭頭，以執行程式專案。

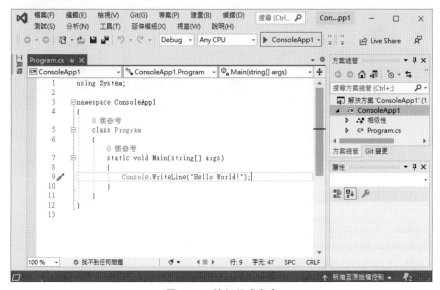

圖 5-14　執行程式專案

ST EP 06 程式執行結果如下所示。

圖 5-15　程式執行結果

5.4 安裝 MongoDB Driver 套件

ST EP 01 使用 NuGet 安裝 MongoDB Driver 套件。

❶點選上方工具列的「工具→ NuGet 套件管理員→套件管理器主控台」，開啟「套件管理主控台」視窗。

❷在「套件管理主控台」視窗中，輸入「Install-Package MongoDB.Driver -Version 2.26.0」來進行套件安裝。

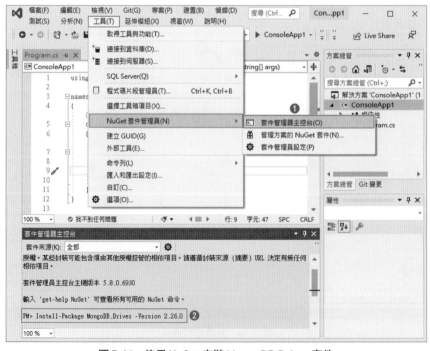

圖 5-16　使用 NuGet 安裝 MongoDB Driver 套件

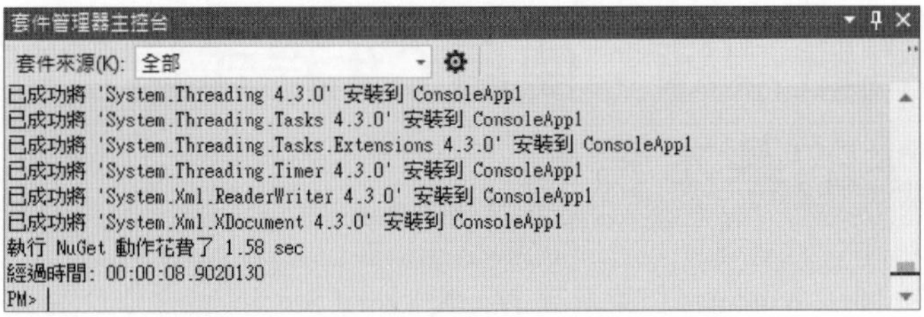

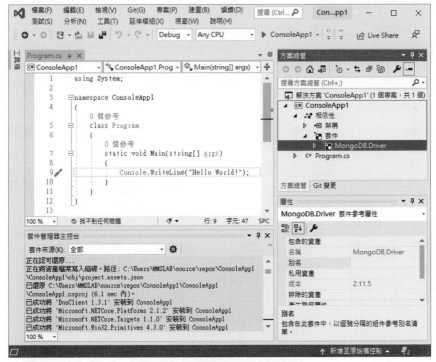

圖 5-17　完成 MongoDB Driver 套件安裝

STEP 02 查看專案中已安裝的套件，可至方案總管點選「ConsoleApp1 →相依性→套件」。

圖 5-18　查看專案中已安裝的套件

🎵 延伸學習

❏ MongoDB Driver 套件的更新資訊，請參考：URL https://www.mongodb.com/docs/drivers/csharp/current/whats-new。

❏ MongoDB Driver 套件提供的 API，請參考：URL https://mongodb.github.io/mongo-csharp-driver/2.26.0/api/index.html。

5.5 實戰演練：使用 C# 程式語言新增學生的基本資料

本小節介紹如何在 Windows 作業系統上安裝 Visual Studio 2022 以及說明基本的操作教學，接著本範例將從無到有來建立專案，安裝並使用 MongoDB Driver 與資料庫進行連線，並透過 C# 程式語言來進行新增學生的基本資料到資料庫的操作練習。

STEP 01 新增類別檔案。

❶對方案總管的「ConsoleApp1」按滑鼠右鍵。

❷點選「加入→類別」。

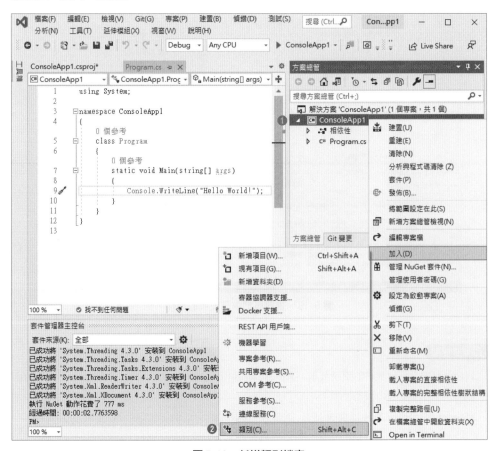

圖 5-19　新增類別檔案

02 選擇檔案類型及輸入檔案名稱。

❶選擇「類別」。

❷輸入「StudentDocument.cs」作為檔案名稱。

❸點選「新增」按鈕。

圖 5-20　選擇檔案類型及輸入檔案名稱

03 新增完成後，方案總管會產生新的檔案。

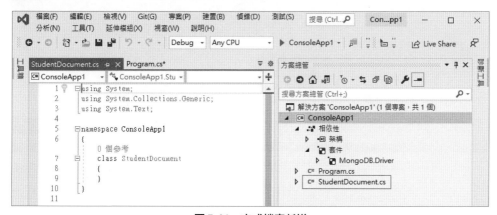

圖 5-21　完成檔案新增

STEP 04 開啟 StudentDocument.cs 檔，撰寫以下程式碼，定義 student 集合內的文件結構。

```
namespace ConsoleApp1
{
    // 定義 student 集合內的文件結構，並命名為 StudentDocument
    class StudentDocument
    {
        public string _id { get; set; }
        public string name { get; set; }
        public StudentDocument(string id, string name)
        {
            // 初始化時，賦予 _id 及賦予 name
            _id = id;
            this.name = name;
        }
    }
}
```

STEP 05 開啟 Program.cs 檔，撰寫以下程式碼，作為主要程式的進入點，先處理 MongoDB 連線方法，接著處理新增文件的方法。

```
using MongoDB.Driver;
using System;

namespace ConsoleApp1
{
    class Program
    {
        // 主程式
        static void Main(string[] args)
        {
            // Step1: 連接 MongoDB 伺服器
            var client = new MongoClient("mongodb://localhost:27017");
            // Step2: 取得 MongoDB 中，名為 ntut 的資料庫及名為 student 的集合
            var db = client.GetDatabase("ntut") as MongoDatabaseBase;
            var col = db.GetCollection<StudentDocument>("student");
            // Step3: 建立學號為 108368001、名字為 Joe 的 StudentDocument 物件
            var doc = new StudentDocument("108368001", "Joe");
            // Step4: 新增一筆文件
            col.InsertOne(doc);
            Console.WriteLine(" 新增一筆文件 "); // 顯示提示訊息
```

```
        }
    }
}
```

ᴓᴛᴇᴘ 06 執行程式碼後，會顯示主控台視窗，視窗上顯示新增一筆文件。

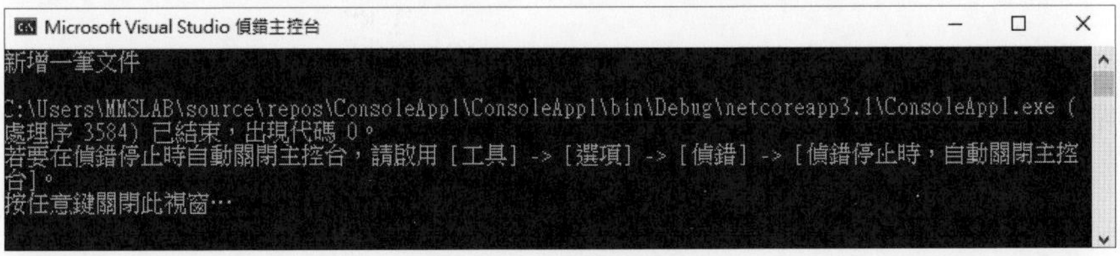

圖 5-22　程式執行結果

ᴓᴛᴇᴘ 07 開啟 MongoDB Compass，以查詢新增結果。

❶點選「student」集合。

❷前面用 C# 新增的資料出現在此。

圖 5-23　開啟 MongoDB Compass 查詢資料

MongoDB 基本操作：
查詢

學習目標

❑ 介紹 MongoDB 如何查詢資料，包括查詢（Query）與映
   射（Projection）等數十種運算子

6.1 觀念說明

為了要比較關聯式資料庫與 MongoDB 資料庫的查詢語法，我們以圖書館藏紀錄作為範例，該資料表有編號、書本名稱、價錢、借閱人與借閱時間等欄位。MongoDB 屬於一種文件導向資料庫，因此列出「關聯式資料庫」與「文件導向資料庫」在儲存資料格式及語法的差異，如圖 6-1 所示。

儲存資料格式差異

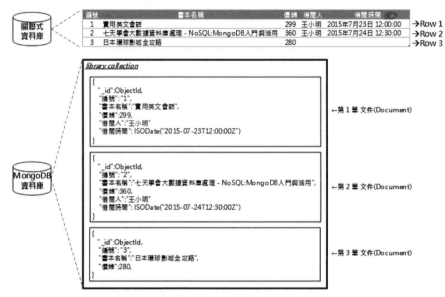

圖 6-1　關聯式資料庫與 MongoDB 資料庫儲存資料格式的差異圖

查詢語法差異

在 library 集合（Collection）中，查詢借閱人「王小明」借閱的所有書籍的紀錄，並指定查詢到的資料輸出時，所需要欄位的是書籍的名稱與書籍的價錢。

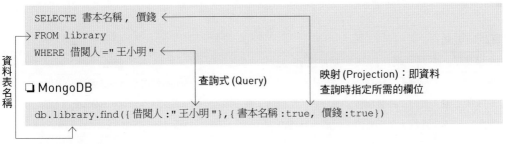

❏ 關聯式資料庫

```
SELECTE 書本名稱，價錢
FROM library
WHERE 借閱人 =" 王小明 "
```

❏ MongoDB

```
db.library.find({ 借閱人 :" 王小明 "},{ 書本名稱 :true, 價錢 :true})
```

查詢式 (Query)

映射 (Projection)：即資料
查詢時指定所需的欄位

資料表名稱

6.2　查詢運算子

　　使用資料庫儲存資料時，不同的欄位可能有各式各樣的資料類型（Type）與結構（Structure）。例如：在資料庫中儲存一本書的「書名」，會使用「字串」作為書名的資料類型；儲存一本書的「價格」，會使用「數字」作為價格的資料類型；儲存一本書的「作者」，會使用結構為「陣列」的「字串」作為資料的結構與類型，陣列的結構能表示一本書有多位作者與順序，因為一本書的作者可能有一位、兩位或三位以上。

　　為了從資料庫進行資料的篩選（Filter），MongoDB 提供許多的查詢運算子（Query Operators），依據不同的資料類型與結構，共分為七類：

○ 比較（Comparison）。

○ 陣列（Array）。

○ 邏輯（Logical）。

○ 欄位（Element）。

○ 正規表示式（Regular Expression）。

○ 支援（JavaScript Expression）。

○ 地理位置查詢（Geospatial Queries）。

6.2.1　分類①：比較（Comparison）

表 6-1　功能表

運算子	功能說明	語法
$eq	查詢「某個欄位」等於「某個值」。	{ <field>: { $eq : <value> } }
$ne	查詢「某個欄位」不等於「某個值」。	{ <field>: { $ne : <value> } }
$gt	查詢「某個欄位」大於「某個值」。	{ <field>: { $gt : <value> } }
$lt	查詢「某個欄位」小於「某個值」。	{ <field>: { $lt : <value> } }
$gte	查詢「某個欄位」大於等於「某個值」。	{ <field>: { $gte : <value> } }
$lte	查詢「某個欄位」小於等於「某個值」。	{ <field>: { $lte : <value> } }
$in	查詢「某個陣列」中存在「某個值」。	{ <field>: { $in : [<value>]} }
$nin	查詢「某個陣列」中不存在「某個值」。	{ <field>: { $nin: [<value>]} }

■■■範例 6-1■■從儲存在 library 集合的圖書館藏紀錄中，查詢價錢大於 300 元的書籍

以書籍的借閱紀錄作為範例，儲存在 MongoDB 資料庫的 library 集合。每一筆的借閱資料有編號（_id）、書本名稱（book）、價錢（price）、作者（authors）、借閱人（borrower）的姓名（borrower.name）與借閱時間（borrower.timestamp）欄位。

STEP 01 匯入資料。

❶建立 library 集合，並進入集合。

❷點選「ADD DATA」中的「Insert document」。

❸在視窗中輸入「[6-1] 圖書館藏紀錄 .txt」內容（檔案網址：URL https://github.com/taipeitechmmslab/MMSLAB-MongoDB/tree/master/Ch-6）。

```
[
    {
        "_id": "4-1_1",
        "book": "實用英文會話",
        "price": 299.0,
        "authors": ["Jason", "Mary", "Bob"],
        "borrower": {
            "name": "王小明",
            "timestamp": { "$date": "2015-07-23T12:00:00Z" }
        }
```

```
    },
    {
        "_id": "4-1_2",
        "book": "七天學會大數據資料庫處理 NoSQL:MongoDB 入門與活用 ",
        "price": 360.0,
        "authors": ["黃小嘉"],
        "borrower": {
            "name": "王小明 ",
            "timestamp": { "$date": "2015-07-24T12:30:00Z" }
        }
    },
    {
        "_id": "4-1_3",
        "book": "日本環球影城全攻略 ",
        "price": 280,
        "authors": ["Jason", "Mary", "Bob"]
    }
]
```

❹點選「Insert」按鈕來完成匯入的動作。

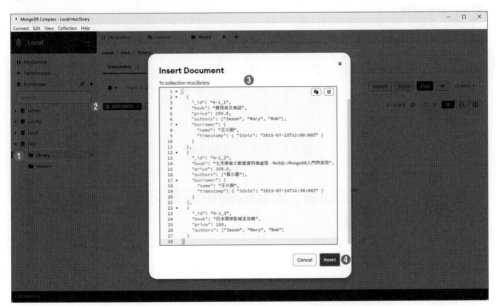

圖 6-2　範例 6-1 的匯入資料操作圖（[6-1] 圖書館藏紀錄 .txt ）

STEP 02 相關運算子：$gt，查詢「某個欄位」大於「某個值」。

```
{ <field>: { $gt : <value> } }
```

STEP 03 執行操作：查詢價錢大於 300 元的書籍。

❶進入 library 集合。

❷在 query 欄位中輸入「{price:{$gt:300}}」。

❸點選「Find」按鈕，執行操作。

圖 6-3　範例 6-1 的執行操作圖

STEP 04 顯示結果。

圖 6-4　範例 6-1 的結果圖

範例 6-2　從儲存在 library 集合的圖書館藏紀錄中，查詢 Jason 所著作的所有書籍

STEP 01 匯入資料（若在範例 6-1 已匯入過，則跳過此步驟）。

❶建立 library 集合，並進入集合。

❷點選「ADD DATA」中的「Insert document」。

❸在視窗中輸入「[6-1] 圖書館藏紀錄 .txt」內容（檔案網址：URL https://github.com/taipei techmmslab/MMSLAB-MongoDB/tree/master/Ch-6）。

```
[
    {
        "_id": "4-1_1",
        "book": "實用英文會話",
        "price": 299.0,
        "authors": ["Jason", "Mary", "Bob"],
        "borrower": {
            "name": "王小明",
            "timestamp": { "$date": "2015-07-23T12:00:00Z" }
        }
    },
    {
        "_id": "4-1_2",
        "book": "七天學會大數據資料庫處理 NoSQL:MongoDB 入門與活用",
        "price": 360.0,
        "authors": ["黃小嘉"],
        "borrower": {
            "name": "王小明",
            "timestamp": { "$date": "2015-07-24T12:30:00Z" }
        }
    },
    {
        "_id": "4-1_3",
        "book": "日本環球影城全攻略",
        "price": 280,
        "authors": ["Jason", "Mary", "Bob"]
    }
]
```

❹點選「Insert」按鈕來完成匯入的動作。

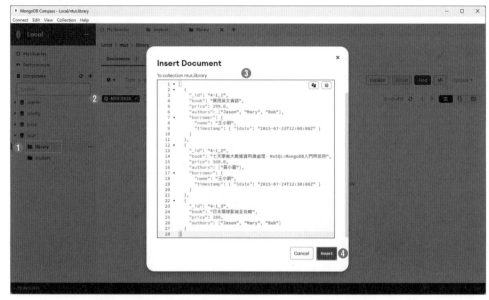

圖 6-5 範例 6-2 的匯入資料操作圖（[6-1] 圖書館藏紀錄 .txt）

STEP 02 相關運算子：$in，查詢「某個陣列」中存在「某個值」。

```
{ <field>: { $in : [<value>] } }
```

STEP 03 執行操作：查詢 Jason 所著作的所有書籍。

❶進入 library 集合。

❷在 query 欄位中輸入「{authors:{$in:["Jason"]}}」。

❸點選「Find」按鈕，執行操作。

圖 6-6 範例 6-2 的執行操作圖

ST
EP
04 顯示結果。

圖 6-7　範例 6-2 的結果圖

6.2.2　分類②：陣列（Array）

表 6-2　功能表

運算子	功能說明	語法
$elemMatch	查詢「某個陣列的內部元素」符合「條件式」。	{ <field>: { $elemMatch: { <query> } } }
$size	查詢「某個陣列的大小」等於「某個值」。	{ <field>: { $size: <value> } }

範例 6-3 **從儲存在 chatroom 集合的對話紀錄中，查詢對話內容提到義大利麵的聊天室**

以聊天室的對話紀錄作為範例，儲存在 MongoDB 資料庫的 chatroom 集合。每一筆的聊天室對話紀錄資料有編號（_id）、成員（members）、傳送訊息（messages）的傳送者（messages.sender）與內容（messages.content）欄位。

ST
EP 01 匯入資料。

❶建立 chatroom 集合，並進入集合。

❷點選「ADD DATA」中的「Insert document」。

❸在視窗中輸入「[6-2] 聊天室對話紀錄 .txt」內容（檔案網址：URL https://github.com/taipeitechmmslab/MMSLAB-MongoDB/tree/master/Ch-6）。

```
[
    {
```

```
        "_id": "4-2_1",
        "members": ["Jason", "Bob"],
        "messages": [
            { "sender": "Jason", "content": "Hello" },
            { "sender": "Bob", "content": "Hi" },
            { "sender": "Jason", "content": "午餐要吃什麼" },
            { "sender": "Jason", "content": "吃義大利麵!?" },
            { "sender": "Bob", "content": "走啊" }
        ]
    },
    {
        "_id": "4-2_2",
        "members": ["Jason", "Mary"],
        "messages": []
    },
    {
        "_id": "4-2_3",
        "members": ["Bob", "Mary"],
        "messages": []
    }
]
```

❹點選「Insert」按鈕來完成匯入的動作。

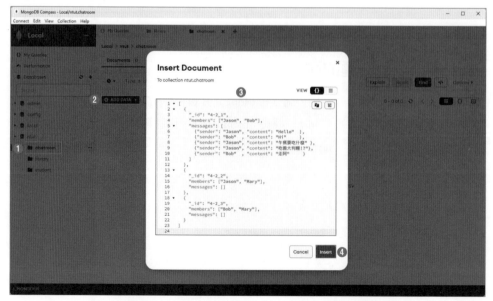

圖 6-8　範例 6-3 的匯入資料操作圖（[6-2]聊天室對話紀錄 .txt）

STEP 02 相關運算子：$elemMatch，查詢「某個陣列的內部元素」符合「條件式」。

```
{ <field>: { $elemMatch: { <query> } } }
```

STEP 03 執行操作：查詢對話內容提到義大利麵的聊天室。

❶進入 chatroom 集合。

❷在 query 欄位中輸入「{messages:{$elemMatch:{content:/ 義大利麵 /}}}」。

❸點選「Find」按鈕，執行操作。

圖 6-9　範例 6-3 的執行操作圖

STEP 04 顯示結果。

圖 6-10　範例 6-3 的結果圖

從儲存在 chatroom 集合的對話紀錄中，查詢沒有任何對話紀錄的聊天室

STEP 01 匯入資料（若在範例 6-3 已匯入過，則跳過此步驟）。

❶建立 chatroom 集合，並進入集合。

❷點選「ADD DATA」中的「Insert document」。

❸在視窗中輸入「[6-2] 聊天室對話紀錄 .txt」內容（檔案網址：URL https://github.com/taipei techmmslab/MMSLAB-MongoDB/tree/master/Ch-6）。

```
[
    {
        "_id": "4-2_1",
        "members": ["Jason", "Bob"],
        "messages": [
            { "sender": "Jason", "content": "Hello" },
            { "sender": "Bob", "content": "Hi" },
            { "sender": "Jason", "content": "午餐要吃什麼" },
            { "sender": "Jason", "content": "吃義大利麵!?" },
            { "sender": "Bob", "content": "走啊" }
        ]
    },
    {
        "_id": "4-2_2",
        "members": ["Jason", "Mary"],
        "messages": []
    },
    {
        "_id": "4-2_3",
        "members": ["Bob", "Mary"],
        "messages": []
    }
]
```

❹點選「Insert」按鈕來完成匯入的動作。

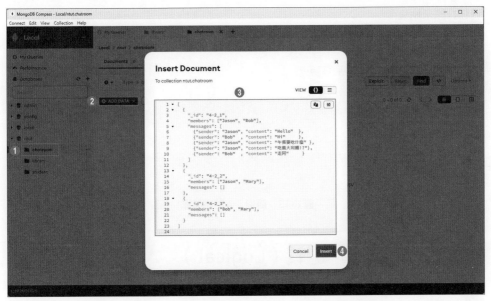

圖 6-11　範例 6-4 的匯入資料操作圖（[6-2] 聊天室對話紀錄 .txt）

STEP 02 相關運算子：$size，查詢「某個陣列的大小」等於「某個值」。

```
{ <field>: { $size: { <query> } } }
```

STEP 03 執行操作：查詢沒有任何對話紀錄的聊天室。

❶進入 chatroom 集合。

❷在 query 欄位中輸入「{messages:{$size:0}}」。

❸點選「Find」按鈕，執行操作。

圖 6-12　範例 6-4 的執行操作圖

ST EP 04 顯示結果。

圖 6-13　範例 6-4 的結果圖

6.2.3　分類③：邏輯（Logical）

表 6-3　功能表

運算子	功能說明	語法
$or	將多條查詢式進行 OR 運算。	{ $or : [{ <expression1> }, ... , { <expressionN> }] }
$and	將多條查詢式進行 AND 運算。	{ $and: [{ <expression1> }, ... , { <expressionN> }] }
$not	將多條查詢式進行 NOT 運算。	{ $not: [{ <expression1> }, ... , { <expressionN> }] }
$nor	將多條查詢式進行 NOR 運算。	{ $nor: [{ <expression1> }, ... , { <expressionN> }] }

範例 6-5 從儲存在 library 集合的圖書館藏紀錄中，查詢王小明在 2015-07-24 所借閱的所有書籍

ST EP 01 匯入資料（若在範例 6-1 已匯入過，則跳過此步驟）。

❶建立 library 集合，並進入集合。

❷點選「ADD DATA」中的「Insert document」。

❸在視窗中輸入「[6-1] 圖書館藏紀錄 .txt」內容（檔案網址：URL https://github.com/taipeitechmmslab/MMSLAB-MongoDB/tree/master/Ch-6）。

```
[
    {
        "_id": "4-1_1",
        "book": " 實用英文會話 ",
        "price": 299.0,
```

```
            "authors": ["Jason", "Mary", "Bob"],
            "borrower": {
                "name": "王小明",
                "timestamp": { "$date": "2015-07-23T12:00:00Z" }
            }
        },
        {
            "_id": "4-1_2",
            "book": "七天學會大數據資料庫處理 NoSQL:MongoDB 入門與活用 ",
            "price": 360.0,
            "authors": ["黃小嘉"],
            "borrower": {
                "name": "王小明",
                "timestamp": { "$date": "2015-07-24T12:30:00Z" }
            }
        },
        {
            "_id": "4-1_3",
            "book": "日本環球影城全攻略 ",
            "price": 280,
            "authors": ["Jason", "Mary", "Bob"]
        }
]
```

❹點選「Insert」按鈕來完成匯入的動作。

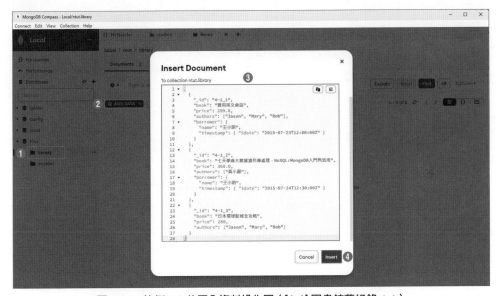

圖 6-14　範例 6-5 的匯入資料操作圖（[6-1]圖書館藏紀錄 .txt）

STEP 02 相關運算子：$and，將多條查詢式進行 AND 運算。

```
{ $and: [ { <expression1> }, ... , { <expressionN> } ] }
```

STEP 03 執行操作：查詢王小明在 2015-07-24 所借閱的所有書籍。

❶進入 library 集合。

❷在 query 欄位中輸入：

```
{
  $and: [
    {"borrower.name": " 王小明 "},
    {
      "borrower.timestamp": {
        $gte: ISODate("2015-07-24T00:00:00"),
        $lte: ISODate("2015-07-24T23:59:59")
      }
    }
  ]
}
```

❸點選「Find」按鈕，執行操作。

圖 6-15　範例 6-5 的執行操作圖

STEP 04 顯示結果。

圖 6-16　範例 6-5 的結果圖

6.2.4　分類④：欄位（Element）

表 6-4　功能表

運算子	功能說明	語法
$exists	查詢「某個欄位」存在 / 不存在。	{ <field>: { $exists: <Boolean> } }
$type	查詢「某個欄位型別」等於「<BSON Type>」。	{ <field>: { $type: <BSON type> } }

　　下表為 MongoDB 的 BSON Type。

表 6-5　類型表

BSON Type	value	BSON Type	value	BSON Type	value
Double	1	Boolean	8	JavaScript（with scope）	15
String	2	Date	9	32-bit integer	16
Object	3	Null	10	Timestamp	17
Array	4	Regular Expression	11	64-bit integer	18
Binary data	5	DBPointer	12	Min key	-1
Undefined	6	JavaScript	13	Max key	127
Object id	7	Symbol	14		

♫ 延伸學習

❑ MongoDB BSON Type 的詳細內容，請參考：URL https://www.mongodb.com/docs/manual/refe
rence/bson-types。

■範例 6-6■ 從儲存在 library 集合的圖書館藏紀錄中，查詢尚未被借閱的書籍

ST EP 01 匯入資料（若在範例 6-1 已匯入過，則跳過此步驟）。

❶建立 library 集合，並進入集合。

❷點選「ADD DATA」中的「Insert document」。

❸在視窗中輸入「[6-1] 圖書館藏紀錄 .txt」內容（檔案網址：URL https://github.com/taipei
techmmslab/MMSLAB-MongoDB/tree/master/Ch-6）。

```
[
    {
        "_id": "4-1_1",
        "book": " 實用英文會話 ",
        "price": 299.0,
        "authors": ["Jason", "Mary", "Bob"],
        "borrower": {
            "name": " 王小明 ",
            "timestamp": { "$date": "2015-07-23T12:00:00Z" }
        }
    },
    {
        "_id": "4-1_2",
        "book": " 七天學會大數據資料庫處理 NoSQL:MongoDB 入門與活用 ",
        "price": 360.0,
        "authors": [" 黃小嘉 "],
        "borrower": {
            "name": " 王小明 ",
            "timestamp": { "$date": "2015-07-24T12:30:00Z" }
        }
    },
    {
        "_id": "4-1_3",
        "book": " 日本環球影城全攻略 ",
        "price": 280,
```

```
        "authors": ["Jason", "Mary", "Bob"]
    }
]
```

❹點選「Insert」按鈕來完成匯入的動作。

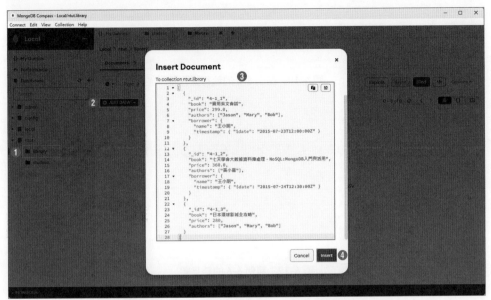

圖 6-17　範例 6-6 的匯入資料操作圖（[6-1] 圖書館藏紀錄 .txt）

STEP 02 相關運算子：$exists，查詢「某個欄位」存在／不存在。

```
{ <field>: { $exists: <Boolean> } }
```

STEP 03 執行操作：查詢尚未被借閱的書籍。

❶進入 library 集合。

❷在 query 欄位中輸入「{borrower:{$exists:false}}」。

❸點選「Find」按鈕，執行操作。

圖 6-18　範例 6-6 的執行操作圖

ST EP 04 顯示結果。

圖 6-19　範例 6-6 的結果圖

範例 6-7　從儲存在 library 集合的圖書館藏紀錄中，查詢價錢 欄位為 Integer 型別（在 BSON Type 中值為 16）的書籍

ST EP 01 匯入資料（若在範例 6-1 已匯入過，則跳過此步驟）。

❶建立 library 集合，並進入集合。

❷點選「ADD DATA」中的「Insert document」。

❸在視窗中輸入「[6-1] 圖書館藏紀錄 .txt」內容（檔案網址：URL https://github.com/taipei
techmmslab/MMSLAB-MongoDB/tree/master/Ch-6）。

```
[
    {
        "_id": "4-1_1",
        "book": "實用英文會話 ",
        "price": 299.0,
        "authors": ["Jason", "Mary", "Bob"],
        "borrower": {
            "name": "王小明 ",
```

```
            "timestamp": { "$date": "2015-07-23T12:00:00Z" }
        }
    },
    {
        "_id": "4-1_2",
        "book": "七天學會大數據資料庫處理 NoSQL:MongoDB 入門與活用",
        "price": 360.0,
        "authors": ["黃小嘉"],
        "borrower": {
            "name": "王小明",
            "timestamp": { "$date": "2015-07-24T12:30:00Z" }
        }
    },
    {
        "_id": "4-1_3",
        "book": "日本環球影城全攻略",
        "price": 280,
        "authors": ["Jason", "Mary", "Bob"]
    }
]
```

❹點選「Insert」按鈕來完成匯入的動作。

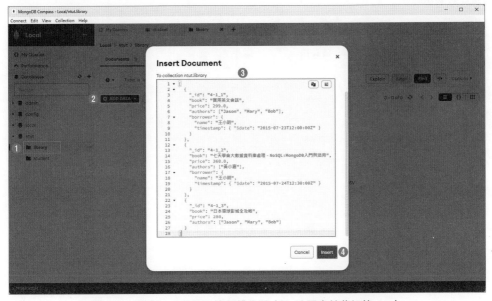

圖 6-20　範例 6-7 的匯入資料操作圖（[6-1] 圖書館藏紀錄 .txt）

STEP 02 相關運算子：$type，查詢「某個欄位型別」等於「<BSON Type>」。

```
{ <field>: { $type: <BSON type> } }
```

STEP 03 執行操作：查詢價錢欄位為 Integer 型別（在 BSON Type 中值為 16）的書籍。

❶進入 library 集合。

❷在 query 欄位中輸入「{price:{$type:16}}」。

❸點選「Find」按鈕，執行操作。

圖 6-21　範例 6-7 的執行操作圖

STEP 04 顯示結果。

圖 6-22　範例 6-7 的結果圖

6.2.5　分類⑤：支援正規表示式（Regular Expression）查詢

表 6-6　功能表

運算子	功能說明	語法
$regex	正規表示式（英文 Regular Expression，簡寫為 RegExp），又稱為「正規表示法」。它是由一組特定字元符號所構成的字串（指語法中的 pattern），用來定義字串的規則。	{ <field>: { $regex: "pattern", $options: "<options>" } } { <field>: /pattern/<options> }

♫ 延伸學習

❑ 正規表示式的詳細內容，請參考：URL https://www.mongodb.com/docs/manual/reference/operator/query/regex。

下表列出 <options> 的參數，使用者可藉下列選項來決定額外的擴充功能。

表 6-7　擴充功能表

符號	擴充功能說明
i	英文大小寫視為一樣。
m	支援多行的功能。
x	忽略 Pattern 當中的空字元。
s	讓萬用字元（.）可以支援換行符號（\n）。

範例 6-8 從儲存在 library 集合的圖書館藏紀錄中，不區分大小寫來搜尋 NoSQL 的書籍

STEP 01 匯入資料（若在範例 6-1 已匯入過，則跳過此步驟）。

❶建立 library 集合，並進入集合。

❷點選「ADD DATA」中的「Insert document」。

❸在視窗中輸入「[6-1] 圖書館藏紀錄 .txt」內容（檔案網址：URL https://github.com/taipeitechmmslab/MMSLAB-MongoDB/tree/master/Ch-6）。

```
[
    {
        "_id": "4-1_1",
        "book": " 實用英文會話 ",
        "price": 299.0,
        "authors": ["Jason", "Mary", "Bob"],
        "borrower": {
            "name": " 王小明 ",
            "timestamp": { "$date": "2015-07-23T12:00:00Z" }
        }
    },
    {
        "_id": "4-1_2",
        "book": " 七天學會大數據資料庫處理 NoSQL:MongoDB 入門與活用 ",
        "price": 360.0,
        "authors": [" 黃小嘉 "],
        "borrower": {
            "name": " 王小明 ",
            "timestamp": { "$date": "2015-07-24T12:30:00Z" }
        }
    },
    {
        "_id": "4-1_3",
        "book": " 日本環球影城全攻略 ",
        "price": 280,
        "authors": ["Jason", "Mary", "Bob"]
    }
]
```

❹點選「Insert」按鈕來完成匯入的動作。

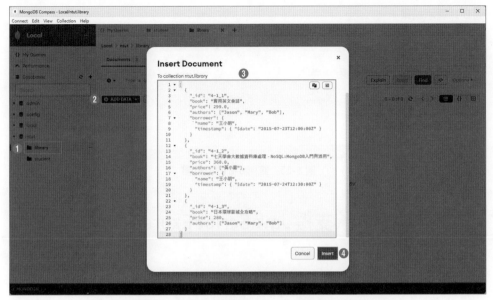

圖 6-23　範例 6-8 的匯入資料操作圖（[6-1] 圖書館藏紀錄 .txt）

STEP 02 相關運算子：$regex，支援正規表示式查詢。

```
{ <field>: { $regex: "pattern", $options: "<options>" } }
```

STEP 03 執行操作：不區分大小寫來搜尋 NoSQL 的書籍。

❶進入 library 集合。

❷在 query 欄位中輸入「{book:{$regex:"nosql",$options:"i"}}」（我們加入參數符號 i，代表使用不區分大小寫來搜尋 nosql）。

❸點選「Find」按鈕，執行操作。

圖 6-24　範例 6-8 的執行操作圖

STEP 04 顯示結果。

圖 6-25　範例 6-8 的結果圖

6.2.6　分類⑥：支援 JavaScript Expression 的查詢式

表 6-8　功能表

運算子	功能說明	語法
$where	在 MongoDB 查詢系統中，$where 運算子透過包含 JavaScript Expression 的字串來進行查詢。此運算子提供相當靈活的查詢方式，但 MongoDB 在處理 JavaScript Expression 時，必須針對集合內所有的 Document 進行操作。若要參考集合內的欄位時，請在 <JavaScript express> 內使用 this 或是 obj。	{ $where: <JavaScript expression> }

🎵 延伸學習

❏ JavaScript Expression 的詳細內容，請參考：URL https://www.mongodb.com/docs/manual/reference/operator/query/where。

下表列出 JavaScript expression 內能使用的運算子。

表 6-9　邏輯運算子

邏輯運算子	說明	邏輯運算子	說明
==	相等。	&&	AND 邏輯閘。
!=	不相等。	||	OR 邏輯閘。
>	大於。	!	NOT 邏輯閘。
<	小於。		
>=	大於等於。		
<=	小於等於。		

範例 6-9 從儲存在 library 集合的圖書館藏紀錄中，查詢價錢大於 300 元的書籍

STEP 01 匯入資料（若在範例 6-1 已匯入過，則跳過此步驟）。

❶建立 library 集合，並進入集合。

❷點選「ADD DATA」中的「Insert document」。

❸在視窗中輸入「[6-1] 圖書館藏紀錄 .txt」內容（檔案網址：URL https://github.com/taipei techmmslab/MMSLAB-MongoDB/tree/master/Ch-6）。

```
[
    {
        "_id": "4-1_1",
        "book": " 實用英文會話 ",
        "price": 299.0,
        "authors": ["Jason", "Mary", "Bob"],
        "borrower": {
            "name": " 王小明 ",
            "timestamp": { "$date": "2015-07-23T12:00:00Z" }
        }
    },
    {
        "_id": "4-1_2",
        "book": " 七天學會大數據資料庫處理 NoSQL:MongoDB 入門與活用 ",
        "price": 360.0,
        "authors": [" 黃小嘉 "],
        "borrower": {
            "name": " 王小明 ",
            "timestamp": { "$date": "2015-07-24T12:30:00Z" }
        }
    },
    {
        "_id": "4-1_3",
        "book": " 日本環球影城全攻略 ",
        "price": 280,
        "authors": ["Jason", "Mary", "Bob"]
    }
]
```

❹點選「Insert」按鈕來完成匯入的動作。

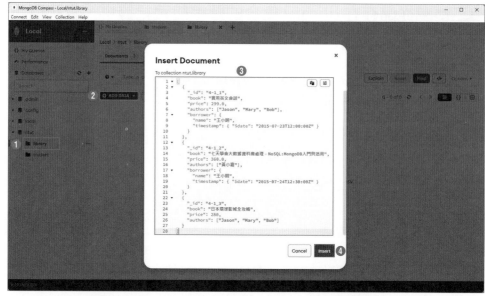

圖 6-26　範例 6-9 的匯入資料操作圖（[6-1] 圖書館藏紀錄 .txt）

ST EP 02 相關運算子：$where，支援 JavaScript Expression 查詢。

```
{ $where: <JavaScript expression> }
```

ST EP 03 執行操作：查詢價錢大於 300 元的書籍。

❶進入 library 集合。

❷在 query 欄位中輸入「{$where:"this.price>=300"}」。

❸點選「Find」按鈕，執行操作。

圖 6-27　範例 6-9 的執行操作圖

STEP 04 顯示結果。

圖6-28　範例6-9的結果圖

6.2.7　分類⑦：地理位置查詢（Geospatial Queries）

　　MongoDB為了處理地理位置資訊，提供多個地理空間索引值（Geospatial Indexes）與查詢機制。在儲存地理資訊（Location data）與查詢之前，使用者必須先決定Surface的類型，其目的是計算距離的精確度。Surface是地球的地理位置表示方式，它分為球面（Spherical surface）和平面（Flat surface）的類型，Surface類型會影響使用者儲存資料的方式、建立的索引類型及查詢語法，如下表所示。

表6-10　功能表

Surface 類型	說明	儲存方式	Geospatial Index	支援運算子
球面 （Spherical surface）	考慮地球球體的因素來計算距離。	GeoJSON 1.Point、multiPoint 2.LineString、multiLineString 3.Polygon、multiPolygon 4.GeometryCollection	2dsphere index	$near $nearSphere: $geowithin $geoIntersects
平面 （Flat surface）	使用歐基里德距離公式來計算距離。	Legacy Coordinate Pairs	2d index	$near $nearSphere: $geowithin

★ 提 示　進行查詢時，請務必為欄位建立地理空間索引值（Geospatial Indexes），否則無法查詢。

以下介紹各種不同的資料儲存方式：

❏ 平面儲存方式：Legacy Coordinate Pairs

○ 資料格式（有兩種不同的方式儲存資料）

```
{ 欄位名稱 : [ <longitude> , <latitude> ] } ，或是
{ 欄位名稱 : { lng : <longitude> , lat : <latitude> } }
```

○ 範例：記錄台北科技大學的經緯度資訊（經度為 121.537034，緯度為 25.048499）

```
{ location : [ 121.537034, 25.048499 ] } ，或是
{ location : { lng : 121.537034, lat : 25.048499} }
```

❏ 球面儲存方式：GeoJSON Point

○ 資料格式

```
{ 欄位名稱 : { type: "Point", coordinates: [ <longitude> , <latitude> ] }
```

○ 範例：記錄一個點

```
欄位名稱: { type: "Point", coordinates: [ 3 , 6 ] }
```

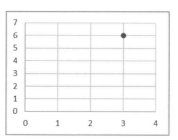

圖 6-29　GeoJSON Point 示意圖

❏ 球面儲存方式：GeoJSON LineString

○ 資料格式

```
欄位名稱 : {
    type: "LineString",
    coordinates: [
        [ <longitude_1> , <latitude_1> ] , [ <longitude_2> , <latitude_2> ]
    ]
}
```

○ 範例：記錄一條線

```
欄位名稱 : {
    type: "LineString",
    coordinates: [
        [ 3, 6 ], [ 0, 0 ]
    ]
}
```

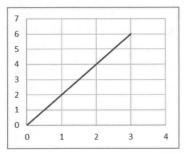

圖 6-30　GeoJSON LineString 示意圖

❏ 球面儲存方式：GeoJSON Polygon

○ 資料格式

```
欄位名稱 : {
    type: "Polygon",
    coordinates: [
        [ [ <longitude_1> , <latitude_1> ] ], [ <longitude_2> , <latitude_2> ] ,
··· , [ <longitude_1> , <latitude_1> ] ] ]
    ]
}
```

○ 範例：記錄一個多邊形

```
欄位名稱 : {
    type: "Polygon",
    coordinates: [
        [ [ 0 , 0 ], [ 3 , 6 ], [ 6 , 1 ], [ 0 , 0 ] ]
    ]
}
```

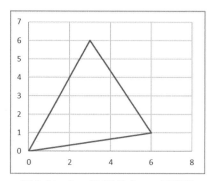

圖 6-31　GeoJSON Polygon 示意圖

❑ 球面儲存方式：GeoJSON MultiPoint

○ 資料格式

```
欄位名稱 : {
    type: "MultiPoint",
    coordinates: [
        [ <longitude_1> , <latitude_1> ] ,
        [ <longitude_2> , <latitude_2> ] ,
        [ <longitude_N> , <latitude_N> ]
    ]
}
```

○ 範例：記錄數個點

```
欄位名稱 : {
    type: "MultiPoint",
    coordinates: [
        [ 3 , 6 ] ,
        [ 1 , 4 ] ,
        [ 2 , 1 ]
    ]
}
```

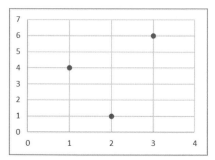

圖 6-32　GeoJSON MultiPoint 示意圖

❏ 球面儲存方式：GeoJSON MultiLineString

○ 資料格式

```
欄位名稱 : {
    type: "MultiLineString",
    coordinates: [
        [ [ <longitude_1> , <latitude_1> ] , [ <longitude_2> , <latitude_2> ] ] ,
        [ [ <longitude_3> , <latitude_3> ] , [ <longitude_4> , <latitude_4> ] ] ,
        [ [ <longitude_N-1> , <latitude_N-1> ] , [ <longitude_N> , <latitude_N> ] ]
    ]
}
```

○ 範例：記錄數條線

```
欄位名稱 : {
    type: "MultiLineString",
    coordinates: [
        [ [ 3 , 6 ] , [ 0 , 0 ] ] ,
        [ [ 3 , 2 ] , [ 9 , 6 ] ] ,
        [ [ 8 , 0 ] , [ 1 , 5 ] ]
    ]
}
```

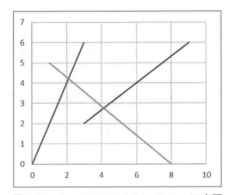

圖 6-33　GeoJSON MultiLineString 示意圖

❏ 球面儲存方式：GeoJSON MultiPolygon

○ 資料格式

```
欄位名稱 : {
    type: "MultiPolygon",
    coordinates: [
        [ [ [ <longitude_1> , <latitude_1> ] , [ <longitude_2> , <latitude_2> ],
```

```
…, [ <longitude_1> , <latitude_1> ] ] ],
    [ [ [ <longitude_3> , <latitude_3> ] , [ <longitude_4> , <latitude_4> ],
…, [ <longitude_3> , <latitude_3> ] ] ],          …
    ]
}
```

○ 範例：記錄數個多邊形

```
欄位名稱 : {
    type: "MultiPolygon",
    coordinates: [
        [ [ [ 0 , 0 ] , [ 3 , 6 ] , [ 6 , 1 ] , [ 0 , 0 ] ] ],
        [ [ [ 1 , 1 ] , [ 3 , 4 ] , [ 5 , 2 ] , [ 1 , 1 ] ] ]
    ]
}
```

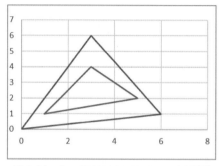

圖 6-34　GeoJSON MultiPolygon 示意圖

範例6-10 從儲存在 buildings 集合的地標資料中，查詢北科附近 1 公里至 2 公里區域範圍內的資料

以北科大附近的地標作為範例，儲存在 MongoDB 資料庫的 buildings 集合。每一筆的地標資料有編號（_id）、地名（name）、地標的位置（location）的座標類型（location. type）與座標（location.coordinates）欄位。

STEP 01 匯入資料。

❶ 建立 buildings 集合，並進入集合。

❷ 點選「ADD DATA」中的「Insert document」。

❸ 在視窗中輸入「[6-3] 北科周圍地標列表 .txt」內容（檔案網址：URL https://github.com/taipei techmmslab/MMSLAB-MongoDB/tree/master/Ch-6）。

```
[
    {
        "_id": "4-3_1",
        "name": "中山女中",
        "location": { "type": "Point", "coordinates": [121.537034, 25.048499] }
    },
    {
        "_id": "4-3_2",
        "name": "國立台北商業大學",
        "location": { "type": "Point", "coordinates": [121.525256, 25.042267] }
    },
    {
        "_id": "4-3_3",
        "name": "行政院",
        "location": { "type": "Point", "coordinates": [121.520958, 25.046316] }
    },
    {
        "_id": "4-3_4",
        "name": "國立台灣博物館", "location": { "type": "Point", "coordinates":
[121.514940, 25.042751] }
    }
]
```

❹點選「Insert」按鈕來完成匯入的動作。

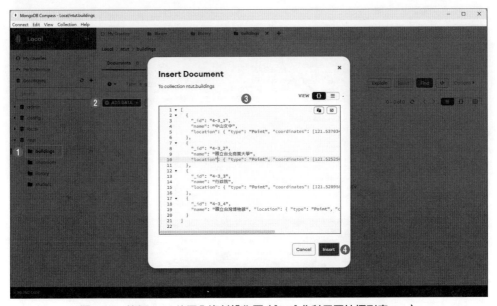

圖 6-35　範例 6-10 的匯入資料操作圖（[6-3] 北科周圍地標列表 .txt）

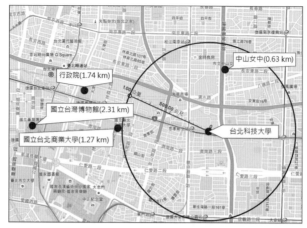

圖 6-36　檔案 [6-3] 北科周圍地標列表 .txt 示意圖

ST EP 02 將 location 欄位建立 2dsphere Index。

❶進入 buildings 集合。

❷點選「Indexes」，即會出現此集合的現有索引清單。

❸點選「Create Index」。

❹選取要建立索引的 location 欄位，以及要索引的類型 2dsphere。

❺點選「Create Index」按鈕，完成索引建立。

圖 6-37　範例 6-10 建立 2dsphere Index 的操作圖

STEP 03 執行成功後，觀察 buildings 集合底下的 Indexes 目錄，如圖 6-38 所示。

❶進入 buildings 集合。

❷點選「Indexes」，即會出現此集合的現有索引清單。

❸展開「location_2dsphere」，可以看出已經針對在 ntut 資料庫的 buildings 集合內的 location 資料欄位建立 2dsphere Index。

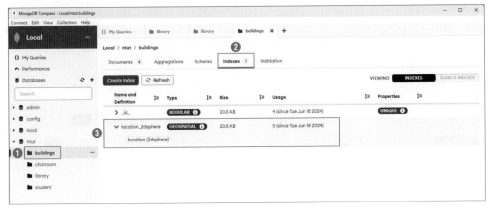

圖 6-38 範例 6-10 建立 2dsphere Index 的結果圖

STEP 04 相關運算子：$near，支援正規表示式查詢。

```
{
    <field>: {
        $near:{ type:"Point",coordinates:[ <longitude_1> , <latitude_1> ] },
        $minDistance: <單位為公尺>,
        $maxDistance: <單位為公尺>
    }
}
```

STEP 05 執行操作：查詢北科附近 1 公里至 2 公里區域範圍內的資料。

❶進入 buildings 集合。

❷在 query 欄位中輸入「 {location:{$near:{type:"Point",coordinates:[121.537858,25.042894] },$minDistance: 1000,$maxDistance: 2000}} 」。

❸點選「Find」按鈕，執行操作。

圖 6-39　範例 6-10 的執行操作圖

ST EP 06 顯示結果。

圖 6-40　範例 6-10 的結果圖

範例 6-11 從儲存在 coordinates 集合的點資料中，查詢矩形範圍內的資料

以一個二維平面作為範例，儲存在 MongoDB 資料庫的 coordinates 集合。每一筆的點資料有編號（_id）、命名（name）、點的位置（location）的座標類型（location.type）與座標（location.coordinates）欄位。

ST EP 01 匯入資料。

❶建立 coordinates 集合，並進入集合。

❷點選「ADD DATA」中的「Insert document」。

❸在視窗中輸入「[6-4] 三筆座標點 .txt」內容（檔案網址：URL https://github.com/taipeitechmmslab/MMSLAB-MongoDB/tree/master/Ch-6）。

```
[
    {"_id":"4-4_1", "name": "A", "location": { "type": "Point", "coordinates":
[ 1, 2 ] } },
    {"_id":"4-4_2", "name": "B", "location": { "type": "Point", "coordinates":
[ 2, 2 ] } },
    {"_id":"4-4_3", "name": "C", "location": { "type": "Point", "coordinates":
[ 2, 1 ] } }
]
```

❹點選「Insert」按鈕來完成匯入的動作。

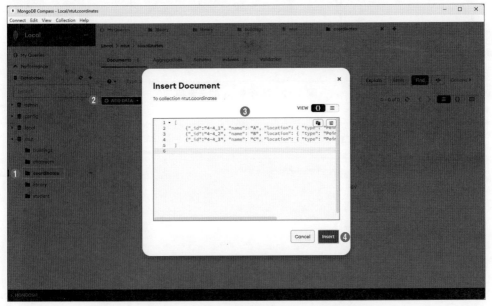

圖 6-41　範例 6-11 的匯入資料操作圖（[6-4] 三筆座標點 .txt）

STEP 02 將 location 欄位建立 2dsphere Index（參考範例 6-10）。

STEP 03 相關運算子：$within+$box，查詢矩形範圍內的資料。

```
{
    <field>: {
        $within:{ $box : [ [<x1>,<y1>], [<x2>,<y2>] ] }
    }
}
```

STEP 04 執行操作：查詢矩形範圍內的資料。

❶進入 coordinates 集合。

❷在 query 欄位中輸入「{location:{$within:{$box:[[0, 0],[1, 3]]}}}」。

❸點選「Find」按鈕，執行操作。

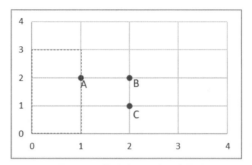

圖 6-42　指令 $box 的示意圖

圖 6-43　範例 6-11 的執行操作圖

STEP 05 顯示結果。

圖 6-44　範例 6-11 的結果圖

範例 6-12 從儲存在 coordinates 集合的點資料中，查詢圓形範圍內的資料

STEP 01 匯入資料（若在範例 6-11 已匯入過，則跳過此步驟）。

❶建立 coordinates 集合，並進入集合。

❷點選「ADD DATA」中的「Insert document」。

❸在視窗中輸入「[6-4] 三筆座標點 .txt」內容（檔案網址：URL https://github.com/taipeitechmmslab/MMSLAB-MongoDB/tree/master/Ch-6）。

```
[
    {"_id":"4-4_1", "name": "A", "location": { "type": "Point", "coordinates":
[ 1, 2 ] } },
    {"_id":"4-4_2", "name": "B", "location": { "type": "Point", "coordinates":
[ 2, 2 ] } },
    {"_id":"4-4_3", "name": "C", "location": { "type": "Point", "coordinates":
[ 2, 1 ] } }
]
```

❹點選「Insert」按鈕來完成匯入的動作。

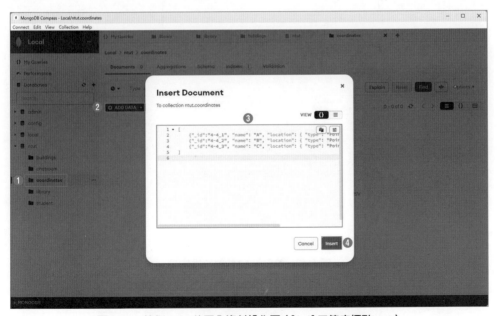

圖 6-45　範例 6-12 的匯入資料操作圖（[6-4] 三筆座標點 .txt）

ST EP 02 將 location 欄位建立 2dsphere Index（若在範例 6-11 已建立過，則跳過此步驟）。

ST EP 03 相關運算子：$within+$center，查詢圓形範圍內的資料。

```
{
    <field>: {
        $within:{ $center : [ [<x>,<y>], <ra> ] }
    }
}
```

ST EP 04 執行操作：查詢圓形範圍內的資料。

❶進入 coordinates 集合。

❷在 query 欄位中輸入「{location:{$within:{$center:[[1,3],1]}}}」。

❸點選「Find」按鈕，執行操作。

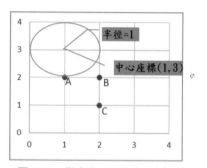

圖 6-46　指令 $center 的示意圖

圖 6-47　範例 6-12 的執行操作圖

顯示結果。

圖 6-48　範例 6-12 的結果圖

6.3 映射運算子

「映射」（Projection）是指取出文件（Document）中特定的欄位，排除不必要的欄位。使用者可藉由映射運算子指定所需的欄位、需排除的欄位或陣列中的特定區塊，讓查詢時只回傳必要的欄位。

表 6-11　功能表

運算子	功能說明	語法
$slice	取得某個陣列「最前面或最後面」的元素。	{ <field>: { $slice: count } }
	取得某個陣列「中段」的元素。	{ <field>: { $slice: [skip, limit] } }

範例 6-13 從儲存在 chatroom 集合的對話紀錄中，只取得 _id 與 members 兩個欄位內容

匯入資料（若在範例 6-3 已匯入過，則跳過此步驟）。

❶ 建立 chatroom 集合，並進入集合。

❷ 點選「ADD DATA」中的「Insert document」。

❸ 在視窗中輸入「[6-2] 聊天室對話紀錄 .txt」內容（檔案網址： URL https://github.com/taipeitechmmslab/MMSLAB-MongoDB/tree/master/Ch-6）。

```
[
    {
        "_id": "4-2_1",
```

```
        "members": ["Jason", "Bob"],
        "messages": [
            { "sender": "Jason", "content": "Hello" },
            { "sender": "Bob", "content": "Hi" },
            { "sender": "Jason", "content": "午餐要吃什麼" },
            { "sender": "Jason", "content": "吃義大利麵!?" },
            { "sender": "Bob", "content": "走啊" }
        ]
    },
    {

        "_id": "4-2_2",
        "members": ["Jason", "Mary"],
        "messages": []
    },
    {

        "_id": "4-2_3",
        "members": ["Bob", "Mary"],
        "messages": []
    }
]
```

❹點選「Insert」按鈕來完成匯入的動作。

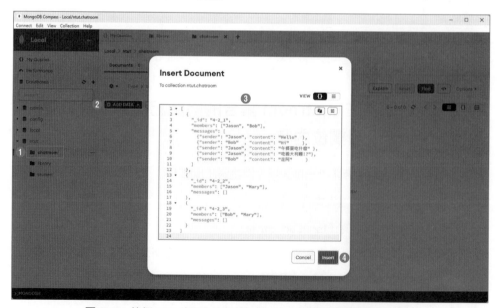

圖 6-49　範例 6-13 的匯入資料操作圖（[6-2] 聊天室對話紀錄 .txt）

STEP 02 {Fields}區塊中的相關語法：輸出結果的欄位會依據下面的規則定義，設定為
true 表示顯示，false 即反之。

```
{ field1: <boolean>, field2: <boolean> ... }
```

STEP 03 執行操作：只取得 _id 與 members 兩個欄位內容。

❶ 進入 chatroom 集合。

❷ 在 query 欄位中輸入「{}」。

❸ 點選「Options」展開搜尋工具。

❹ 在 Project 欄位中輸入「{_id:true,members:true}」或「{_id:1,members:1}」。

❺ 點選「Find」按鈕，執行操作。

圖 6-50　範例 6-13 的執行操作圖

STEP 04 顯示結果。

圖 6-51　範例 6-13 的結果圖

範例 6-14 從儲存在 chatroom 集合的對話紀錄中，只取得最新三筆的對話訊息（messages 欄位），即不用顯示所有對話訊息，可以只顯示聊天室最後三筆的對話訊息

STEP 01 匯入資料（若在範例 6-3 已匯入過，則跳過此步驟）。

❶ 建立 chatroom 集合，並進入集合。

❷ 點選「ADD DATA」中的「Insert document」。

❸ 在視窗中輸入「[6-2] 聊天室對話紀錄 .txt」內容（檔案網址： URL https://github.com/taipeitechmmslab/MMSLAB-MongoDB/tree/master/Ch-6）。

```
[
    {
        "_id": "4-2_1",
        "members": ["Jason", "Bob"],
        "messages": [
            { "sender": "Jason", "content": "Hello" },
            { "sender": "Bob", "content": "Hi" },
            { "sender": "Jason", "content": "午餐要吃什麼" },
            { "sender": "Jason", "content": "吃義大利麵!?" },
            { "sender": "Bob", "content": "走啊" }
        ]
    },
    {
        "_id": "4-2_2",
        "members": ["Jason", "Mary"],
        "messages": []
    },
    {
        "_id": "4-2_3",
        "members": ["Bob", "Mary"],
        "messages": []
    }
]
```

❹ 點選「Insert」按鈕來完成匯入的動作。

圖 6-52　範例 6-14 的匯入資料操作圖（[6-2] 聊天室對話紀錄 .txt）

STEP 02 相關運算子：$slice，取得某個陣列「最後面」的元素，其中 count 為負值。

```
{ <field>: { $slice: count } }
```

STEP 03 執行操作。

❶進入 chatroom 集合。

❷在 query 欄位中輸入「{}」。

❸點選「Options」來展開搜尋工具。

❹在 Project 欄位中輸入「{messages:{$slice:-3}}」。

❺點選「Find」按鈕，執行操作。

圖 6-53　範例 6-14 的執行操作圖

STEP 04 顯示結果。

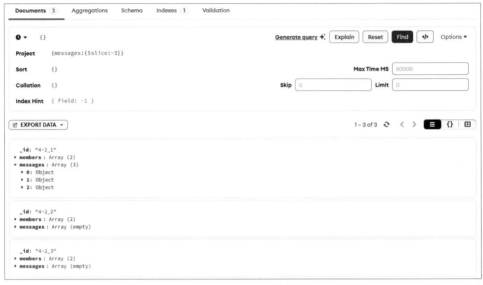

圖 6-54　範例 6-14 的結果圖

範例 6-15 從儲存在 chatroom 集合的對話紀錄中，只取得最舊三筆的對話訊息（messages 欄位）

STEP 01 匯入資料（若在範例 6-3 已匯入過，則跳過此步驟）。

❶建立 chatroom 集合，並進入集合。

❷點選「ADD DATA」中的「Insert document」。

❸在視窗中輸入「[6-2] 聊天室對話紀錄 .txt」內容（檔案網址：URL https://github.com/taipeitechmmslab/MMSLAB-MongoDB/tree/master/Ch-6）。

```
[
    {
        "_id": "4-2_1",
        "members": ["Jason", "Bob"],
        "messages": [
            { "sender": "Jason", "content": "Hello" },
            { "sender": "Bob", "content": "Hi" },
            { "sender": "Jason", "content": "午餐要吃什麼" },
            { "sender": "Jason", "content": "吃義大利麵 !?" },
            { "sender": "Bob", "content": "走啊" }
```

```
            ]
        },
        {
            "_id": "4-2_2",
            "members": ["Jason", "Mary"],
            "messages": []
        },
        {
            "_id": "4-2_3",
            "members": ["Bob", "Mary"],
            "messages": []
        }
    ]
```

❹點選「Insert」按鈕來完成匯入的動作。

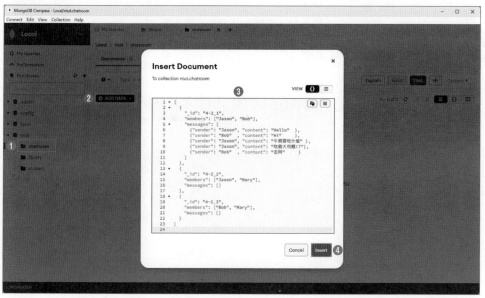

圖 6-55　範例 6-15 的匯入資料操作圖（[6-2] 聊天室對話紀錄 .txt）

STEP 02 相關運算子：$slice，取得某個陣列「最前面」的元素，其中 count 為正值。

```
{ <field>: { $slice: count } }
```

STEP 03 執行操作：只取得最舊三筆的對話訊息（messages 欄位）。

❶進入 chatroom 集合。

❷在 query 欄位中輸入「{}」。

❸點選「Options」展開搜尋工具。

❹在 Project 欄位中輸入「{messages:{$slice:3}}」。

❺點選「Find」按鈕，執行操作。

圖 6-56　範例 6-15 的執行操作圖

STEP 04 顯示結果。

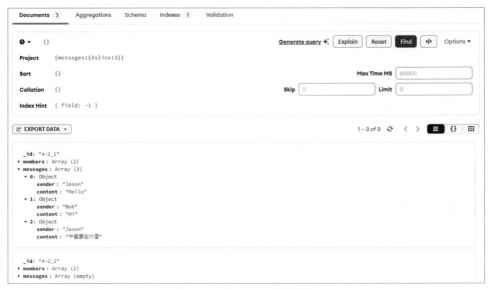

圖 6-57　範例 6-15 的結果圖

範例 6-16 從儲存在 chatroom 集合的對話紀錄中，只取得第二筆至第四筆的對話訊息（messages 欄位），即略過第一筆資料後，取得三筆資料

STEP 01 匯入資料（若在範例 6-3 已匯入過，則跳過此步驟）。

❶建立 chatroom 集合，並進入集合。

❷點選「ADD DATA」中的「Insert document」。

❸在視窗中輸入「[6-2] 聊天室對話紀錄 .txt」內容（檔案網址：URL https://github.com/taipeitechmmslab/MMSLAB-MongoDB/tree/master/Ch-6）。

```
[
    {
        "_id": "4-2_1",
        "members": ["Jason", "Bob"],
        "messages": [
            { "sender": "Jason", "content": "Hello" },
            { "sender": "Bob", "content": "Hi" },
            { "sender": "Jason", "content": "午餐要吃什麼" },
            { "sender": "Jason", "content": "吃義大利麵 !?" },
            { "sender": "Bob", "content": "走啊" }
        ]
    },
    {
        "_id": "4-2_2",
        "members": ["Jason", "Mary"],
        "messages": []
    },
    {
        "_id": "4-2_3",
        "members": ["Bob", "Mary"],
        "messages": []
    }
]
```

❹點選「Insert」按鈕來完成匯入的動作。

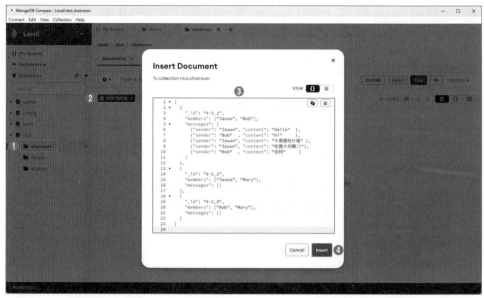

圖 6-58　範例 6-16 的匯入資料操作圖（[6-2] 聊天室對話紀錄 .txt）

STEP 02 相關運算子：$slice，取得某個陣列「中段」的元素，其中 skip 表示略過陣列前面元素的數量，limit 表示取得的陣列元素數量。

```
{ <field>: { $slice: [ skip, limit ] } }
```

STEP 03 執行操作：只取得第二筆至第四筆的對話訊息（messages 欄位），即略過第一筆資料後，取得三筆資料。

❶進入 chatroom 集合。

❷在 query 欄位中輸入「{}」。

❸點選「Options」來展開搜尋工具。

❹在 Project 欄位中輸入「{messages:{$slice:[1,3]}}」。

❺點選「Find」按鈕，執行操作。

圖 6-59　範例 6-16 的執行操作圖

ST EP 04 顯示結果。

圖 6-60　範例 6-16 的結果圖

範例 6-17 從儲存在 contacts 集合的聯絡人資料中，取出姓陳的且手機為 0955 開頭的，並依年齡排序

以通訊錄作為範例，儲存在 MongoDB 資料庫的 contacts 集合。每一筆的聯絡資料有編號（_id）、姓名（name）、年紀（age）與電話（phone）欄位。

ST EP 01 匯入資料。

❶建立 contacts 集合，並進入集合。

❷點選「ADD DATA」中的「Insert document」。

❸在視窗中輸入「[6-5] 聯絡人列表 .txt」內容（檔案網址：URL https://github.com/taipeitechm mslab/MMSLAB-MongoDB/tree/master/Ch-6）。

```
[
    {"_id":"4-9_01", "name":"江小于", "age":22, "phone":"0967-481-146"},
    {"_id":"4-9_02", "name":"穆小蓉", "age":18, "phone":"0989-153-149"},
    {"_id":"4-9_03", "name":"陳小昇", "age":24, "phone":"0955-581-064"},
    {"_id":"4-9_04", "name":"傅小彰", "age":25, "phone":"0967-058-845"},
    {"_id":"4-9_05", "name":"廖小健", "age":28, "phone":"0989-758-138"},
    {"_id":"4-9_06", "name":"陳小翰", "age":31, "phone":"0989-051-129"},
    {"_id":"4-9_07", "name":"鄭小瀚", "age":27, "phone":"0967-984-852"},
    {"_id":"4-9_08", "name":"梁小瑋", "age":21, "phone":"0989-748-913"},
    {"_id":"4-9_09", "name":"陳小鴻", "age":22, "phone":"0955-685-846"},
    {"_id":"4-9_10", "name":"陳小豪", "age":20, "phone":"0955-648-843"}
]
```

❹點選「Insert」按鈕來完成匯入的動作。

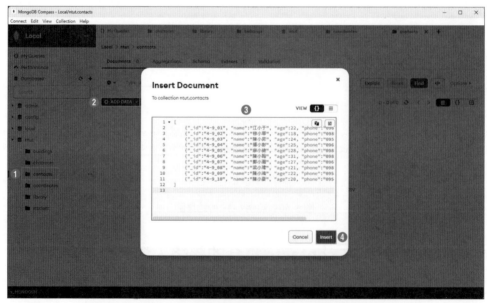

圖 6-61　範例 6-17 的匯入資料操作圖（[6-5] 連絡人列表 .txt）

STEP 02 {Sort} 區塊中的相關語法：輸出結果的排序會依據下面的規則定義，設定為 1 表示遞增，-1 則遞減。

```
{ $sort: { <field1>: 1, <field2>: -1 ... } }
```

STEP 03 執行操作：取出姓陳的且手機為 0955 開頭的，並依年齡排序。

❶進入 contacts 集合。

❷在 query 欄位中輸入「 {name:/^ 陳 /,phone:/^0955/} 」。

❸點選「Options」展開搜尋工具。

❹在 Project 欄位中輸入「 {_id:false} 」。

❺在 Sort 欄位中輸入「 {age:1} 」。

❻點選「Find」按鈕，執行操作。

圖 6-62　範例 6-17 的執行操作圖

STEP 04 顯示結果。

圖 6-63　範例 6-17 的結果圖

6.4　實戰演練：圖書館藏查詢系統

　　本章學到了 MongoDB 中的基本查詢方法，本範例將實作一個圖書館藏查詢系統，以 C# 程式語言搭配 Visual Studio 2022 整合開發環境來實作，資料庫的資料會以 MongoDB Compass 匯入，並使用 C# 中的 MongoDB 查詢語法來取得資料，而訊息的輸入與輸出會以 Console 介面作為顯示，藉此瞭解如何使用 C# 進行 MongoDB 資料查詢。

❍ 使用 MongoDB Compass 匯入圖書館藏紀錄。

❍ 安裝 MongoDB Driver 套件。

❍ 建立 LibraryDocument.cs 檔，以定義 library 集合內的文件結構。

❍ 使用 Filter、Projection 及 Sort 運算子處理資料。

❍ 使用 Switch 條件式語法與 Console 實作使用者介面，以選擇功能與顯示結果。

圖 6-65　功能一的執行結果

圖 6-64　選擇執行功能介面

圖 6-66　功能二的執行結果

圖 6-67　功能三的執行結果

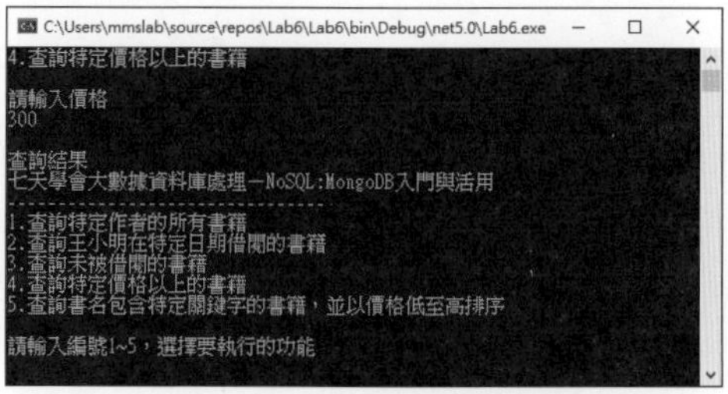

圖 6-68　功能四的執行結果

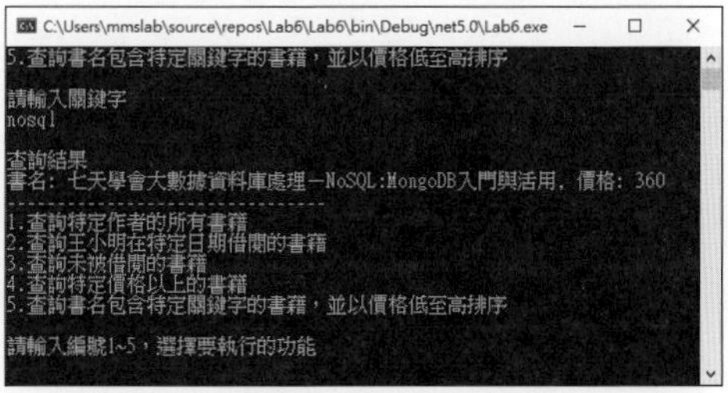

圖 6-69　功能五輸入關鍵字的執行結果

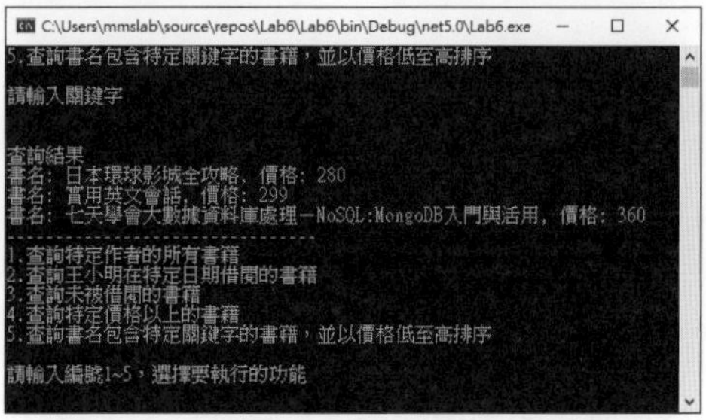

圖 6-70　功能五不輸入關鍵字的執行結果

6.4.1　匯入資料

匯入 library 集合資料（若在範例 6-1 已匯入過，則跳過此步驟）。

❶建立 library 集合，並進入集合。

❷點選「ADD DATA」中的「Insert document」。

❸在視窗中輸入「[6-1] 圖書館藏紀錄 .txt」內容（檔案網址：URL https://github.com/taipei techmmslab/MMSLAB-MongoDB/tree/master/Ch-6）。

```
[
    {
        "_id": "4-1_1",
        "book": "實用英文會話",
        "price": 299.0,
        "authors": ["Jason", "Mary", "Bob"],
        "borrower": {
            "name": "王小明",
            "timestamp": { "$date": "2015-07-23T12:00:00Z" }
        }
    },
    {
```

```
    "_id": "4-1_2",
    "book": "七天學會大數據資料庫處理 NoSQL:MongoDB入門與活用",
    "price": 360.0,
    "authors": ["黃小嘉"],
    "borrower": {
        "name": "王小明",
        "timestamp": { "$date": "2015-07-24T12:30:00Z" }
    }
},
{

    "_id": "4-1_3",
    "book": "日本環球影城全攻略",
    "price": 280,
    "authors": ["Jason", "Mary", "Bob"]
}
]
```

❹點選「Insert」按鈕來完成匯入的動作。

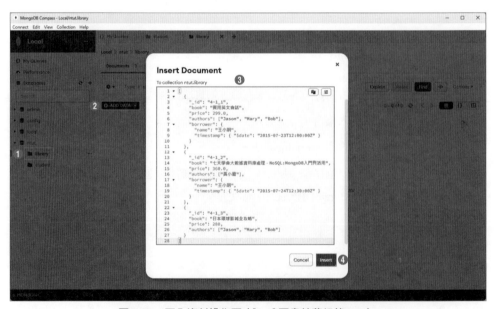

圖6-71　匯入資料操作圖（[6-1]圖書館藏紀錄.txt）

6.4.2　安裝 MongoDB Driver 套件

建立 Visual Studio 2022 專案，並使用 NuGet 安裝 MongoDB Driver 套件。

❶點選上方工具列的「工具→ NuGet 套件管理員→套件管理器主控台」，開啟「套件管理主控台」視窗。

❷在「套件管理主控台」視窗中，輸入「Install-Package MongoDB.Driver -Version 2.26.0」，以進行套件安裝。

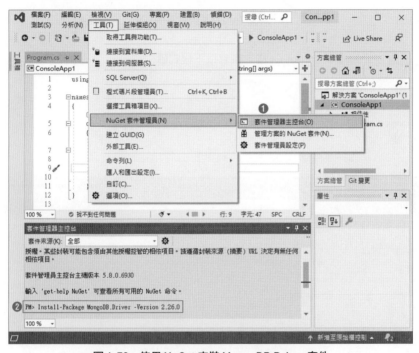

圖 6-72　使用 NuGet 安裝 MongoDB Driver 套件

圖 6-73　完成 MongoDB Driver 套件安裝

6.4.3　建立檔案與定義資料結構

STEP 01 在專案中新增 LibraryDocument.cs 檔案，檔案如圖 6-74 所示。

圖 6-74　方案總管架構

STEP 02 開啟 LibraryDocument.cs 檔，撰寫以下程式碼：

```
using MongoDB.Bson; // 匯入函式庫

namespace Lab6
{
    // 定義 library 集合內的文件結構，並命名為 LibraryDocument
    class LibraryDocument
    {
        public string _id { get; set; }
        public string book { get; set; }
        public float price { get; set; }
        public string[] authors { get; set; }
        public Borrower borrower { get; set; }
        public class Borrower
        {
            public string name { get; set; }
            public BsonDateTime timestamp { get; set; }
        }
    }
}
```

6.4.4　程式設計

STEP 01 開啟 Program.cs 檔，撰寫以下程式碼，作為主要程式的進入點，先處理 MongoDB 連線方法，接著就是讀取使用者操作來選擇進行的事件。

```
// 匯入函式庫
using MongoDB.Bson;
```

```csharp
using MongoDB.Bson.Serialization;
using MongoDB.Driver;
using System;

namespace Lab6
{
    class Program
    {
        static void Main(string[] args)
        {
            // Step1: 連接MongoDB 伺服器
            var client = new MongoClient("mongodb://localhost:27017");
            // Step2: 取得MongoDB 中，名為ntut 的資料庫及名為library 的集合
            var db = client.GetDatabase("ntut") as MongoDatabaseBase;
            // Step3: 使用db.GetCollection取得後續會使用到的集合
            var colLibrary = db.GetCollection<LibraryDocument>("library");
            // Step4: 使用Builders建立後續會使用到的運算子
            var builderLibraryFilter = Builders<LibraryDocument>.Filter;
            var builderLibraryProjection = Builders<LibraryDocument>.Projection;
            var builderLibrarySort = Builders<LibraryDocument>.Sort;
            // Step5: 顯示執行範例的控制介面
            controlPanel();
            #region 控制介面
            void controlPanel()
            {
                Console.WriteLine("--------------------------------");
                Console.WriteLine("1.查詢特定作者的所有書籍");
                Console.WriteLine("2.查詢王小明在特定日期借閱的書籍");
                Console.WriteLine("3.查詢未被借閱的書籍");
                Console.WriteLine("4.查詢特定價格以上的書籍");
                Console.WriteLine("5.查詢書名包含特定關鍵字的書籍，並以價格低至高排序");
                Console.WriteLine("\n請輸入編號1~5，選擇要執行的功能");
                try
                {
                    var num = int.Parse(Console.ReadLine()); // 取得輸入的編號
                    Console.Clear(); // 清除Console 顯示的內容
                                    // 使用switch 判斷編號，選擇要執行的範例
                    switch (num)
                    {
                        case 1:
                            findAuthor();
                            break;
```

```
                    case 2:
                        findBorrow();
                        break;
                    case 3:
                        findNoBorrow();
                        break;
                    case 4:
                        findPrice();
                        break;
                    case 5:
                        findKeyword();
                        break;
                    default:
                        Console.WriteLine("\n請輸入正確內容");// 輸入錯誤的提示
                        break;
                }
            }
            catch (Exception e)
            {
                Console.WriteLine("\n請輸入正確內容"); // 輸入錯誤的提示
            }
            finally
            {
                controlPanel(); // 結束後再次執行controlPanel()方法
            }
        }
        #endregion
        #region 1.查詢特定作者的所有書籍
        void findAuthor()
        {
        }
        #endregion
        #region 2.查詢王小明在特定日期借閱的書籍
        void findBorrow()
        {
        }
        #endregion
        #region 3.查詢未被借閱的書籍
        void findNoBorrow()
        {
        }
        #endregion
```

```
            #region 4.查詢特定價格以上的書籍
            void findPrice()
            {
            }
            #endregion
            #region 5.查詢書名包含特定關鍵字的書籍，並以價格低至高排序
            void findKeyword()
            {
            }
            #endregion
        }
    }
}
```

STEP 02 在 findAuthor 方法內，撰寫以下程式碼，用於查詢特定作者的所有書籍。

```
void findAuthor()
{
    Console.WriteLine("1.查詢特定作者的所有書籍 \n");
    Console.WriteLine(" 請輸入作者名稱 ");
    // 取得輸入的作者名稱
    var author = Console.ReadLine();
    // 建立查詢條件為 authors 欄位包含特定作者
    var filter = builderLibraryFilter.AnyIn(e => e.authors, new string[] {
author });
    // 進行查詢並取得結果
    var result = colLibrary.Find(filter).ToListAsync().Result;
    // 判斷有無結果
    if (result.Count == 0)
    {
        Console.WriteLine("\n 查無資料 ");
    }
    else
    {
        Console.WriteLine("\n 查詢結果 ");
        // 使用 foreach 遍歷查詢結果，將書名顯示於 Console
        foreach (LibraryDocument doc in result)
        {
            Console.WriteLine(doc.book);
        }
    }
}
```

STEP 03 在 findBorrow 方法內，撰寫以下程式碼，用於查詢王小明在特定日期借閱的書籍。

```
void findBorrow()
{
    Console.WriteLine("2.查詢王小明在特定日期借閱的書籍 \n");
    Console.WriteLine("請輸入月份");
    // 取得輸入的月份
    var month = int.Parse(Console.ReadLine());
    Console.WriteLine("請輸入日期");
    // 取得輸入的日期
    var day = int.Parse(Console.ReadLine());
    // 建立查詢條件為borrower.name欄位為王小明
    var nameFilter = builderLibraryFilter.Eq(e => e.borrower.name, "王小明");
    // 建立查詢條件為borrower.timestamp欄位大於等於2015年特定日期的00:00:00
    var timeUpperFilter = builderLibraryFilter.Gte(e => e.borrower.timestamp,
    new DateTime(2015, month, day, 0, 0, 0));
    // 建立查詢條件為borrower.timestamp欄位小於等於2015年特定日期的23:59:59
    var timeLowerFilter = builderLibraryFilter.Lte(e => e.borrower.timestamp,
    new DateTime(2015, month, day, 23, 59, 59));
    // 建立查詢條件為符合上述所有條件
    var filter = builderLibraryFilter.And(nameFilter, timeUpperFilter,
timeLowerFilter);
    // 進行查詢並取得結果
    var result = colLibrary.Find(filter).ToListAsync().Result;
    // 判斷有無結果
    if (result.Count == 0)
    {
        Console.WriteLine("\n查無資料");
    }
    else
    {
        Console.WriteLine("\n查詢結果");
        // 使用foreach遍歷查詢結果，將王小明在特定日期借閱的書籍顯示於Console
        foreach (LibraryDocument doc in result)
        {
            Console.WriteLine($"王小明借了 {doc.book}");
        }
    }
}
```

STEP 04 在 findNoBorrow 方法內，撰寫以下程式碼，用於查詢未被借閱的書籍。

```
void findNoBorrow()
{
    Console.WriteLine("3.查詢未被借閱的書籍 \n");
    // 建立查詢條件為 borrower 欄位不存在
    var filter = builderLibraryFilter.Exists(e => e.borrower, false);
    // 進行查詢並取得結果
    var result = colLibrary.Find(filter).ToListAsync().Result;
    Console.WriteLine("查詢結果 ");
    // 使用 foreach 遍歷查詢結果，將書名顯示於 Console
    foreach (LibraryDocument doc in result)
    {
        Console.WriteLine(doc.book);
    }
}
```

STEP 05 在 findPrice 方法內，撰寫以下程式碼，用於查詢特定價格以上的書籍。

```
void findPrice()
{
    Console.WriteLine("4.查詢特定價格以上的書籍 \n");
    Console.WriteLine("請輸入價格 ");
    // 取得輸入的價格
    var price = int.Parse(Console.ReadLine());
    // 建立查詢條件為 price 欄位大於等於輸入的價格
    var filter = builderLibraryFilter.Where(e => e.price >= price);
    // 進行查詢並取得結果
    var result = colLibrary.Find(filter).ToListAsync().Result;
    // 判斷有無結果
    if (result.Count == 0)
    {
        Console.WriteLine("\n查無資料 ");
    }
    else
    {
        Console.WriteLine("\n查詢結果 ");
        // 使用 foreach 遍歷查詢結果，將書名顯示於 Console
        foreach (LibraryDocument doc in result)
        {
            Console.WriteLine(doc.book);
        }
```

```
        }
    }
```

STEP 06 在 findKeyword 方法內，撰寫以下程式碼，用於查詢書名包含特定關鍵字的書
籍，並以價格低至高排序。

```
void findKeyword()
{
    Console.WriteLine("5.查詢書名包含特定關鍵字的書籍，並以價格低至高排序 \n");
    Console.WriteLine("請輸入關鍵字");
    // 取得輸入的關鍵字
    var keyword = Console.ReadLine();
    // 建立正規表達式的格式為包含特定關鍵字且不區分大小寫
    var pattern = new BsonRegularExpression(keyword, "i");
    // 建立查詢條件為book欄位符合正規表達式的格式
    var filter = builderLibraryFilter.Regex(e => e.book, pattern);
    // 建立映射條件包含book、price欄位
    var projection = builderLibraryProjection.Include(e => e.book).Include(
e => e.price);
    // 建立排序條件為price欄位遞增
    var sort = builderLibrarySort.Ascending(e => e.price);
    // 進行查詢、映射與排序，並取得結果
    var result = colLibrary.Find(filter).Project(projection).Sort(sort).
ToListAsync().Result;
    // 判斷有無結果
    if (result.Count == 0)
    {
        Console.WriteLine("\n查無資料");
    }
    else
    {
        Console.WriteLine("\n查詢結果");
        // 使用foreach遍歷查詢、映射與排序結果，將書籍資訊顯示於Console
        foreach (BsonDocument bsonDoc in result)
        {
            // 因為映射後為BsonDocument類型，需將其反序列化為LibraryDocument類型
            var doc = BsonSerializer.Deserialize<LibraryDocument>(bsonDoc);
            Console.WriteLine($"書名：{doc.book}, 價格：{doc.price}");
        }
    }
}
```

07

MongoDB 基本操作：新增、更新與刪除

學習目標

❏ 如何在 MongoDB 中進行新增、更新與刪除操作

❏ 介紹常見的更新運算子，如 $inc、$mul、$set、$unset、$push、$pop 和 $pull 等

❏ 介紹批次寫入操作

7.1 觀念說明

為了比較關聯式資料庫與 MongoDB 資料庫的新增、更新與刪除語法，我們以書籍借閱紀錄作為範例，該資料表有編號、書本名稱、價錢、借閱人與借閱時間等欄位。MongoDB 屬於一種文件導向資料庫，因此列出「關聯式資料庫」與「文件導向資料庫」在儲存資料格式及語法的差異，如圖 7-1 所示。

儲存資料格式的差異

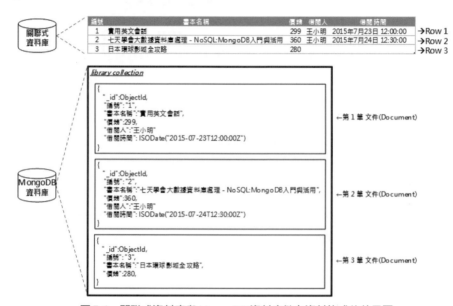

圖 7-1　關聯式資料庫與 MongoDB 資料庫儲存資料格式的差異圖

新增語法差異

在「書籍借閱紀錄」集合（Collection）中，新增一本《超人氣台灣銅板美食》書籍，資料欄位包含編號、書本名稱、價錢、借閱人、借閱時間。

❏ 關聯式資料庫

```
INSERT INTO 書籍借閱紀錄 ( 編號, 書本名稱, 價錢, 借閱人, 借閱時間 )
VALUES(4, "超人氣台灣銅板美食", 250, "小華", "2015/7/30 22:30")
```

❏ MongoDB

```
db. 書籍借閱紀錄 .insertOne({
    編號 :4,
    書本名稱 :" 超人氣台灣銅板美食 ",
    價錢 :250,
    借閱人 :" 小華 ",
    借閱時間 :ISODate("2015-07-30T22:30:30:00Z")
})
```

更新語法差異

在 library 集合中，將《實用英文會話》書籍的借閱人改為陳小華。

❏ 關聯式資料庫

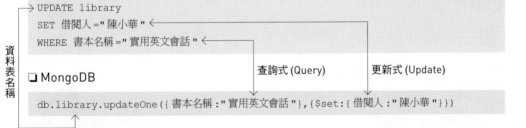

```
UPDATE library
  SET  借閱人 =" 陳小華 "
  WHERE  書本名稱 =" 實用英文會話 "
```

查詢式 (Query)　　　　更新式 (Update)

❏ MongoDB

```
db.library.updateOne({ 書本名稱 :" 實用英文會話 "},{$set:{ 借閱人 :" 陳小華 "}})
```

資料表名稱

刪除語法差異

在 library 集合中，刪除有關王小明借閱的所有書籍資料。

❏ 關聯式資料庫

```
DELETE
FROM library
  WHERE  借閱人 =" 王小明 "
```

查詢式 (Query)

⭕ MongoDB

```
db.library.deleteMany({ 借閱人 :" 王小明 "})
```

資料表名稱

7.2 MongoDB 新增操作

範例 7-1 在 scores 集合中，新增一筆學生考試資料

以學生的考試資料作為範例，儲存在 MongoDB 資料庫的 scores 集合。每一筆的學生考試資料有編號（_id）、學生編號（studentId 或 studentNumber）、學生姓名（studentName）與分數（score）欄位。

STEP 01 匯入資料。

❶建立 scores 集合，並進入集合。

❷點選「ADD DATA」中的「Insert document」。

❸在視窗中輸入考試資料：

```
{"_id": "001", "studentNumber": "102418099", "studentName": "小明", "score": 50}
```

❹點選「Insert」按鈕來完成新增的動作。

圖 7-2 範例 7-1 的執行操作圖

STEP 02 快速查詢結果。

❶進入 scores 集合。

❷查看查詢結果。

圖 7-3　範例 7-1 的結果圖

7.3 MongoDB 刪除操作

範例 7-2 延續範例 7-1，在 scores 集合中刪除全部的學生考試資料

STEP 01 執行操作。

❶進入 scores 集合。

❷點選「DELETE」按鈕。

圖 7-4　範例 7-2 的執行操作圖

ST EP 02 快速刪除結果。

❶點選「Delete 1 document」按鈕。

❷再次點選「Delete 1 document」按鈕，即完成刪除操作。

圖 7-5　範例 7-2 的結果圖

圖 7-6　範例 7-2 的警告圖

✎ 額外練習　　指定刪除某些資料時，步驟如下：

❶進入 scores 集合。

❷如果要刪除範例 7-1「_id」為 001 的考試資料，請在 query 欄位中輸入「{'_id':'001'}」。

❸點選「Find」按鈕，確認查詢結果。

❹點選「DELETE」按鈕，後續同 7.3.1 的 Step2，即可刪除指定的資料。

圖 7-7　刪除指定資料操作圖

7.4　MongoDB 更新操作

除了新增與刪除資料以外，對儲存的資料進行修改，也是常見的操作。例如：銀行的資料庫儲存客戶的資料，資料包含姓名、出生年月日、住址、身分證字號與可使用金額，若客戶從帳戶中提領「1000」元，此時需要進行資料更新，將帳戶內的可使用金額減少「1000」元。

為了對資料庫進行資料的更新（Update），MongoDB 提供許多的更新運算子，依據不同的資料結構，共分為兩類：

○ 欄位（Fields）。

○ 陣列（Array）。

7.4.1　分類①：欄位更新運算子

表 7-1　功能表

運算子	功能說明
$inc	針對欄位進行遞增／遞減某個值的操作。
$mul	針對欄位進行乘法運算的操作。
$set	針對欄位進行更改值的操作。
$rename	針對欄位進行更改欄位名稱的操作。

運算子	功能說明
$max	將低於門檻值的欄位，提高至門檻值。
$min	將高於門檻值的欄位，降低至門檻值。
$unset	針對欄位進行刪除的操作。
$currentDate	針對時間欄位進行更新成目前時間的操作。

■範例7-3 從儲存在 accounts 集合的銀行帳戶紀錄中，更新小明領出 1 千元

以銀行帳戶作為範例，儲存在 MongoDB 資料庫的 accounts 集合。每一筆的帳戶資料有編號（_id）、姓名（name）、貨幣（currency）的幣別（currency.type）、金額（currency. cash）與修改時間（currency.lastModified）欄位。

STEP 01 匯入資料。

❶建立 accounts 集合，並進入集合。

❷點選「ADD DATA」中的「Insert document」。

❸在視窗中輸入帳戶資料「[7-1] 銀行帳戶列表 .txt」內容（檔案網址：URL https://github. com/taipeitechmmslab/MMSLAB-MongoDB/tree/master/Ch-7）。

```
[
    {
        "_id": "001",
        "name": "小明 ",
        "currency": [
            {
                "type": "TWD",
                "cash": 1500,
                "lastModified": "2021-01-01T12:00:00Z"
            },
            {
                "type": "USD",
                "cash": 9.99,
                "lastModified": "2021-01-02T12:00:00Z"
            }
        ]
    },
    {
        "_id": "002",
```

```
        "name": " 小華 ",
        "currency": [
            {
                "type": "USD",
                "cash": 75.59,
                "lastModified": "2021-01-03T12:00:00Z"
            }
        ]
    },
    {
        "_id": "003",
        "name": " 小花 ",
        "currency": []
    }
]
```

❹點選「Insert」按鈕來完成新增的動作。

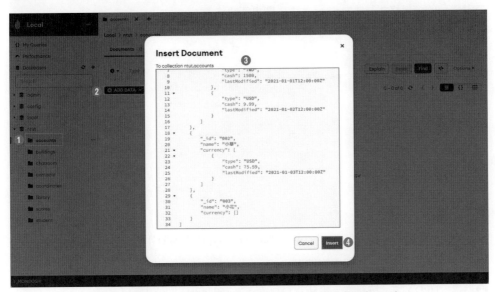

圖 7-8　範例 7-3 的匯入資料操作圖（[7-1] 銀行帳戶列表 .txt）

STEP 02 相關運算子：$inc，針對欄位進行遞增 / 遞減某個值的操作。

```
{
    $inc: {
        <field_1>: <amount_1>,
        <field_2>: <amount_2>,
```

```
        ...
    }
}
```

STEP 03 相關運算子：$currentDate，針對時間欄位更新為目前時間的操作。

在 MongoDB 中儲存時間的格式有兩種：Date 與 Timestamp。

○若欄位的資料格式為「Date」，則更新語法：

```
{
    $currentDate: {
        <field_1>: { $type: "date" },
        <field_2>: { $type: "date" },
        ...
    }
}
```

○若欄位的資料格式為「Timestamp」，則更新語法：

```
{
    $currentDate: {
        <field_1>: { $type: "timestamp" } ,
        <field_2>: { $type: "timestamp" } ,
        ...
    }
}
```

STEP 04 執行操作。

❶進入 accounts 集合。

❷在 query 欄位中輸入「{name:" 小明 ", "currency.type":"TWD"} 」。

❸點選「Find」按鈕，確認查詢結果。

❹點選「UPDATE」按鈕進入更新資料頁面，並在 Update 欄位中輸入：

```
{
    $inc:{"currency.$.cash":NumberInt(-1000)},
    $currentDate:{"currency.$.lastModified":{$type:"date"}}
}
```

❺點選「Update 1 document」按鈕，執行操作。

圖 7-9　範例 7-3 的執行操作圖

STEP 05 快速查詢結果。

圖 7-10　範例 7-3 的結果圖

範例 7-4 從儲存在 accounts 集合的銀行帳戶紀錄中，將小華的美金轉換成台幣

STEP 01 匯入資料（若在範例 7-3 已匯入過，則跳過此步驟）。

❶建立 accounts 集合，並進入集合。

❷點選「ADD DATA」中的「Insert document」。

❸在視窗中輸入帳戶資料「[7-1] 銀行帳戶列表 .txt」內容（檔案網址：URL https://github. com/taipeitechmmslab/MMSLAB-MongoDB/tree/master/Ch-7）。

```
[
    {
        "_id": "001",
        "name": "小明",
        "currency": [
            {
                "type": "TWD",
                "cash": 1500,
                "lastModified": "2021-01-01T12:00:00Z"
            },
            {
                "type": "USD",
                "cash": 9.99,
                "lastModified": "2021-01-02T12:00:00Z"
            }
        ]
    },
    {
        "_id": "002",
        "name": "小華",
        "currency": [
            {
                "type": "USD",
                "cash": 75.59,
                "lastModified": "2021-01-03T12:00:00Z"
            }
        ]
    },
    {
        "_id": "003",
        "name": "小花",
        "currency": []
    }
]
```

❹點選「Insert」按鈕來完成新增的動作。

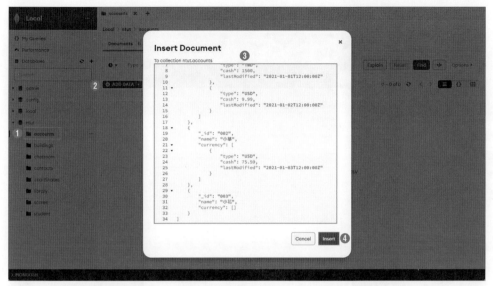

圖 7-11　範例 7-4 的匯入資料操作圖（［7-1］銀行帳戶列表 .txt ）

STEP 02　相關運算子：$mul，針對欄位進行乘法運算的操作。

```
{
    $mul: {
        <field>: <number>
    }
}
```

STEP 03　執行操作。

　　此範例將價錢由美金轉換成台幣，即 cash 欄位乘以 28.005（美金與台幣的匯率）以及將 type 欄位修正為 TWD。

❶進入 accounts 集合。

❷在 query 欄位中輸入「{name:" 小華 ", "currency.type":"USD"}」。

❸點選「Find」按鈕，確認查詢結果。

❹點選「UPDATE」按鈕進入更新資料頁面，並在 Update 欄位中輸入：

```
{
    $mul:{"currency.$.cash":28.005},
    $set:{"currency.$.type":"TWD"},
    $currentDate:{"currency.$.lastModified":{$type:"date"}}
}
```

❺點選「Update 1 document」按鈕，執行操作。

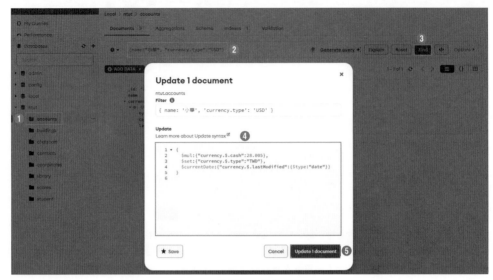

圖 7-12　範例 7-4 的執行操作圖

STEP 04　快速查詢結果。

圖 7-13　範例 7-4 的結果圖

範例 7-5 從儲存在 scores 集合的學生考試資料中，統一學生學號的欄位名稱

以學生的考試資料作為範例，儲存在 MongoDB 資料庫的 scores 集合。每一筆的學生考試資料有編號（_id）、學生編號（studentId 或 studentNumber）、學生姓名（studentName）與分數（score）欄位。

STEP 01 匯入資料。

❶建立 scores 集合，並進入集合。

❷點選「ADD DATA」中的「Insert document」。

❸在視窗中輸入考試資料「[7-2] 學生成績列表 .txt」內容（檔案網址：URL https://github. com/taipeitechmmslab/MMSLAB-MongoDB/tree/master/Ch-7）。

```
[
    { "_id": "001", "studentNumber": "102418099", "studentName": "小明", "score":
50},
    { "_id": "002", "studentId": "102418098", "studentName": "小華", "score":
80},
    { "_id": "003", "studentId": "102418097", "studentName": "小花", "score":
120}
]
```

其中，studentNumber 及 studentId 欄位都代表學生學號，studentName 欄位代表學生姓名，score 欄位代表成績。

❹點選「Insert」按鈕來完成新增的動作。

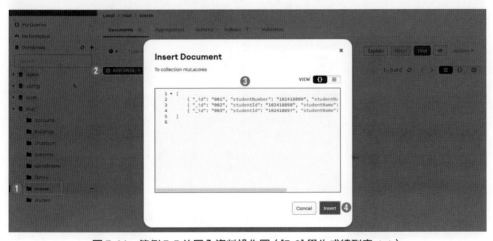

圖 7-14　範例 7-5 的匯入資料操作圖（[7-3] 學生成績列表 .txt）

STEP 02 相關運算子：$rename，針對欄位進行更改欄位名稱的操作。

```
{
    $rename: {
        <field_1>: <newName_1>,
        <field_2>: <newName_2>,
```

```
        ...
    }
}
```

STEP 03 執行操作。

　　此範例將統一學生學號的欄位名稱，即 studentNumber 欄位改名為「studentId」。

❶進入 scores 集合。

❷在 query 欄位中輸入「{_id:"001"}」。

❸點選「Find」按鈕，確認查詢結果。

❹點選「UPDATE」按鈕進入更新資料頁面，並在 Update 欄位中輸入：

```
{
    $rename:{studentNumber:"studentId"}
}
```

❺點選「Update 1 document」按鈕，執行操作。

圖 7-15　範例 7-5 的執行操作圖

STEP 04 快速查詢結果。

圖 7-16　範例 7-5 的結果圖

範例 7-6　從儲存在 scores 集合的學生考試資料中，將分數低於 60 分的全部改為 60 分

STEP 01 匯入資料（若在範例 7-5 已匯入過，則跳過此步驟）。

❶建立 scores 集合，並進入集合。

❷點選「ADD DATA」中的「Insert document」。

❸在視窗中輸入考試資料「[7-2] 學生成績列表 .txt」內容（檔案網址： URL https://github.com/taipeitechmmslab/MMSLAB-MongoDB/tree/master/Ch-7）。

```
[
    { "_id": "001", "studentNumber": "102418099", "studentName": "小明", "score":
50},
    { "_id": "002", "studentId": "102418098", "studentName": "小華", "score":
80},
    { "_id": "003", "studentId": "102418097", "studentName": "小花", "score":
120}
]
```

其中，studentNumber 及 studentId 欄位都代表學生學號，studentName 欄位代表學生姓名，score 欄位代表成績。

❹點選「Insert」按鈕來完成新增的動作。

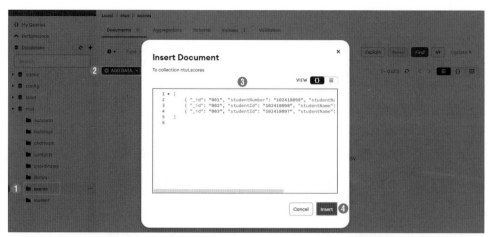

圖 7-17　範例 7-6 的匯入資料操作圖（[7-3] 學生成績列表 .txt）

ST EP 02 相關運算子：$max，將低於門檻值的欄位，提高至門檻值。

```
{
    $max: {
        <field_1>: <value_1>,
        <field_2>: <value_2>,
        ...
    }
}
```

ST EP 03 執行操作。

❶進入 scores 集合。

❷在 query 欄位中輸入「{}」。

❸點選「Find」按鈕，確認查詢結果。

❹點選「UPDATE」按鈕進入更新資料頁面，並在 Update 欄位中輸入：

```
{
    $max:{score:NumberInt(60) }
}
```

❺點選「Update 3 document」按鈕，執行操作。

圖 7-18　範例 7-6 的執行操作圖

STEP 04 快速查詢結果。

圖 7-19　範例 7-6 的結果圖

範例 7-7　從儲存在 scores 集合的學生考試資料中，將分數高於 100 分的全部改為 100 分

STEP 01 匯入資料（若在範例 7-5 已匯入過，則跳過此步驟）。

❶建立 scores 集合，並進入集合。

❷點選「ADD DATA」中的「Insert document」。

❸在視窗中輸入考試資料「[7-2] 學生成績列表 .txt」內容（檔案網址：URL https://github. com/taipeitechmmslab/MMSLAB-MongoDB/tree/master/Ch-7）。

```
[
    { "_id": "001", "studentNumber": "102418099", "studentName": "小明", "score":
50},
    { "_id": "002", "studentId": "102418098", "studentName": "小華", "score":
80},
    { "_id": "003", "studentId": "102418097", "studentName": "小花", "score":
120}
]
```

其中，studentNumber 及 studentId 欄位都代表學生學號，studentName 欄位代表學生姓名，score 欄位代表成績。

❹點選「Insert」按鈕來完成新增的動作。

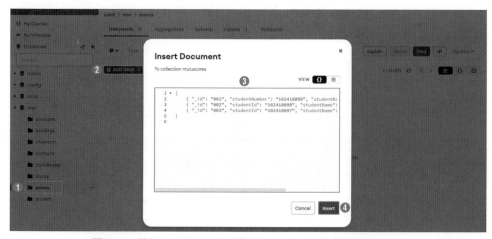

圖 7-20　範例 7-7 的匯入資料操作圖（[7-3] 學生成績列表 .txt ）

STEP 02 相關運算子：$min，將高於門檻值的欄位，降低至門檻值。

```
{
    $min: {
        <field_1>: <value_1>,
        <field_2>: <value_2>,
        ...
    }
}
```

ST EP 03 執行操作。

❶進入 scores 集合。

❷在 query 欄位中輸入「{}」。

❸點選「Find」按鈕,確認查詢結果。

❹點選「UPDATE」按鈕進入更新資料頁面,並在 Update 欄位中輸入:

```
{
    $min:{score:NumberInt(100)}
}
```

❺點選「Update 3 document」按鈕,執行操作。

圖 7-21　範例 7-7 的執行操作圖

ST EP 04 快速查詢結果。

圖 7-22　範例 7-7 的結果圖

範例 7-8 從儲存在 accounts 集合的銀行帳戶資料中，將小花的帳戶撤銷

STEP 01 匯入資料（若在範例 7-3 已匯入過，則跳過此步驟）。

❶建立 accounts 集合，並進入集合。

❷點選「ADD DATA」中的「Insert document」。

❸在視窗中輸入帳戶資料「[7-1] 銀行帳戶列表 .txt」內容（檔案網址：URL https://github.com/taipeitechmmslab/MMSLAB-MongoDB/tree/master/Ch-7）。

```
[
    {
        "_id": "001",
        "name": "小明",
        "currency": [
            {
                "type": "TWD",
                "cash": 1500,
                "lastModified": "2021-01-01T12:00:00Z"
            },
            {
                "type": "USD",
                "cash": 9.99,
                "lastModified": "2021-01-02T12:00:00Z"
            }
        ]
```

```
    },
    {
        "_id": "002",
        "name": "小華",
        "currency": [
            {
                "type": "USD",
                "cash": 75.59,
                "lastModified": "2021-01-03T12:00:00Z"
            }
        ]
    },
    {
        "_id": "003",
        "name": "小花",
        "currency": []
    }
]
```

❹點選「Insert」按鈕來完成新增的動作。

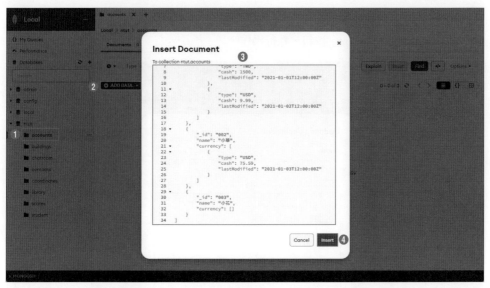

圖 7-23　範例 7-8 的匯入資料操作圖（[7-1] 銀行帳戶列表 .txt ）

STEP 02 相關運算子：$unset，針對欄位進行刪除的操作。

```
{
    $unset: {
        <field_1>: "",
        <field_2>: "",
        ...
    }
}
```

STEP 03 執行操作。

❶進入 accounts 集合。

❷在 query 欄位中輸入「{ name:" 小花 "}」。

❸點選「Find」按鈕，確認查詢結果。

❹點選「UPDATE」按鈕進入更新資料頁面，並在 Update 欄位中輸入：

```
{
    $unset:{currency:""}
}
```

❺點選「Update 1 document」按鈕，執行操作。

圖 7-24　範例 7-8 的執行操作圖

STEP 04 快速查詢結果。

圖7-25 範例7-8的結果圖

7.4.2 分類②：陣列更新運算子

表7-2 功能表

運算子	功能說明
$push	將元素新增至陣列欄位的最後面。
$push+$position	將元素新增至陣列欄位的任意位置。
$pop	針對陣列欄位進行移除最前面或最後面元素的操作。
$pull	針對陣列欄位進行移除指定元素的操作。

範例7-9 從儲存在 array 集合的連續的數字序列資料中，新增數值為 80 的元素至陣列的最後面

以數列作為範例，儲存在 MongoDB 資料庫的 array 集合。每一筆的數列資料有編號（_id）與列表（list）欄位。

STEP 01 匯入資料。

❶建立 array 集合，並進入集合。

❷點選「ADD DATA」中的「Insert document」。

❸在視窗中輸入數列資料「[7-3]連續的數字序列.txt」內容（檔案網址：URL https://github.com/taipeitechmmslab/MMSLAB-MongoDB/tree/master/Ch-7）。

```
{ "_id":"001", "list": [30, 40 ,50 ] }
```

❹點選「Insert」按鈕來完成新增的動作。

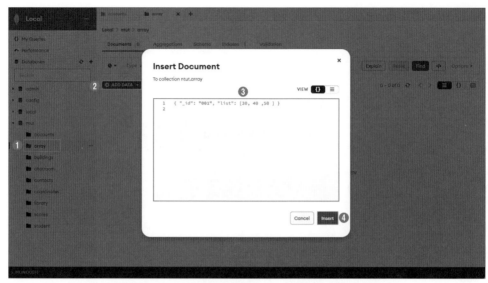

圖 7-26　範例 7-9 的匯入資料操作圖（[7-3] 連續的數字序列 .txt）

ST EP 02 相關運算子：$push，將元素新增至陣列欄位的最後面。

```
{
    $push: {
        <field_1>: <value_1>,
        <field_2>: <value_2>,
        ...
    }
}
```

ST EP 03 執行操作。

❶進入 array 集合。

❷在 query 欄位中輸入「{_id:"001"}」。

❸點選「Find」按鈕，確認查詢結果。

❹點選「UPDATE」按鈕進入更新資料頁面，並在 Update 欄位中輸入：

```
{
    $push:{list:NumberInt(80)}
}
```

❺點選「Update 1 document」按鈕，執行操作。

圖 7-27　範例 7-9 的執行操作圖

STEP 04 快速查詢結果。

圖 7-28　範例 7-9 的結果圖

範例 7-10 延續範例 7-9，從儲存在 array 集合的連續的數字序列資料中，新增兩個數值為 60 的元素與一個數值為 70 的元素至陣列的對應位置

STEP 01 範例 7-9 執行後的結果。

```
{ _id: "001", list: [30, 40, 50, 80 ] }
```

此範例將新增兩個數值為 60 的元素與一個數值為 70 的元素至陣列的對應位置，即新增至 list 陣列的 50 與 80 兩個元素之間。

STEP 02 相關運算子：$push，將 $each 內的元素新增至陣列欄位的 $position 位置。

```
{
    $push: {
        <field>: {
            $each: [ <value_1>, ... ],
            $position: <num>
        }
    }
}
```

STEP 03 執行操作。

❶進入 array 集合。

❷在 query 欄位中輸入「 {_id:"001"} 」。

❸點選「Find」按鈕，確認查詢結果。

❹點選「UPDATE」按鈕進入更新資料頁面，並在 Update 欄位中輸入：

```
{
    $push:{list:{$each:[NumberInt(60), NumberInt(60), NumberInt(70)],
$position:3}}
}
```

❺點選「Update 1 document」按鈕，執行操作。

圖 7-29　範例 7-10 的執行操作圖

ST EP 04 快速查詢結果。

圖 7-30　範例 7-10 的結果圖

範例 7-11 延續範例 7-10，從儲存在 array 集合的連續的數字序列資料中，移除最後面的元素

ST EP 01 範例 7-10 執行後的結果。

```
{ _id: "001", list: [30, 40, 50, 60, 60, 70, 80 ] }
```

此範例將移除最後面的元素，即移除 list 陣列的 80。

ST EP 02 相關運算子：$pop，針對陣列欄位進行移除最後面元素的操作。

```
{
    $pop: {
        <field_1>: 1,
        <field_2>: 1,
        ...
    }
}
```

ST EP 03 執行操作。

❶進入 array 集合。

❷在 query 欄位中輸入「{_id:"001"}」。

❸點選「Find」按鈕，確認查詢結果。

❹點選「UPDATE」按鈕進入更新資料頁面，並在 Update 欄位中輸入：

```
{
    $pop:{list:1}
}
```

❺點選「Update 1 document」按鈕，執行操作。

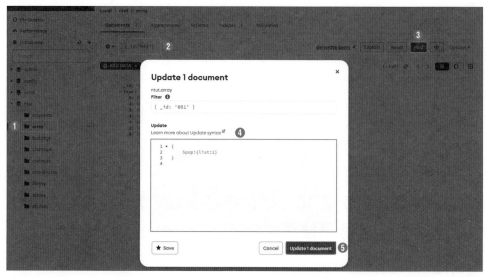

圖 7-31　範例 7-11 的執行操作圖

STEP 04 快速查詢結果。

圖 7-32　範例 7-11 的結果圖

範例7-12 延續範例 7-11，從儲存在 array 集合的連續的數字序列資料中，移除最前面的元素

STEP 01 範例 7-12 執行後的結果。

```
{ _id: "001", list: [30, 40, 50, 60, 60, 70] }
```

此範例將移除最前面的元素，即移除 list 陣列的 30。

STEP 02 相關運算子：$pop，針對陣列欄位進行移除最前面元素的操作。

```
{
    $pop: {
        <field_1>: -1,
        <field_2>: -1,
        ...
    }
}
```

STEP 03 執行操作。

❶進入 array 集合。

❷在 query 欄位中輸入「{_id:"001"}」。

❸點選「Find」按鈕，確認查詢結果。

❹點選「UPDATE」按鈕進入更新資料頁面，並在 Update 欄位中輸入：

```
{
    $pop:{list:-1}
}
```

❺點選「Update 1 document」按鈕，執行操作。

圖 7-33　範例 7-12 的執行操作圖

STEP 04 快速查詢結果。

圖 7-34　範例 7-12 的結果圖

範例 7-13 延續範例 7-12，從儲存在 array 集合的連續的數字序列資料中，移除數值為 60 的元素

STEP 01 範例 7-12 執行後的結果。

```
{ _id: "001", list: [40, 50, 60, 60, 70] }
```

STEP 02 相關運算子：$pull，針對陣列欄位進行移除指定元素的操作。

```
{
    $pull: {
        <field_1>: <value>,
        <field_2>: <value>,
        ...
    }
}
```

STEP 03 執行操作。

❶進入 array 集合。

❷在 query 欄位中輸入「{_id:"001"}」。

❸點選「Find」按鈕，確認查詢結果。

❹點選「UPDATE」按鈕進入更新資料頁面，並在 Update 欄位中輸入：

```
{
    $pull:{list:60}
}
```

❺點選「Update 1 document」按鈕，執行操作。

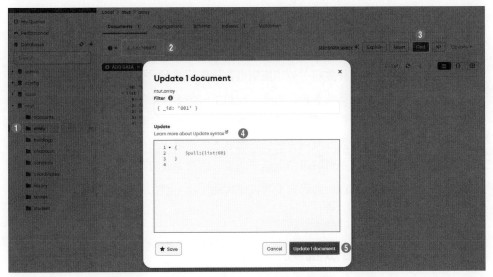

圖 7-35　範例 7-13 的執行操作圖

STEP 04 快速查詢結果。

圖 7-36　範例 7-13 的結果圖

7.5 MongoDB 批次寫入操作

　　每執行一次資料庫操作（Operation），MongoDB 花費一些時間來解讀指令內容，並與資料庫連線，若需要同時服務多位使用者（Client）或大量的資料操作需求時，就會耗費許多的時間。假設有 1000 次的資料操作需求，依據前面章節所學的方式，我們可以執行 1000 次的指令操作來達成，但這樣的方式會使 MongoDB 資料庫進行 1000 次的連線與回應，對資料庫造成不少的負擔，因此在處理多樣或大量的操作時，會使用「批次操作」（Bulk Write Operation）來降低資料操作的次數，以提升 MongoDB 資料庫的處理效率。

有無使用批次操作的差異

以飲料店員工（MongoDB）販售（Operation）飲品（Document）給客人（Client）為例，一位客人向店員購買一千杯飲料，若不使用批次操作，客人一次只點一杯飲料，並告訴店員飲料的冰塊、甜度或其他客製化需求，店員了解需求後開始製作飲料，飲料完成後交給客人，即完成一次販售。客人再繼續點餐，直到一千杯飲料製作完成，但過程中重複的行為會造成店員花費許多時間了解與回應客人的需求，若使用批次操作，客人只要將一千杯飲料的需求寫在一份訂單中並給予店員，店員完成訂單後，只需要將所有飲料一次給客人，這樣的差別在於溝通一千次與僅溝通一次，因此善用批次操作可以提升資料庫操作的效能。

批次操作的語法說明

```
db.collection.bulkWrite(
    [ <operation 1>, <operation 2>, ... ],
    {
        writeConcern : <document>,
        ordered : <boolean>
    }
)
```

表 7-3　參數表

參數	型態	描述
operations	Array	一組批次的操作，可以使用的操作為 insertOne、updateOne、updateMany、deleteOne、deleteMany、replaceOne。
writeConcern	Document	（可選的）操作要求回應設定 { w: <value>, j: <boolean>, wtimeout: <number> }。預設 w:1 為操作確實完成後回應，w:0 不要求操作確實完成，除非是連線有問題才會出錯。預設 j:false，如果要求資料要確實寫入到磁碟內，再改為 j:true。wtimeout 如果操作花費的時間超過指定的數值就會出現錯誤，不論操作是否成功的執行，單位為毫秒（Milliseconds），且只有在 w>=1 時會作用。
ordered	Boolean	批次操作是否需要依序執行。預設值為 True，指令會依序執行。

> **Q 注 意** BulkWrite 的操作數量不能超過 maxWriteBatchSize，在 MongoDB 7.0 為 100,000 個操作，如果超過此數量會發生錯誤訊息。

- bulkWrite() 的介紹，請參考：URL https://docs.mongodb.com/manual/reference/method/ db.collection.bulkWrite/。
- writeConcern 的介紹，請參考：URL https://docs.mongodb.com/manual/reference/write-concern/。
- maxWriteBatchSize 的介紹，請參考：URL https://docs.mongodb.com/manual/reference/ limits/#Write-Command-Batch-Limit-Size。

範例 7-14 從儲存在 drink 集合的飲料店飲料資料中，記錄賣出的三杯飲料時間與累計賣出的金額

以飲料店的資料作為範例，儲存在 MongoDB 資料庫的 drink 集合。每一筆的飲料資料有編號（_id）、飲料名稱（product）、飲料類型（type）、飲料價格（price）的大杯金額（price.L）、中杯金額（price.M）、累計賣出金額（sold）與賣出紀錄（log）欄位。

店員一次賣出三杯飲料，分別為「中杯的日月潭紅茶 20 元」、「中杯的金鑽鳳梨綠 40 元」、「大杯的黑糖粉圓鮮奶 65 元」。將賣出的金額分別累計在各自飲料品項的 sold 欄位，而飲料賣出的時間與尺寸記錄在 log 陣列內，陣列內的每個元素包含時間（time）與尺寸（size）的欄位。

ST EP 01 匯入資料。

❶建立 drink 集合，並進入集合。

❷點選「ADD DATA」中的「Insert document」。

❸在視窗中輸入飲料資料「[7-4] 飲料店品項 .txt」內容（檔案網址：URL https://github.com/ taipeitechmmslab/MMSLAB-MongoDB/tree/master/Ch-7）。

```
[
    { "_id": "001", "product": "日月潭紅茶", "type": "tea", "price": {"M":20,
"L":30}, "sold":0, "log":[] },
    { "_id": "002", "product": "金鑽鳳梨綠", "type": "fruit", "price": {"M":40,
"L":50}, "sold":0, "log":[] },
    { "_id": "003", "product": "黑糖粉圓鮮奶", "type": "tea latte", "price":
{"M":50,"L":65}, "sold":0, "log":[] }
]
```

❹點選「Insert」按鈕來完成新增的動作。

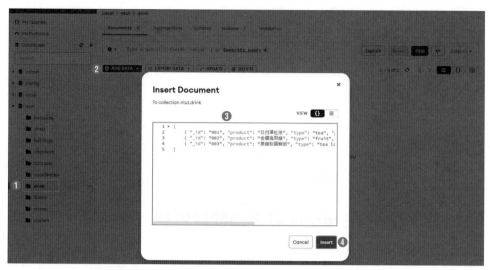

圖 7-37　範例 7-14 的匯入資料操作圖（[7-4] 飲料店品項 .txt）

STEP 02 相關運算子：

○ updateOne：針對符合 filter 欄位的資料進行資料更新 update 的操作。

```
db.collection.bulkWrite( [
    { updateOne :
        {
            "filter" : <document>,
            "update" : <document>,
            "upsert" : <boolean>,
            "collation": <document>,
            "arrayFilters": [ <filterdocument1>, ... ]
        }
    }
] )
```

○ $inc：針對欄位進行遞增／遞減某個值的操作。

```
{
    $inc: {
        <field_1>: <amount_1>,
        <field_2>: <amount_2>,
        ...
    }
}
```

○ $push：將元素新增至陣列欄位的最後面。

```
{
    $push: {
        <field_1>: <value_1>,
        <field_2>: <value_2>,
        ...
    }
}
```

STEP 03 開啟操作介面。

❶進入 drink 集合。

❷點選最底部的「>_MONGOSH」，進入 MongoDB Shell 操作頁面。

圖 7-38　範例 7-14 的執行操作圖

STEP 04 執行操作。

❶輸入「use ntut」，切換到目前資料庫。

❷接著輸入以下的內容：

```
db.getCollection('drink').bulkWrite(
    [
        {
            updateOne:{
                filter:{_id:"001"},
                update:{$inc:{sold:20},$push:{log:{time:Date.now(),size:"M"}}}
            }
```

```
        },
        {
            updateOne:{
                filter:{_id:"002"},
                update:{$inc:{sold:40},$push:{log:{time:Date.now(),size:"M"}}}
            }
        },
        {
            updateOne:{
                filter:{_id:"003"},
                update:{$inc:{sold:65},$push:{log:{time:Date.now(),size:"L"}}}
            }
        }
    ]
);
```

❸查看結果。

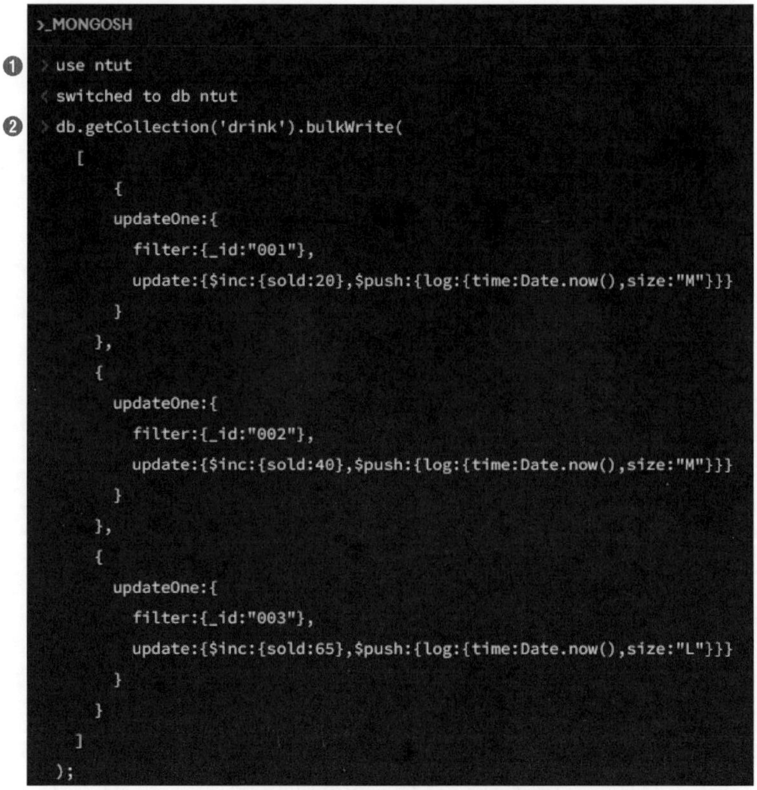

圖 7-39　範例 7-14 的執行操作圖

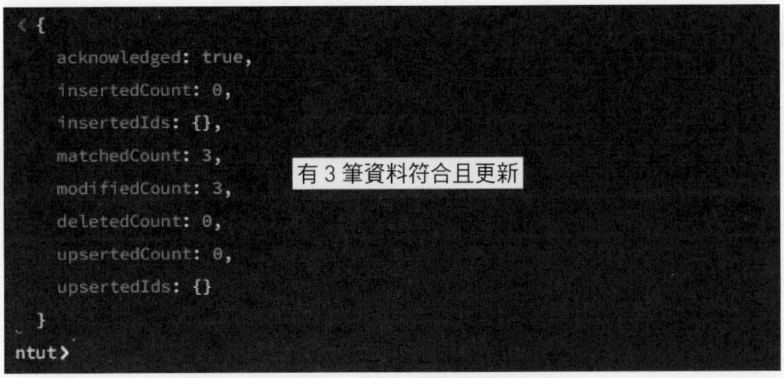

```
< {
    acknowledged: true,
    insertedCount: 0,
    insertedIds: {},
    matchedCount: 3,
    modifiedCount: 3,
    deletedCount: 0,
    upsertedCount: 0,
    upsertedIds: {}
}
ntut>
```

❸ 有 3 筆資料符合且更新

圖 7-39　範例 7-14 的執行操作圖（續）

STEP 05 快速查詢結果。

❶進入 drink 集合。

❷查看結果。

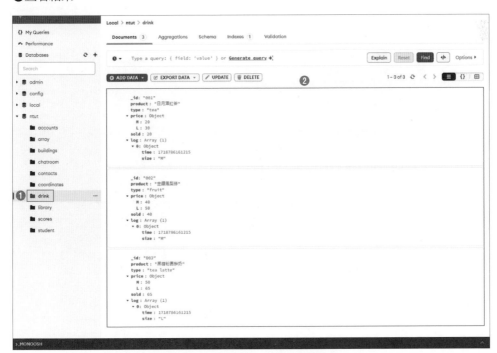

圖 7-40　範例 7-14 的結果圖

延伸學習　　同樣的範例 7-14，如果不使用批次操作進行整合，就必須分別針對三個飲料資訊
進行更新，對資料庫發送三個更新操作的要求。

❏ 賣出「中杯的日月潭紅茶 20 元」

```
db.getCollection('drink').updateOne(
        // query
        {
            _id:"001"
        },
        // update
        {
            $inc:{sold:20},$push:{log:{time:Date.now(),size:"M"}}
        },
        // options
        {
            "upsert":false
        }
)
```

❏ 賣出「中杯的金鑽鳳梨綠 40 元」

```
db.getCollection('drink').updateOne(
        // query
        {
            _id:"002"
        },
        // update
        {
            $inc:{sold:40},$push:{log:{time:Date.now(),size:"M"}}
        },
        // options
        {
            "upsert":false
        }
)
```

❏ 賣出「大杯的黑糖粉圓鮮奶 65 元」

```
db.getCollection('drink').updateOne(
        // query
        {
            _id:"003"
        },
```

```
        // update
        {
            $inc:{sold:65},$push:{log:{time:Date.now(),size:"L"}}
        },
        // options
        {
            "upsert":false
        }
)
```

7.6 實戰演練：銀行帳戶管理系統

本章學到了在 MongoDB 中進行新增、更新與刪除的操作，本範例將實作一個銀行帳戶管理系統，以 C# 程式語言搭配 Visual Studio 2022 整合開發環境來實作，使用 MongoDB Driver 與資料庫進行連線，透過 C# 的語法來進行新增、更新與刪除的操作，而訊息的輸入與輸出會以 Console 介面作為顯示。

○ 安裝 MongoDB Driver 套件。

○ 建立 AccountsDocument.cs 檔，以定義 accounts 集合內的文件結構。

○ 使用 Filter 及 Update 運算子處理資料。

○ 使用 Switch 條件式語法與 Console 實作使用者介面，以選擇功能與顯示結果。

○ 開戶功能須輸入編號、持有人、帳戶類型及存入金額，並新增資料庫的帳戶。

○ 存款功能須輸入編號、帳戶類型及存入金額，並增加資料庫的帳戶餘額。

○ 提款功能須輸入編號、帳戶類型及提領金額，並減少資料庫的帳戶餘額。

○ 銷戶功能須輸入編號、帳戶類型，並刪除資料庫的帳戶。

圖 7-41　輸入編號以選擇執行範例

圖 7-42　功能一的執行結果

圖 7-43　功能二的執行結果

圖 7-44　功能三的執行結果

圖 7-45　功能四的執行結果

圖 7-46　功能五的執行結果

7.6.1　安裝 MongoDB Driver 套件

STEP 01 建立 Visual Studio 2022 專案，並使用 NuGet 安裝 MongoDB Driver 套件。

❶點選上方工具列的「工具→ NuGet 套件管理員→套件管理器主控台」，開啟「套件管理主控台」視窗。

❷在「套件管理主控台」視窗中，輸入「Install-Package MongoDB.Driver -Version 2.26.0」進行套件安裝。

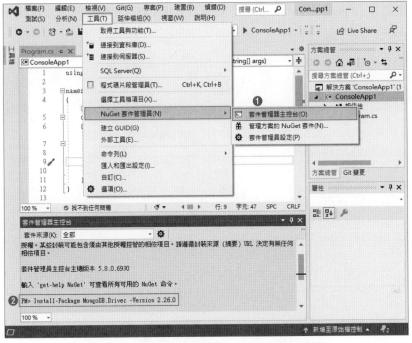

圖 7-47　使用 NuGet 安裝 MongoDB Driver 套件

STEP 02 完成 MongoDB Driver 套件安裝。

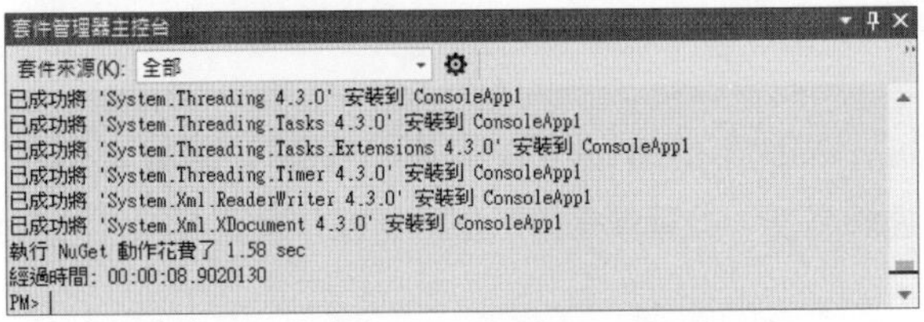

圖 7-48　完成 MongoDB Driver 套件安裝

7.6.2　建立檔案與定義資料結構

STEP 01 在專案中新增 AccountsDocument.cs 檔案，檔案如圖 7-49 所示。

圖 7-49　方案總管架構

STEP 02 開啟 AccountsDocument.cs 檔，撰寫以下程式碼，定義 accounts 集合內的文件結構。

```csharp
using MongoDB.Bson; // 匯入函式庫

namespace Lab7
{
    // 定義accounts 集合內的文件結構，並命名為 AccountsDocument
    class AccountsDocument
    {
        public string _id { get; set; }
        public string name { get; set; }
        public Currency[] currency { get; set; }
        public class Currency
        {
            public string type { get; set; }
            public double cash { get; set; }
            public BsonDateTime lastModified { get; set; }
        }
    }
}
```

7.6.3 程式設計

STEP 01 開啟 Program.cs 檔，撰寫以下程式碼，作為主要程式的進入點，首先處理 MongoDB 連線方法，接著就是讀取使用者操作來選擇進行的事件。

```csharp
// 匯入函式庫
using MongoDB.Bson;
using MongoDB.Bson.Serialization;
using MongoDB.Driver;
using System;

namespace Lab7
{
    class Program
    {
        static void Main(string[] args)
        {
            // Step1: 連接MongoDB 伺服器
            var client = new MongoClient("mongodb://localhost:27017");
```

```csharp
// Step2:取得MongoDB中，名為ntut的資料庫及名為accounts的集合
var db = client.GetDatabase("ntut") as MongoDatabaseBase;
// Step3:使用db.GetCollection取得後續會使用到的集合
var colAccounts = db.GetCollection<AccountsDocument>("accounts");
// Step4:使用Builders建立後續會使用到的運算子
var builderAccountsFilter = Builders<AccountsDocument>.Filter;
var builderAccountsUpdate = Builders<AccountsDocument>.Update;
// Step5:顯示執行範例的控制介面
controlPanel();
#region 控制介面
void controlPanel()
{
    Console.WriteLine("--------------------------------");
    Console.WriteLine("1.開戶");
    Console.WriteLine("2.存款");
    Console.WriteLine("3.提款");
    Console.WriteLine("4.銷戶");
    Console.WriteLine("5.查詢存款");
    Console.WriteLine("\n請輸入編號1~5，選擇要執行的功能");
    try
    {
        var num = int.Parse(Console.ReadLine()); // 取得輸入的編號
        Console.Clear(); // 清除Console顯示的內容
                        // 使用switch判斷編號，選擇要執行的範例
        switch (num)
        {
            case 1:
                open();
                break;
            case 2:
                deposit();
                break;
            case 3:
                withdrawal();
                break;
            case 4:
                eliminate();
                break;
            case 5:
                query();
                break;
            default:
```

```
                        Console.WriteLine("\n請輸入正確內容 ");// 輸入錯誤的提示
                        break;
                }
            }
            catch (Exception e)
            {
                Console.WriteLine(e); // 輸入錯誤的提示
            }
            finally
            {
                controlPanel();          // 結束後再次執行 controlPanel() 方法
            }
        }
        #endregion
        #region 1.開戶
        void open()
        {
        }
        #endregion
        #region 2.存款
        void deposit()
        {
        }
        #endregion
        #region 3.提款
        void withdrawal()
        {
        }
        #endregion
        #region 4.銷戶
        void eliminate()
        {
        }
        #endregion
        #region 5.查詢存款
        void query()
        {
        }
        #endregion
    }
    }
}
```

在 open 方法內，撰寫以下程式碼，用於開戶的流程。

```
void open()
{
    Console.WriteLine("1. 開戶 \n");
    Console.WriteLine(" 請輸入帳戶編號 ");
    var id = Console.ReadLine();            // 取得輸入的帳戶編號

    Console.WriteLine(" 請輸入帳戶持有人 ");
    var name = Console.ReadLine();          // 取得輸入的帳戶持有人

    Console.WriteLine(" 請輸入帳戶類型 ");
    Console.WriteLine("1. 台幣帳戶 ");
    Console.WriteLine("2. 美金帳戶 ");
    Console.WriteLine("3. 台幣與美金帳戶 ");
    var num = int.Parse(Console.ReadLine()); // 取得輸入的帳戶類型

    AccountsDocument account = null;
    switch (num)
    {
        case 1:
            Console.WriteLine(" 請輸入存入金額 ");

            account = new AccountsDocument
            {
                _id = id,
                name = name,
                currency = new[]
                {
                    new AccountsDocument.Currency
                    {
                        type = "TWD",
                        cash = Double.Parse(Console.ReadLine()), // 取得輸入的存
                                                                 入金額
                        lastModified = DateTime.UtcNow // 現在的 UTC 時間
                    }
                }
            };
            break;
        case 2:
            Console.WriteLine(" 請輸入存入金額 ");
```

```
        account = new AccountsDocument
        {
            _id = id,
            name = name,
            currency = new[]
            {
                new AccountsDocument.Currency
                {
                    type = "USD",
                    cash = double.Parse(Console.ReadLine()), // 取得輸入的存
                                                                入金額
                    lastModified = DateTime.UtcNow // 現在的 UTC 時間
                }
            }
        };
        break;
    case 3:
        Console.WriteLine("請輸入存入的台幣金額");
        var twd = double.Parse(Console.ReadLine()); // 取得輸入的台幣金額
        Console.WriteLine("請輸入存入的美金金額");
        var usd = double.Parse(Console.ReadLine()); // 取得輸入的美金金額

        account = new AccountsDocument
        {
            _id = id,
            name = name,
            currency = new[]
            {
                new AccountsDocument.Currency
                {
                    type = "TWD",
                    cash = twd,
                    lastModified = DateTime.UtcNow // 現在的 UTC 時間
                },
                new AccountsDocument.Currency
                {
                    type = "USD",
                    cash = usd,
                    lastModified = DateTime.UtcNow // 現在的 UTC 時間
                }
            }
        };
```

```
                break;
        default:
            Console.WriteLine("輸入錯誤，開戶失敗");
            return;
    }

    try
    {
        colAccounts.InsertOne(account); // 新增AccountsDocument至資料庫
    }
    catch (Exception e)
    {
        Console.WriteLine("帳戶編號已存在");
        return;
    }
    Console.WriteLine("開戶成功");
}
```

STEP 03 在 deposit 方法內，撰寫以下程式碼，用於存款的流程。

```
void deposit()
{
    Console.WriteLine("2.存款\n");
    Console.WriteLine("請輸入帳戶編號");
    var id = Console.ReadLine();            // 取得輸入的帳戶編號

    Console.WriteLine("請輸入帳戶類型");
    Console.WriteLine("1.台幣帳戶");
    Console.WriteLine("2.美金帳戶");
    var num = int.Parse(Console.ReadLine()); // 取得輸入的帳戶類型
    var type = "";
    switch (num)
    {
        case 1:
            type = "TWD";
            break;
        case 2:
            type = "USD";
            break;
        default:
            Console.WriteLine("輸入錯誤，存款失敗");
            return;
```

```
    }

    Console.WriteLine("請輸入存入金額");
    var cash = double.Parse(Console.ReadLine()); // 取得輸入的存入金額
    if (cash <= 0)
    {
        Console.WriteLine("輸入金額小於等於 0，存款失敗");
        return;
    }

    // 建立查詢條件為 id 欄位等於帳戶編號
    var idFilter = builderAccountsFilter.Eq(e => e._id, id);
    // 建立查詢條件為 currency 欄位的 type 欄位為帳戶類型
    var typeFilter = builderAccountsFilter.ElemMatch(e => e.currency, e =>
e.type == type);
    // 建立查詢條件為符合上述所有條件
    var filter = builderAccountsFilter.And(idFilter, typeFilter);
    /* 建立更新方式為 currency 欄位的 cash 欄位增加存入金額、
    * currency 欄位的 lastModified 欄位改為現在時間 */
    var update = builderAccountsUpdate
        .Inc(e => e.currency[num].cash, cash)
        .CurrentDate(e => e.currency[num].lastModified);
    // 進行條件篩選並更新
    var result = colAccounts.UpdateMany(filter, update);
    // 依據更新數量判斷是否有成功更新，並顯示結果
    var msg = result.ModifiedCount != 0 ? "存款成功" : "查無帳號";
    Console.WriteLine(msg);
}
```

STEP 04 在 withdrawal 方法內，撰寫以下程式碼，用於提款的流程。

```
void withdrawal()
{
    Console.WriteLine("3. 提款 \n");
    Console.WriteLine("請輸入帳戶編號");
    var id = Console.ReadLine();                 // 取得輸入的帳戶編號

    Console.WriteLine("請輸入帳戶類型");
    Console.WriteLine("1. 台幣帳戶");
    Console.WriteLine("2. 美金帳戶");
    var num = int.Parse(Console.ReadLine()); // 取得輸入的帳戶類型
    var type = "";
```

```
switch (num)
{
    case 1:
        type = "TWD";
        break;
    case 2:
        type = "USD";
        break;
    default:
        Console.WriteLine(" 輸入錯誤，提款失敗 ");
        return;
}

Console.WriteLine(" 請輸入提領金額 ");
var cash = double.Parse(Console.ReadLine()); // 取得輸入的提領金額
if (cash <= 0)
{
    Console.WriteLine(" 輸入金額小於等於 0，提款失敗 ");
    return;
}

// 建立查詢條件為 id 欄位等於帳戶編號
var idFilter = builderAccountsFilter.Eq(e => e._id, id);
// 建立查詢條件為 currency 欄位的 type 欄位為帳戶類型，且 cash 欄位大於等於提領金額
var typeFilter = builderAccountsFilter.ElemMatch(
    e => e.currency,
    e => e.type == type && e.cash >= cash
);
// 建立查詢條件為符合上述所有條件
var filter = builderAccountsFilter.And(idFilter, typeFilter);
/* 建立更新方式為 currency 欄位的 cash 欄位減少提領金額、
* currency 欄位的 lastModified 欄位改為現在時間 */
var update = builderAccountsUpdate
    .Inc(e => e.currency[num - 1].cash, -cash)
    .CurrentDate(e => e.currency[num - 1].lastModified);
// 進行條件篩選並更新
var result = colAccounts.UpdateMany(filter, update);
// 依據更新數量判斷是否有成功更新，並顯示結果
var msg = result.ModifiedCount != 0 ? " 提款成功 " : " 查無帳號或餘額不足 ";
Console.WriteLine(msg);

}
```

STEP 05 在 eliminate 方法內，撰寫以下程式碼，用於銷戶的流程。

```
void eliminate()
{
    Console.WriteLine("4.銷戶\n");
    Console.WriteLine("請輸入帳戶編號");
    var id = Console.ReadLine();              // 取得輸入的帳戶編號

    Console.WriteLine("請輸入帳戶類型");
    Console.WriteLine("1.台幣帳戶");
    Console.WriteLine("2.美金帳戶");
    var num = int.Parse(Console.ReadLine()); // 取得輸入的帳戶類型
    var type = "";
    switch (num)
    {
        case 1:
            type = "TWD";
            break;
        case 2:
            type = "USD";
            break;
        default:
            Console.WriteLine("輸入錯誤，銷戶失敗");
            return;
    }

    // 建立查詢條件為 id 欄位等於帳戶編號
    var idFilter = builderAccountsFilter.Eq(e => e._id, id);
    // 建立查詢條件為 currency 欄位的 type 欄位為帳戶類型
    var typeFilter = builderAccountsFilter.ElemMatch(e => e.currency, e =>
e.type == type);
    // 建立查詢條件為符合上述所有條件
    var filter = builderAccountsFilter.And(idFilter, typeFilter);
    /* 建立更新方式為 currency 欄位的 cash 欄位減少提領金額、
    * currency 欄位的 lastModified 欄位改為現在時間 */
    var update = builderAccountsUpdate
        .PullFilter(e => e.currency, e => e.type == type);
    // 進行條件篩選並更新
    var result = colAccounts.UpdateMany(filter, update);
    // 依據更新數量判斷是否有成功更新，並顯示結果
    var msg = result.ModifiedCount != 0 ? "銷戶成功" : "查無帳號";
    Console.WriteLine(msg);
}
```

STEP 06 在 query 方法內，撰寫以下程式碼，用於查詢存款的流程。

```
void query()
{
    Console.WriteLine("5. 查詢存款 \n");
    Console.WriteLine("請輸入帳戶編號");
    var id = Console.ReadLine(); // 取得輸入的帳戶編號

    // 建立查詢條件為 id 欄位為帳戶編號
    var filter = builderAccountsFilter.Eq(e => e._id, id);
    // 進行查詢並取得結果
    var result = colAccounts.Find(filter).ToListAsync().Result;
    // 判斷有無結果
    if (result.Count == 0)
    {
        Console.WriteLine("\n 查無資料");
    }
    else
    {
        Console.WriteLine("\n 查詢結果");
        // 使用 foreach 遍歷查詢結果，將帳戶顯示於 Console
        foreach (AccountsDocument accounts in result)
        {
            foreach (AccountsDocument.Currency currency in accounts.currency)
            {
                Console.WriteLine($" 幣別：{currency.type}，餘額：{currency.cash}");
            }
        }
    }
}
```

08

MongoDB 進階應用：效能分析與優化

8.1 索引與查詢計畫概念

8.1.1 索引

當 MongoDB 在查詢資料時，首先會進行資料的「掃描」（Scan），然後根據掃描的結果來「取得」（Retrieve）需要的資料內容，隨著儲存的資料量增加，掃描所需的時間也會相應增加，在這種情況下，可以使用「索引」（Indexes）來提高資料查詢的效能。

「索引」（Indexes）是加速資料查詢的一種方法，其原理是根據使用者指定的欄位進行資料排序，並將排序結果儲存於資料庫中，當需要查詢資料時，MongoDB 會先掃描（Scan）這些排序後的資料，找到符合查詢條件的結果，然後再到資料儲存的位置取得（Retrieve）資料。此外，索引不僅僅是對資料進行排序，還包含其他功能來加速資料查詢，其也是一種資料結構，儲存了指定欄位的排序資訊以及指向實際資料的指標，通常使用 B 樹（B-tree）結構進行儲存，索引可以顯著減少資料掃描的範圍和時間，從而大幅提高查詢效能。

查詢資料有無使用索引的差異

沒有使用索引查詢資料時，必須掃描集合（Collection）內的每一筆資料（Document），找出符合查詢條件的結果，這種模式稱為「集合掃描」（COLLSCAN），如果集合內儲存的資料非常多，掃描花費的時間也會越多。

使用索引查詢資料且查詢條件符合索引的欄位時，索引會限制掃描資料的數量，以減少掃描時間，降低資料查詢所需的時間，這種模式稱為「索引鍵值掃描」（IXSCAN）。

舉例來說，將 100 位同學的學號（1-100 號）與總成績（0-100 分）資料放入一個資料夾（Collection），我們需要找出哪些同學的總成績低於 60 分。

❏ 沒有使用索引查詢資料時

我們需要從資料夾裡，一次拿出一位同學的資料，並查看成績是否低於 60 分，總共需要進行 100 次查找，因為所有同學可能都低於 60 分，這種模式為「集合掃描」。

❏ 有使用索引查詢資料時

我們先將同學的成績進行分組（使用索引），將成績由小到大排序（遞增），並以每 10 分為一個區間，如 0-10 分、11-20 分等，以此類推，100 位同學會被分配在 10 個區域內。

因為成績由小到大排序，所以在60分前面的資料都小於60分，我們只需找出51-60分區間內的最後一筆資料，並取得排在此筆資料之前的所有資料，便能知道哪些同學的成績低於60分，這種模式為「索引鍵值掃描」。

實際使用索引

以學生的成績資料作為範例，儲存在MongoDB資料庫的students集合。每一筆的成績資料有學生姓名（name）、平均分數（score）、考試（exam）的分數（exam.score）與科目（exam.type）欄位。我們要查詢students集合內的score欄位低於60的所有學生資料，且資料根據score欄位遞減排序。

❏ 建立索引

在students集合輸入以下指令，以建立score欄位遞增排序的索引，讓學生的成績由小排到大。

```
db.students.createIndex({score:1})
```

> **Q 注 意**　在相同集合內，相同的索引只能被建立一次，重複建立會發生錯誤，雖然{score:1}與{score:-1}是不相同的索引，但排序時遞增或遞減的索引對MongoDB是沒有影響的，因為MongoDB會自動使用最快的方式完成索引。

❏ 查詢資料

在已經建立score索引的students集合輸入以下指令，以查詢60分以下的資料，並將資料依照score欄位遞減排序。

```
db.students.find({score:{"$lt":60}}).sort({score:-1})
```

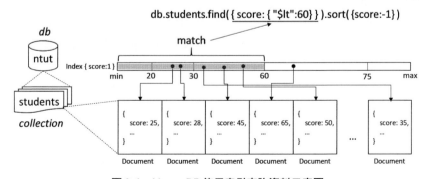

圖 8-1　MongoDB 使用索引查詢資料示意圖

💬 **說 明**　在 MongoDB 資料庫建立集合的同時，會為「_id」欄位建立唯一索引（Unique Index）。它會讓「_id」欄位具有唯一性，使該欄位的值不重複。如下範例，在 students 集合中已有一筆 {_id:"001"} 資料，若再新增一筆 {_id:"001"} 資料，會出現新增失敗的訊息。

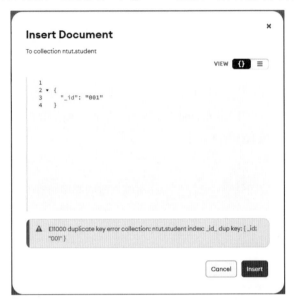

圖 8-2　新增失敗：資料的「_id」欄位與集合內的資料重複

🗄 MongoDB 提供六種類型的索引

以學生的成績資料說明 MongoDB 提供的索引類型與其用途。將成績資料儲存在 MongoDB 資料庫的 students 集合，每一筆的成績資料有學生姓名（name）、平均分數（score）、考試（exam）的分數（exam.score）與科目（exam.type）欄位。

❏ 單一欄位（Single Field）

MongoDB 預設會建立「_id」的單一欄位索引，使用者也可以自訂任何單一欄位遞增或遞減的索引。我們可以使用以下指令，為 score 欄位建立單一欄位索引，將學生的成績進行遞增排序。

```
db.students.createIndex({score:1})
```

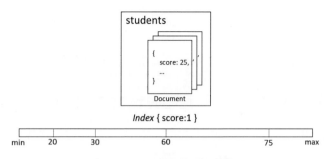

圖 8-3　單一欄位索引示意圖

❏ 組合索引（Compound Indexes）

　　使用者可以將多個欄位組合成遞增或遞減的索引。我們可以使用以下指令，為 name 欄位與 score 欄位建立組合索引，將學生的姓名遞增與成績遞減排序，此時 MongoDB 會將資料依據 name 欄位進行「遞增」排序，當 name 欄位具有相同值時，再用 score 欄位進行「遞減」排序。

```
db.students.createIndex({name:1, score:-1})
```

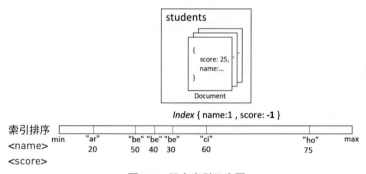

圖 8-4　組合索引示意圖

❏ 多重鍵值索引（Multikey Indexes）

　　以「陣列」方式儲存的資料，需透過「多重鍵值」來將「陣列」內的資料內容（即陣列內的元素）進行索引，以快速查詢「陣列」內的資料內容。我們可以使用以下指令，為 exam「陣列」的 score 欄位建立多重鍵值索引，將學生自己的成績進行遞增排序，此時 MongoDB 會對陣列的每個元素建立單一欄位索引。多重鍵值索引（Multikey Indexes）與單一欄位索引（Single field）非常相似，只不過要被索引的資料是以陣列的方式儲存在特定欄位，因此我們需要加上點「.」（dot），來指定陣列中需要被索引的欄位。

```
db.students.createIndex({exam.score:1})
```

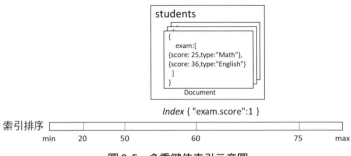

圖 8-5　多重鍵值索引示意圖

❏ 文字索引（Text Indexes）

MongoDB 提供文字索引，將文字的語言、文字的大小寫納入考量，加速搜尋符合的字串內容，且針對 15 種語言（不包含中文）進行特別的速度優化，如果非支援的語言只會進行簡單的字根標記（Tokenization）。文字索引可用於單一欄位或組合索引，使用文字索引時，需要搭配查詢操作子「$text」，而在組合索引中的欄位可「調整權重」，以分配搜尋文字的優先度。我們可以使用以下指令，為 name 建立文字索引、exam 的 type 與 score 欄位建立多重鍵值索引，將姓名、考試科目與分數進行排序。

```
db.students.createIndex({name:"text", exam.type:"text", exam.score:1})
```

🔍 注　意　　在一個集合內，只能有一組文字類型的索引，若嘗試建立多個文字索引，會出現 IndexOptionsConflict 的錯誤訊息。

❏ 更多文字索引說明，請參考：URL https://www.mongodb.com/docs/manual/core/indexes/index-types/index-text。

❏ 語言搜尋優化支援，請參考：URL https://www.mongodb.com/docs/manual/reference/text-search-languages。

❏ 文字查詢操作子說明，請參考：URL https://www.mongodb.com/docs/manual/reference/operator/query/text。

❏ 調整文字權重說明，請參考：URL https://www.mongodb.com/docs/manual/core/indexes/index-types/index-text/control-text-search-results。

❏ 地理空間索引（Geospatial Indexes）

MongoDB 提供兩種地理空間的索引，以加速查詢地理座標資料的效率，其中包含平面空間索引（2d indexes）與球面空間索引（2dsphere indexes）。以地標資料作為範例，儲存在 MongoDB 資料庫的 buildings 集合。每一筆的地標資料有編號（_id）、地名（name）、位置（location）的座標類型（location.type）與座標（location.coordinates）欄位。我們可以使用以下指令，為 location 建立球面空間索引，將座標進行排序，詳細的操作步驟請參考第 5 章的地理位置查詢。

```
db.buildings.createIndex({location:"2dsphere"})
```

以下說明 MongoDB 建立空間索引的演算法，MongoDB 會計算指定範圍內座標（通常為緯度與經度）的 geohash 值，並將 geohash 值作為索引。geohash 值的計算過程如下：

❶遞迴地將二維地圖劃分為四個象限。

❷依據象限的左下、左上、右上、右下的順序，分配一個兩位元的二進制值，例如：00、01、11、10，這組二進制值就是 geohash 值。

❸為了提高精確度，每個象限可再次分為四個象限，並分配二進制值，例如：將右上的象限劃分為 1100、1101、1111、1110，依序為右上的左下、左上、右上、右下，此時的 geohash 值會變成四位元的二進制值。

❹如果需要更高的精確度，就再繼續分割，最多可將 geohash 值使用的位元數提升到 32位元，預設的精確度達 60 公分左右。

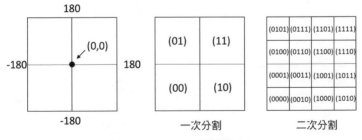

圖 8-6　geohash 計算示意圖

🎵 延伸學習

❏ 更多地理空間索引說明，請參考：URL https://www.mongodb.com/docs/manual/core/indexes/index-types/geospatial/2d/internals。

❏ 雜湊索引（Hashed Indexes）

MongoDB 提供雜湊索引，將特定欄位進行雜湊（Hashing）後作為索引值，透過這種索引產生的值比起原本的欄位值更加隨機。雜湊索引主要使用 MongoDB Sharding 資料庫作為提供索引的一種方式。MongoDB Sharding 資料庫主要將巨量的資料拆分（Sharding）

在不同的 MongoDB 資料庫，透過索引來引導（Shard Key）至資料儲存的位置，並且提供較高的每秒操作數量。

MongoDB 在資料建立時，會產生 _id 欄位且為預設的索引，此欄位的預設值為 ObjectId 型態的數值，ObjectId 是根據時間、機器編號、處理器編號等所雜湊的值。如圖 8-7 所示，對資料庫新增三筆資料，資料的「_id」值分別為 ObjectId("5c8214421b816944721f6efc")、ObjectId("5c8214891b816944721f6f13")、ObjectId("5c8214891b816944721f6ffe")，資料數值的前段大部分都是「5c8214421b816944721f6***」，因為 MongoDB Sharding 預設使用 ObjectId 的索引的方式，使資料依據索引被引導（Shard Key）至儲存位置時，都寫入在同一個資料庫，因此在大量資料新增時，會面臨寫入效能的瓶頸。

我們在 MongoDB Sharding 資料庫可以輸入以下指令，為 _id 欄位建立雜湊索引，此時 MongoDB 會使用雜湊函式（Hash Function）將 ObjectId 進行雜湊，並依據 Shard Key 索引進行資料拆分。因為雜湊後的數值更加分散，所以能更平均地將資料分布在不同的資料庫，如圖 8-8 所示。

```
db.buildings.createIndex({_id:"hashed"})
```

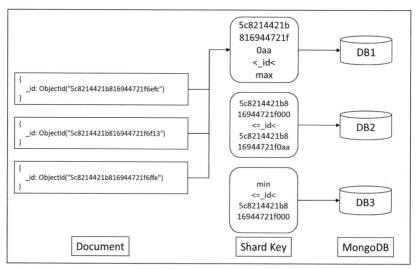

圖 8-7　使用一般範圍的索引示意圖

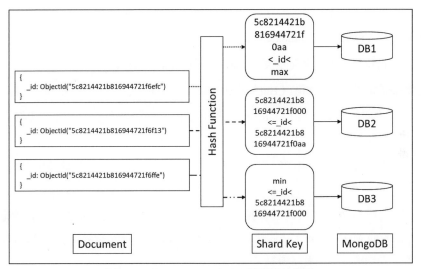

圖 8-8　使用 Hashed 索引分散資料示意圖

♫ 延伸學習

❏ 有關 Sharding 的資料庫設定說明，請參考：⟨URL⟩ https://www.mongodb.com/docs/manual/sharding。

❏ MongoDB Sharding 的雜湊索引說明，請參考：⟨URL⟩ https://www.mongodb.com/docs/manual/core/hashed-sharding。

8.1.2　查詢計畫

「查詢計畫」（Query Plan）是預計執行查詢操作的方式，當 MongoDB 收到查詢指令時，會根據可用的索引選擇最有效的查詢計畫，因此當我們想瞭解查詢的過程與效率時，可藉由查詢計畫的資訊作為判斷，例如：查詢的耗時、查詢選用的索引。

預計查詢的內容格式稱為「查詢形狀」（Query Shape），定義上 {type:"student"} 與 {type:"teacher"} 是相同的查詢形狀。當查詢形狀有多個符合查詢的索引，且產生至少 1 個以上的查詢計畫時，查詢計畫程序（Query Planner）會進行暫存查詢計畫的流程。

🖴 MongoDB 的查詢計畫流程

❶對於每一個查詢，查詢計畫程序會在查詢暫存計畫項目（Cache Entry）中搜索適合查詢形狀的項目（Entry）。

❷如果暫存項目不存在，則查詢計畫程序會產生候選計畫（Candidate Plans），並進行候選計畫評估（Evaluate Candidate Plans），評估計畫（Evaluate Plan）的流程大致如下：

● 平行執行符合查詢的查詢形狀的候選索引（Candidate Indexes）。

● 記錄查詢的結果至緩衝區（Buffer）中。

● 選擇最先回傳查詢結果（Matching Results）的查詢計畫（Query Plan）為優勝計畫（Winning Plans）。

查詢計畫程序會選擇優勝計畫，建立優勝計畫暫存計畫項目，並使用此項目來產生查詢結果的資料。

❸如果暫存項目存在，則查詢計畫程序將根據該項目產生計畫，並透過重新計畫機制（Replanning Mechanism）評估計畫的效能，重新計畫機制根據計畫效能進行通過 / 失敗判斷，並保留或剔除暫存項目。

❹在剔除時，查詢計畫程序使用相同的計畫過程，選擇新計畫並對其進行暫存。查詢計畫程序執行計畫，並回傳查詢結果的資料。

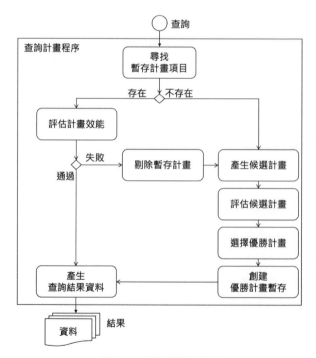

圖 8-9　查詢計畫流程圖

因為集合內的資料會不斷變動，查詢計畫會在以下事件發生時，進行計畫刪除與重新評估：

❍ 集合內有 1000 筆新增資料。

❍ 現有的索引重新整理 db.collection.reIndex()。

❍ 新增或移除一個索引。

❍ MongoDB 的主程式（mongod）重新啟動。

我們可以透過 db.collection.explain().<method(...)> 來理解計畫程序產生的計畫，其中 <method(...)> 可以使用的方法包含 aggregate()、count()、distinct()、find()、group()、remove() 與 update()，藉此了解查詢計畫（Query Plan），以幫助我們建立索引策略（indexing strategies），提高查詢的效能。

🎵 延伸學習

❏ 評估計畫的詳細説明，請參考：[URL] https://www.mongodb.com/docs/manual/core/query-plans。

❏ 更多的索引策略，請參考：[URL] https://www.mongodb.com/docs/manual/applications/indexes。

8.2 查詢優化與分析

理解索引與查詢計畫的概念後，我們可以設定 MongoDB 的資料庫分析（Database Profiling）來「收集」任何操作的花費時間、指令類型、查詢計畫、有無使用索引、操作的使用者等相關詳細的資訊。

新建立的 MongoDB 資料庫的分析器預設為關閉，要啟動分析器需要先設定分析器（Profiler）的分析等級（Profiling Levels），分析等級分為「收集所有操作」或「收集操作時間大於多少」等方式。

分析器所收集的紀錄會儲存在 MongoDB 資料庫的 db.system.profile 集合內，透過查詢此紀錄，能找出效能較低的查詢操作或新增操作，並分析資料來決定是否要建立索引，或建立索引後效能是否提升。

範例 8-1 開啟資料庫分析（Database Profiling）

以學生的成績資料作為範例，儲存在 MongoDB 資料庫的 students 集合。每一筆的成績資料有學生姓名（name）、平均分數（score）、考試（exam）的分數（exam.score）與科目（exam.type）欄位。

由於新建立的 MongoDB 資料庫的分析器預設為關閉，因此需要將分析等級設定為「2」，來收集所有的操作紀錄。

STEP 01 匯入資料。

❶建立 students 集合，並進入集合。

❷點選「ADD DATA」中的「Insert document」。

❸在視窗中輸入學生的成績資料「[8-1] 學生資料 .txt」內容（檔案網址：URL https://github.com/taipeitechmmslab/MMSLAB-MongoDB/tree/master/Ch-8）。

```
[
    { "_id" : 1, "name" : "Alan Lin", "score": 53, "exam":[{"score": 90, "type":
"Math"},{"score": 40, "type":"English"},{"score": 30, "type":"History"}] },
    { "_id" : 2, "name" : "Jimmy Lin", "score": 84, "exam":[{"score": 66, "type":
"Math"},{"score": 98, "type":"English"},{"score": 88, "type":"History"}] },
    { "_id" : 3, "name" : "David Huang", "score": 76, "exam":[{"score": 38,
"type":"Math"},{"score": 98, "type":"English"},{"score": 92, "type":"History"}] },
    { "_id" : 4, "name" : "Kobe Chen", "score": 75, "exam":[{"score": 98, "type":
"Math"},{"score": 60, "type":"English"},{"score": 68, "type":"History"}] },
    { "_id" : 5, "name" : "Eric Lin", "score": 81, "exam":[{"score": 78, "type":
"Math"},{"score": 86, "type":"English"},{"score": 78, "type":"History"}] },
    { "_id" : 6, "name" : "Peter Huang", "score": 83, "exam":[{"score": 80, "type":
"Math"},{"score": 78, "type":"English"},{"score": 90, "type":"History"}] },
    { "_id" : 7, "name" : "Jacky Chen", "score": 65, "exam":[{"score": 60, "type":
"Math"},{"score": 76, "type":"English"},{"score": 60, "type":"History"}] },
    { "_id" : 8, "name" : "John Wang", "score": 75, "exam":[{"score": 78, "type":
"Math"},{"score": 68, "type":"English"},{"score": 80, "type":"History"}] },
    { "_id" : 9, "name" : "Sophia Hsu", "score": 70, "exam":[{"score": 56, "type":
"Math"},{"score": 58, "type":"English"},{"score": 96, "type":"History"}] },
    { "_id" : 10, "name" : "Linda Chen", "score": 52, "exam":[{"score": 24, "type":
"Math"},{"score": 34, "type":"English"},{"score": 98, "type":"History"}] }
]
```

❹點選「Insert」按鈕來完成新增的動作。

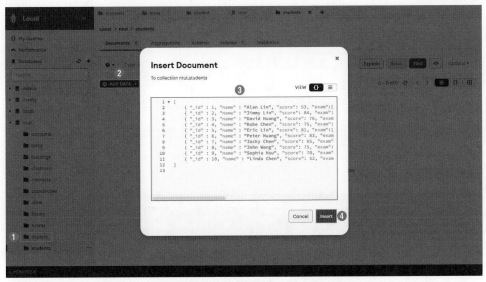

圖 8-10 範例 8-1 的匯入資料操作圖（[8-1] 學生資料 .txt）

STEP 02 相關指令：

○ db.setProfilingLevel()，設定此資料庫的分析等級。

```
db.setProfilingLevel(<Level>)

db.setProfilingLevel(2) // 收集所有操作資訊
db.setProfilingLevel(1, { slowms: 20 }) // 大於 20 毫秒
db.setProfilingLevel(0) // 不收集任何操作資訊
```

表 8-1 分析等級

等級	描述
0	預設等級，不收集任何資料。
1	收集操作的時間大於 slowms。
2	收集所有操作。

STEP 03 執行操作與結果。

❶展開「>_MONGODB」，並輸入「use ntut」來切換到目前資料庫。

❷輸入「db.setProfilingLevel(2)」，記錄所有的操作，並查看結果。

輸入「db.getProfilingStatus()」來檢查設定狀態。

圖 8-11　範例 8-1 的執行操作圖

STEP 04 查詢結果。

❶進入 students 集合。

❷點選「Find」按鈕，進行全部查詢。

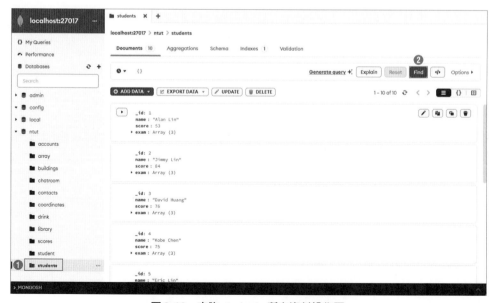

圖 8-12　查詢 students 所有資料操作圖

❸展開「>_MONGODB」，並切換至 ntut 資料庫。

❹輸入「db.system.profile.find({})」，即會出現所有查詢紀錄資料。

❸ >_MONGOSH

❹ > db.system.profile.find({})
```
< {
    op: 'command',
    ns: 'ntut',
    command: {
      dbStats: 1,
      lsid: {
        id: UUID('cf0f4a9f-2901-4895-8be1-1711b20ce043')
      },
      '$db': 'ntut'
    },
    numYield: 0,
    locks: {
      ParallelBatchWriterMode: {
```

圖 8-13　查詢所有的操作紀錄圖

❺但由於顯示的資料太多不方便查看，透過前面所學的查詢技巧來輸入「db.system.profile.find({ns: "ntut.students"}, {ts: 1, planSummary: 1})」，先篩選此集合名稱（ns），並只顯示查詢計畫名稱（planSummary）和查詢時間（ts），結果可看到最下面的結果就是上一次查詢的紀錄，其查詢計畫類型為 COLLSCAN。

>_MONGOSH

❺ > db.system.profile.find({ns: "ntut.students"}, {ts: 1, planSummary: 1})
```
< {
    ts: 2024-06-20T06:04:00.197Z
  }
  {
    planSummary: 'COLLSCAN',
    ts: 2024-06-20T06:04:03.044Z
  }
  {
    planSummary: 'COLLSCAN',
    ts: 2024-06-20T06:04:03.044Z
  }
```

圖 8-14　查詢簡化的操作紀錄圖

建立單一欄位索引，分析與優化查詢資料的效能

本範例將查詢學生成績大於等於 50 分且小於等於 80 分的資料。為了比較有無使用索引的差異，此範例共有三個步驟：

❶不使用索引進行查詢。

❷針對查詢的欄位建立單一欄位索引。

❸使用索引進行查詢，並分析查詢效能。

STEP 01 匯入資料（若在範例 8-1 已匯入過，則跳過此步驟）。

❶建立 students 集合，並進入集合。

❷點選「ADD DATA」中的「Insert document」。

❸在視窗中輸入學生的成績資料「[8-1] 學生資料 .txt」內容（檔案網址：URL https://github.com/taipeitechmmslab/MMSLAB-MongoDB/tree/master/Ch-8）。

```
[
    { "_id" : 1, "name" : "Alan Lin", "score": 53, "exam":[{"score": 90, "type":
"Math"},{"score": 40, "type":"English"},{"score": 30, "type":"History"}] },
    { "_id" : 2, "name" : "Jimmy Lin", "score": 84, "exam":[{"score": 66, "type":
"Math"},{"score": 98, "type":"English"},{"score": 88, "type":"History"}] },
    { "_id" : 3, "name" : "David Huang", "score": 76, "exam":[{"score": 38,
"type":"Math"},{"score": 98, "type":"English"},{"score": 92, "type":"History"}] },
    { "_id" : 4, "name" : "Kobe Chen", "score": 75, "exam":[{"score": 98, "type":
"Math"},{"score": 60, "type":"English"},{"score": 68, "type":"History"}] },
    { "_id" : 5, "name" : "Eric Lin", "score": 81, "exam":[{"score": 78, "type":
"Math"},{"score": 86, "type":"English"},{"score": 78, "type":"History"}] },
    { "_id" : 6, "name" : "Peter Huang", "score": 83, "exam":[{"score": 80, "type":
"Math"},{"score": 78, "type":"English"},{"score": 90, "type":"History"}] },
    { "_id" : 7, "name" : "Jacky Chen", "score": 65, "exam":[{"score": 60, "type":
"Math"},{"score": 76, "type":"English"},{"score": 60, "type":"History"}] },
    { "_id" : 8, "name" : "John Wang", "score": 75, "exam":[{"score": 78, "type":
"Math"},{"score": 68, "type":"English"},{"score": 80, "type":"History"}] },
    { "_id" : 9, "name" : "Sophia Hsu", "score": 70, "exam":[{"score": 56, "type":
"Math"},{"score": 58, "type":"English"},{"score": 96, "type":"History"}] },
    { "_id" : 10, "name" : "Linda Chen", "score": 52, "exam":[{"score": 24, "type":
"Math"},{"score": 34, "type":"English"},{"score": 98, "type":"History"}] }
]
```

❹點選「Insert」按鈕來完成新增的動作。

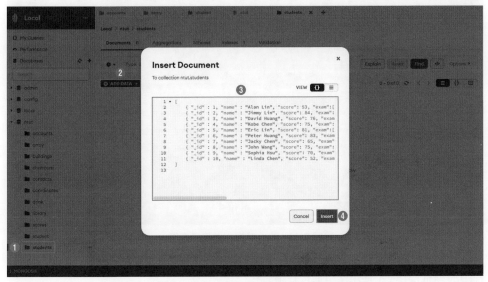

圖 8-15　範例 8-2 的匯入資料操作圖（[8-1] 學生資料 .txt）

STEP 02 相關指令：

○ db.collection.explain() 或 cursor.explain()，提供操作的執行資訊。

○ db.collection.createIndex()，建立集合的索引。

```
db.students.find(
    { score: { $gte: 50, $lte: 80 } }
).explain("executionStats")
```

🎵 延伸學習　db.collection.find().help() 可以看到如何操作 db.collection.find() 的結果。

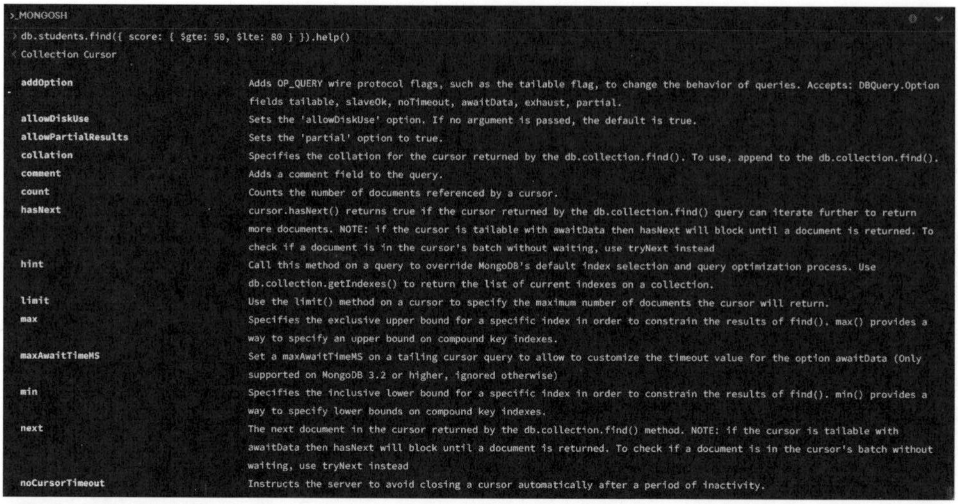

圖 8-16　help() 操作結果示意圖

STEP 03 執行操作（不使用索引進行查詢）。

❶展開「>_MONGODB」，並輸入「use ntut」來切換到目前資料庫。

❷在 Shell 中輸入：

○ 方法一：較快，因為直接查詢執行狀態，查詢學生成績 score 欄位的大於等於 50 且小於等於 80 的學生資料的執行狀態（executionStats）。

```
db.students.find(
    { score: { $gte: 50, $lte: 80 } }
).explain("executionStats")
```

○ 方法二：較慢，因為需要切換到記錄集合內查詢執行狀態，輸入查詢指令，在開啟分析器的情況下，前往 db.system.profile 集合內找尋紀錄。

```
db.students.find(
    { score: { $gte: 50, $lte: 80 } }
)
```

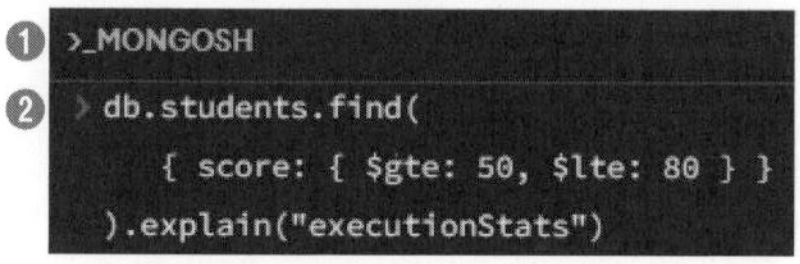

圖 8-17　執行沒有使用索引的查詢操作圖

❸執行結果：

```
{
    "queryPlanner" : {
        "plannerVersion" : 1,
        ...
        "winningPlan" : {
            "stage" : "COLLSCAN",
            ...
        }
    },
    "executionStats" : {
        "executionSuccess" : true,
        "nReturned" : 7,
        "executionTimeMillis" : 0,
        "totalKeysExamined" : 0,
        "totalDocsExamined" : 10,
        "executionStages" : {
            "stage" : "COLLSCAN",
            ...
        },
        ...
    },
    ...
}
```

○ queryPlanner.winningPlan.stage 顯示 COLLSCAN 表示執行集合掃描，代表 MongoDB 資料庫必須要搜索整個集合的資料，才能找到結果。在資料庫一般來說是非常昂貴的操作，很容易導致查詢效能低落。

○ executionStats.nReturned 顯示 7，表示回傳 7 筆符合的資料。

○ executionStats.totalKeysExamined 顯示 0，表示查詢沒有使用到任何索引。

○ executionStats.totalDocsExamined 顯示 10，表示 MongoDB 需要讀取 10 筆資料（此範例 10 筆為整個集合的資料數量）來找到符合的資料。

　　根據 executionStats. totalKeysExamined 與 executionStats.totalDocsExamined 的數量相差 10，表示使用索引可以提高查詢的效能。

🎵 延伸學習

❏ 更多詳細的執行結果說明，請參考：URL https://www.mongodb.com/docs/manual/reference/explain-results。

STEP 04 執行操作（建立單一欄位索引）。

❶展開「>_MONGODB」，並輸入「use ntut」來切換到目前資料庫。

❷輸入「db.students.createIndex({score:1})」。使用 score 欄位建立一個單一欄位的遞增索引。

❸進入 students 集合，並點選「Indexes」。

❹可以看到多加了「score_1」索引。

圖 8-18　建立索引的操作圖

STEP 05 執行操作（使用索引進行查詢）。

❶展開「>_MONGODB」，並輸入「use ntut」來切換到目前資料庫。

❷在 Shell 中輸入：

```
db.students.find(
    { score: { $gte: 50, $lte: 80 } }
).explain("executionStats")
```

❶ >_MONGOSH
❷ > db.students.find(
    { score: { $gte: 50, $lte: 80 } }
).explain("executionStats")

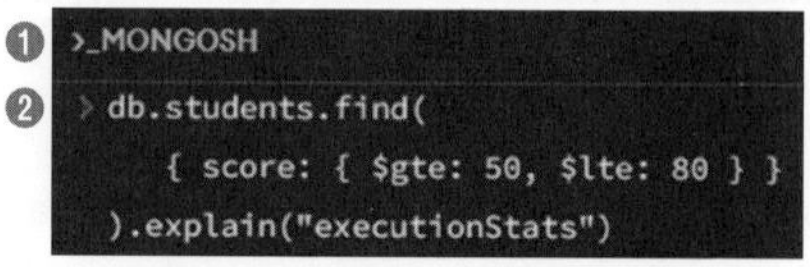

圖 8-19　範例 8-2 操作結果圖

STEP 06 分析結果。

從查詢計畫（queryPlanner）中查看優勝計畫（winningPlan），掃描階段執行了 IXSCAN 的掃瞄且在執行狀態（executionStats）裡的 totalKeysExamined，回傳的資料與掃描的索引數相同，代表不需要掃描整個集合的資料，且只需要將符合的資料載入到記憶體內，這個查詢是非常高效能的。

```json
{
    "queryPlanner" : {
        "plannerVersion" : 1,
        ...
        "winningPlan" : {
            "stage" : "FETCH",
            "inputStage" : {
                "stage" : "IXSCAN",
                "keyPattern" : {
                    "score" : 1.0
                },
                ...
            }
        },
        "rejectedPlans" : [ ]
    },
    "executionStats" : {
        "executionSuccess" : true,
        "nReturned" : 7,
        "executionTimeMillis" : 2,
        "totalKeysExamined" : 7,
        "totalDocsExamined" : 7,
        "executionStages" : {
            ...
        },
        ...
    },
    ...
}
```

◯ queryPlanner.winningPlan.inputStage.stage 顯示 IXSCAN 代表使用了索引掃描。

◯ executionStats.nReturned 顯示 7，表示回傳 7 筆符合的資料。

○ executionStats.totalKeysExamined 顯示 7，表示 MongoDB 掃描了 7 個索引值，回傳的資料與掃描的索引數相同，代表不需要掃描整個集合的資料，且只需要將符合的資料載入到記憶體內，這個查詢是非常高效能的。

○ executionStats.totalDocsExamined 顯示 7，表示 MongoDB 讀取了 7 個資料。

範例 8-3 建立不同順序的組合索引，分析比較兩組索引的查詢效能

本範例將查詢學生成績大於等於 50 分且小於等於 80 分，以及名字有 L 字元的資料。為了提升查詢 score 欄位與 name 欄位的速度，我們需要建立組合索引，但是組合索引的先後順序會有不同的查詢效率，因此為了比較兩組不同順序的組合索引，此範例共有三個步驟：

❶針對查詢的欄位，建立兩組不同順序的組合索引。

❷使用第一組索引查詢資料。

❸使用第二組索引查詢資料，並分析查詢效能。

STEP 01 匯入資料（若在範例 8-1 已匯入過，則跳過此步驟）。

❶建立 students 集合，並進入集合。

❷點選「ADD DATA」中的「Insert document」。

❸在視窗中輸入學生的成績資料「[8-1] 學生資料 .txt」內容（檔案網址： URL https://github.com/taipeitechmmslab/MMSLAB-MongoDB/tree/master/Ch-8）。

```
[
    { "_id" : 1, "name" : "Alan Lin", "score": 53, "exam":[{"score": 90, "type":
"Math"},{"score": 40, "type":"English"},{"score": 30, "type":"History"}] },
    { "_id" : 2, "name" : "Jimmy Lin", "score": 84, "exam":[{"score": 66, "type":
"Math"},{"score": 98, "type":"English"},{"score": 88, "type":"History"}] },
    { "_id" : 3, "name" : "David Huang", "score": 76, "exam":[{"score": 38, "type":
"Math"},{"score": 98, "type":"English"},{"score": 92, "type":"History"}] },
    { "_id" : 4, "name" : "Kobe Chen", "score": 75, "exam":[{"score": 98, "type":
"Math"},{"score": 60, "type":"English"},{"score": 68, "type":"History"}] },
    { "_id" : 5, "name" : "Eric Lin", "score": 81, "exam":[{"score": 78, "type":
"Math"},{"score": 86, "type":"English"},{"score": 78, "type":"History"}] },
    { "_id" : 6, "name" : "Peter Huang", "score": 83, "exam":[{"score": 80, "type":
"Math"},{"score": 78, "type":"English"},{"score": 90, "type":"History"}] },
    { "_id" : 7, "name" : "Jacky Chen", "score": 65, "exam":[{"score": 60, "type":
```

```
"Math"},{"score": 76, "type":"English"},{"score": 60, "type":"History"}] },
    { "_id" : 8, "name" : "John Wang", "score": 75, "exam":[{"score": 78, "type":
"Math"},{"score": 68, "type":"English"},{"score": 80, "type":"History"}] },
    { "_id" : 9, "name" : "Sophia Hsu", "score": 70, "exam":[{"score": 56, "type":
"Math"},{"score": 58, "type":"English"},{"score": 96, "type":"History"}] },
    { "_id" : 10, "name" : "Linda Chen", "score": 52, "exam":[{"score": 24, "type":
"Math"},{"score": 34, "type":"English"},{"score": 98, "type":"History"}] }
]
```

❹點選「Insert」按鈕來完成新增的動作。

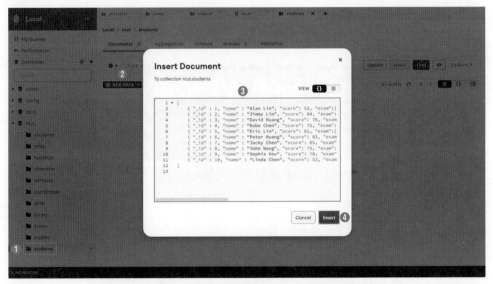

圖 8-20　範例 8-3 的匯入資料操作圖（[8-1] 學生資料 .txt）

STEP 02 相關指令：

○ db.collection.explain() 或 cursor.explain()，提供操作的執行資訊。

○ db.collection.createIndex()，建立集合的索引。

○ cursor.hint()，此方法會覆寫 MongoDB 預設的索引選擇與查詢計畫，強制 MongoDB 使用輸入的索引，輸入的索引可以用先前已經建立的，輸入「db.collection.getIndexes()」，找到目前已經建立的索引名稱。此外，MongoDB 提供了特殊的內建索引，可以輸入索引為「{$natural:1}」來執行遞增的集合掃描，以及輸入索引為「{$natural:-1}」來執行遞減的集合掃描。

STEP 03 執行操作（建立兩組不同順序的組合索引）。

❶展開「>_MONGODB」，並輸入「use ntut」來切換到目前資料庫。

❷在 Shell 中輸入：

```
db.students.createIndex( { score: 1, name: 1 } )
db.students.createIndex( { name: 1, score: 1 } )
```

建立兩組不同順序的組合索引（compound indexes），順序會影響效能。第一組索引為score遞增與name遞增；第二組索引為name遞增與score遞增。

❸進入 students 集合，並點選「Indexes」。

❹查看執行結果。

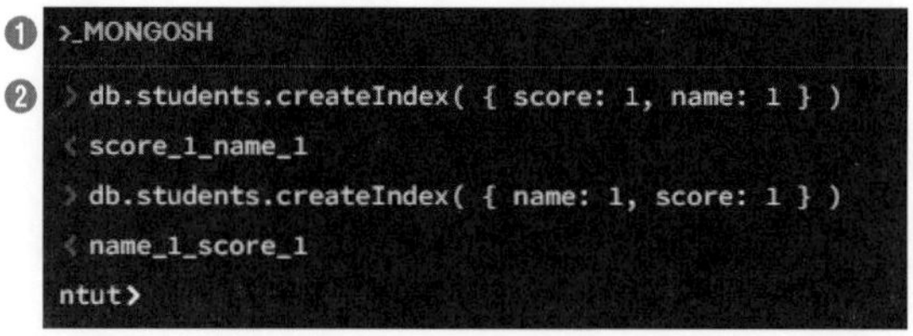

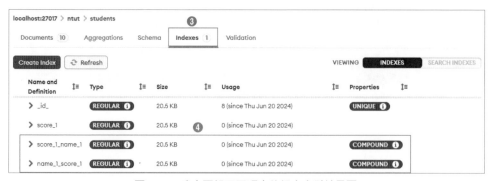

圖 8-21　建立兩組不同順序的組合索引操作圖

圖 8-22　建立兩組不同順序的組合索引結果圖

STEP 04 執行操作（使用第一組索引查詢資料）。

❶展開「>_MONGODB」，並輸入「use ntut」來切換到目前資料庫。

❷在 Shell 中輸入：

```
db.students.find(
    { score: { $gte: 50, $lte: 80 }, name: {$regex:/L/} }
).hint({ score: 1, name: 1 }).explain("executionStats")
```

查詢 score 欄位大於等於 50、小於等於 80 與 name 欄位為包含「L」的資料，並透過 hint() 指定使用的索引為 { score: 1, name: 1 }。

❶ >_MONGOSH

❷
```
> db.students.find(
    { score: { $gte: 50, $lte: 80 }, name: {$regex:/L/} }
  ).hint({ score: 1, name: 1 }).explain("executionStats")
```

圖 8-23　使用第一組索引查詢操作圖

❸執行結果。MongoDB 掃描 8 個索引值（executionStats.totalKeysExamined），並回傳 2 筆符合的資料（executionStats.nReturned）。

❸
```
executionStats: {
  executionSuccess: true,
  nReturned: 2,
  executionTimeMillis: 5,
  totalKeysExamined: 8,
  totalDocsExamined: 2,
```

圖 8-24　使用第一組索引查詢結果圖

STEP 05 執行操作（使用第二組索引查詢資料）。

❶展開「>_MONGODB」，並輸入「use ntut」來切換到目前資料庫。

❷在 Shell 中輸入：

```
db.students.find(
  { score: { $gte: 50, $lte: 80 }, name: {$regex:/L/} }
).hint({ name: 1, score: 1 }).explain("executionStats")
```

查詢 score 欄位大於等於 50、小於等於 80 與 name 欄位為包含「L」的資料，並透過 hint() 指定使用的索引為 { name: 1, score: 1 }。

❶ >_MONGOSH

❷
```
> db.students.find(
    { score: { $gte: 50, $lte: 80 }, name: {$regex:/L/} }
  ).hint({ name: 1, score: 1 }).explain("executionStats")
```

圖 8-25　使用第一組索引查詢操作圖

❸執行結果。MongoDB 掃描 10 個索引值（executionStats.totalKeysExamined），並回傳 2 筆符合的資料（executionStats.nReturned）。

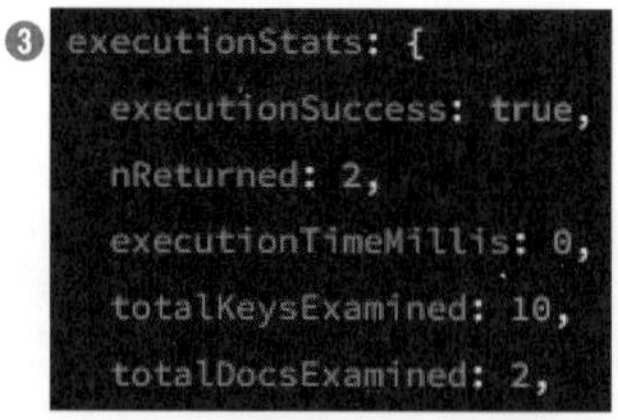

圖 8-26　使用第二組索引查詢結果圖

STEP 06 分析結果。

○ 第一組索引 { score: 1, name: 1 }，掃描 8 個索引值（executionStats.totalKeysExamined） 以及讀取 2 筆資料（executionStats.totalDocsExamined），並回傳 2 筆符合的資料 （executionStats.nReturned）。

○ 第二組索引 { name: 1, score: 1 }，掃描 10 個索引值（executionStats.totalKeysExamined) 以及讀取 2 筆資料（executionStats.totalDocsExamined），並回傳 2 筆符合的資料 （executionStats.nReturned）。

在查詢資料時，效能最佳的查詢結果為掃描索引數量 totalKeysExamined 與回傳的資料數量 nReturned 相同或接近，且讀取資料數量 totalDocsExamined 與回傳的資料數量 nReturned 相同或接近。因此，我們可以確定在使用索引提升查詢效能時，第一組組合索引優於第二組組合索引。

範例 8-4 建立單欄與組合的文字索引，分析比較兩組索引的查詢效能

本範例將查詢學生成績大於等於 50 且小於等於 80，以及名字有「Lin」字的資料，並比較文字索引與文字組合索引的查詢效率。由於文字索引在一個集合內只能存在一組，所以此範例共有四個步驟：

❶ 針對查詢的欄位建立單一欄位的文字索引。

❷ 使用單一欄位的文字索引查詢資料。

❸ 針對查詢的欄位刪除已存在的文字索引，並建立文字組合索引。

❹ 使用文字組合索引查詢資料，並分析查詢效能。

STEP 01 匯入資料（若在範例 8 1 已匯入過，則跳過此步驟）。

❶ 建立 students 集合，並進入集合。

❷ 點選「ADD DATA」中的「Insert document」。

❸在視窗中輸入學生的成績資料「[8-1]學生資料.txt」內容（檔案網址：URL https://github. com/taipeitechmmslab/MMSLAB-MongoDB/tree/master/Ch-8）。

```
[
    { "_id" : 1, "name" : "Alan Lin", "score": 53, "exam":[{"score": 90, "type":
"Math"},{"score": 40, "type":"English"},{"score": 30, "type":"History"}] },
    { "_id" : 2, "name" : "Jimmy Lin", "score": 84, "exam":[{"score": 66, "type":
"Math"},{"score": 98, "type":"English"},{"score": 88, "type":"History"}] },
    { "_id" : 3, "name" : "David Huang", "score": 76, "exam":[{"score": 38, "type":
"Math"},{"score": 98, "type":"English"},{"score": 92, "type":"History"}] },
    { "_id" : 4, "name" : "Kobe Chen", "score": 75, "exam":[{"score": 98, "type":
"Math"},{"score": 60, "type":"English"},{"score": 68, "type":"History"}] },
    { "_id" : 5, "name" : "Eric Lin", "score": 81, "exam":[{"score": 78, "type":
"Math"},{"score": 86, "type":"English"},{"score": 78, "type":"History"}] },
    { "_id" : 6, "name" : "Peter Huang", "score": 83, "exam":[{"score": 80, "type":
"Math"},{"score": 78, "type":"English"},{"score": 90, "type":"History"}] },
    { "_id" : 7, "name" : "Jacky Chen", "score": 65, "exam":[{"score": 60, "type":
"Math"},{"score": 76, "type":"English"},{"score": 60, "type":"History"}] },
    { "_id" : 8, "name" : "John Wang", "score": 75, "exam":[{"score": 78, "type":
"Math"},{"score": 68, "type":"English"},{"score": 80, "type":"History"}] },
    { "_id" : 9, "name" : "Sophia Hsu", "score": 70, "exam":[{"score": 56, "type":
"Math"},{"score": 58, "type":"English"},{"score": 96, "type":"History"}] },
    { "_id" : 10, "name" : "Linda Chen", "score": 52, "exam":[{"score": 24, "type":
"Math"},{"score": 34, "type":"English"},{"score": 98, "type":"History"}] }
]
```

❹點選「Insert」按鈕來完成新增的動作。

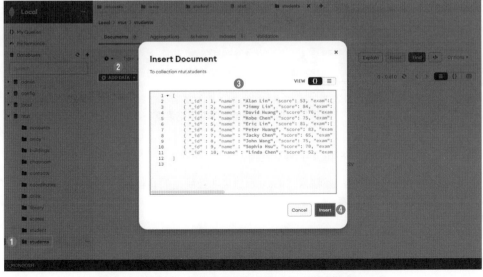

圖 8-27　範例 8-3 的匯入資料操作圖（[8-1]學生資料.txt）

STEP 02 相關指令：

○ db.collection.explain() 或 cursor.explain()，提供操作的執行資訊。

○ db.collection.createIndex()，建立集合的索引。

STEP 03 執行操作（單欄位文字索引）

❶展開「>_MONGODB」，並輸入「use ntut」來切換到目前資料庫。

❷在 Shell 中輸入：

```
db.students.createIndex({name:"text"})
```

針對 name 的單欄位文字索引（text index）。

❸進入 students 集合，並點選「Indexes」。

❹查看執行結果。

圖 8-28　建立單欄位文字索引操作圖

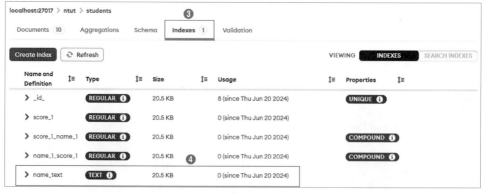

圖 8-29　建立單欄位文字索引結果圖

STEP 04 執行操作（使用單欄位文字索引查詢）

❶展開「>_MONGODB」，並輸入「use ntut」來切換到目前資料庫。

❷在 Shell 中輸入：

```
db.students.find(
    {score: { $gte: 50, $lte: 80 }, $text:{$search:"Lin"}}
).explain("executionStats")
```

查詢 score 欄位大於等於 50 與小於等於 80 與 name 欄位為含「Lin」字節的資料。

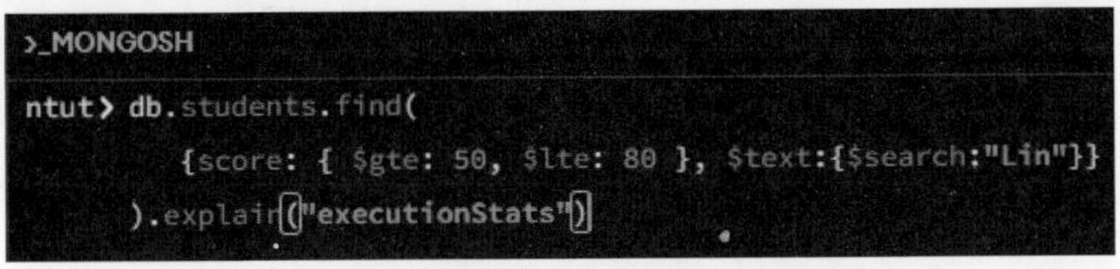

圖 8-30　使用單欄位文字索引查詢操作圖

❸執行結果。queryPlanner.winningPlan.inputStage.stage 顯示 TEXT 代表使用了文字索引掃描，MongoDB 掃描 3 個索引值（executionStats.totalKeysExamined），與讀取 6 筆資料（executionStats.totalDocsExamined），並回傳 1 筆符合的資料（executionStats.nReturned）。

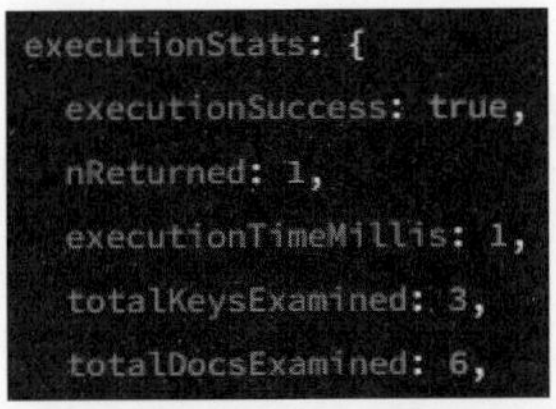

圖 8-31　使用單欄位文字索引查詢結果圖

STEP 05 執行操作（建立文字組合索引）

❶展開「>_MONGODB」，並輸入「use ntut」來切換到目前資料庫。

❷在 Shell 中輸入：

```
db.students.dropIndex("name_text") // 第一行
db.students.createIndex({name:"text",score:1}) // 第二行
```

　第一行：刪除先前所建立的單欄位文字索引。

　第二行：建立文字組合索引為 name 欄位與 score 遞增欄位。

❸進入 students 集合，並點選「Indexes」。

❹查看執行結果。

```
❶ >_MONGOSH
❷ > db.students.dropIndex("name_text")
  < { nIndexesWas: 5, ok: 1 }
  > db.students.createIndex({name:"text",score:1})
  < name_text_score_1
```

圖 8-32　建立文字組合索引操作圖

圖 8-33　建立文字組合索引結果圖

STEP **06** 執行操作（使用文字組合索引查詢）。

❶展開「>_MONGODB」，並輸入「use ntut」來切換到目前資料庫。

❷在 Shell 中輸入：

```
db.students.find(
    {score: { $gte: 50, $lte: 80 }, $text:{$search:"Lin"}}
).explain("executionStats")
```

查詢 score 欄位大於等於 50 與小於等於 80 以及 name 欄位為含「Lin」字節的資料。

```
❶ >_MONGOSH
❷ > db.students.find(
      {score: { $gte: 50, $lte: 80 }, $text:{$search:"Lin"}}
    ).explain("executionStats")
```

圖 8-34　使用文字組合索引查詢操作圖

❸執行結果。queryPlanner.winningPlan.inputStage.stage 顯示 TEXT_MATCH 代表使用了文字索引配對，MongoDB 掃描 3 個索引值（executionStats.totalKeysExamined），與讀取 1 筆資料（executionStats.totalDocsExamined），並回傳 1 筆符合的資料（executionStats.nReturned），是非常高效的查詢。

❸
```
executionStats: {
  executionSuccess: true,
  nReturned: 1,
  executionTimeMillis: 0,
  totalKeysExamined: 3,
  totalDocsExamined: 1,
```

圖 8-35 使用文字組合索引查詢結果圖

STEP 07 分析結果。

- 第一組索引 { name:"text" }，掃描 3 個索引值（executionStats.totalKeysExamined），與讀取 6 筆資料（executionStats.totalDocsExamined），並回傳 1 筆符合的資料（executionStats.nReturned）。
- 第二組索引 { name:"text", score: 1 }，掃描 3 個索引值（executionStats.totalKeysExamined），與讀取 1 筆資料（executionStats.totalDocsExamined），並回傳 1 筆符合的資料（executionStats.nReturned）。

在查詢資料時，效能最佳的查詢結果為掃描索引數量 totalKeysExamined 與回傳的資料數量 nReturned 相同或接近，且讀取資料數量 totalDocsExamined 與回傳的資料數量 nReturned 相同或接近。因此，我們可以確定在使用索引提升查詢效能時，第二組的組合索引優於第一組的單欄位索引。

8.3 新增操作效能分析

MongoDB 的新增操作效能會受到索引（Indexes）、儲存系統與儲存引擎（Storage Engine）的日誌機制（Journaling）影響。

索引（Indexes）

使用索引可以提升查詢效能，但會增加新增操作的時間，一般來說，這樣的犧牲是非常值得的，但如果非常注重新增操作的效能，就要考慮是否要建立索引，並評估已建立的索引是否有確實地使用。

儲存系統

儲存系統裡有許多的物理限制，會導致 MongoDB 新增操作的效能瓶頸，其中與儲存系統相關的原因有硬碟的隨機存取模式（Random Access Patterns）、磁碟快取（Disk Cache）、磁碟提前讀入（Readahead）、磁碟陣列（RAID）等，皆會影響新增的效能。一般來說，使用固態硬碟（SSDs）比起有讀寫磁頭的傳統硬碟（HDDs）的效能高出 100 倍以上。此外，使用 RAID-10 能提供更高的新增效能（RAID-0 使用兩個以上的硬碟分散寫入資料，RAID-1 提供硬碟鏡像的備份，RAID-10 則兼具兩者優點）。觀察硬碟的讀取或寫入速度是否造成 MongoDB 的效能瓶頸，可使用 Windows 的工作管理員的效能來觀察，如果需要更詳細的紀錄，可以開啟資源監視器或使用自訂幅度更高的效能監視器（Performance Monitor）。

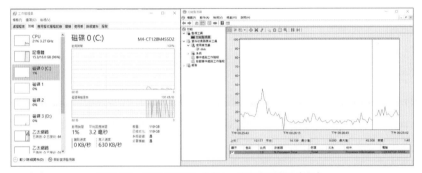

圖 8-36　工作管理員（左）、效能監視器（右）

日誌（Journaling）

使用 MongoDB 的日誌機制，可避免系統突發的崩潰事件，達到資料庫（Atomicity、Consistency、Isolation、Durability，ACID）原則的持久性（Durability），確保操作資料的過程中，即使遇到系統故障也能執行完成。其原理是 MongoDB 會將內部記憶體的改變寫入日誌檔，當要寫入資料時突然崩潰或遇到錯誤事件，MongoDB 就會再次啟動，並透過日誌的內容執行相同的動作，完成資料的寫入。然而，日誌機制在以下的情況會影響效能：

○ 日誌與資料共同儲存在相同的儲存裝置上，需要共同使用有限的硬碟輸入資源（I/O resources），這樣的情形可以將日誌移動至單獨的硬碟上，以增加寫入效能。

○ 如果使用者在寫入要求（Write Concerns）包含了 {j:true} 的條件，系統會強制將緩衝的日誌同步到硬碟上，以縮短日誌寫入硬碟的時間間隔，並增加寫入的負載，這樣的情形可調整「storage.journal.commitIntervalMs」的間隔（預設為 100ms），設定較低的值來提高持久性，並減少日誌的寫入影響，但這需要以高性能的硬碟作為代價，而較高的值可能會降低持久性並喪失操作。

> 🎵 延伸學習　在 WiredTiger 儲存引擎上，日誌藉由記憶體緩衝 128KB 或每 100 毫秒（ms）強制同步到磁碟上。
>
> ❏ 詳細的日誌介紹，請參考：[URL] https://www.mongodb.com/docs/manual/core/journaling。
>
> ❏ 更多 MongoDB 注意事項，請參考：[URL] https://www.mongodb.com/docs/manual/administration/production-notes。

8.4　實戰演練：全國中小學校地面積統計系統

本章學到了 MongoDB 中索引（Indeses）的概念和效能分析的方法，本範例將實作一個全國中小學校地面積統計系統，以 C# 程式語言搭配 Visual Studio 2022 整合開發環境來實作，使用 MongoDB Driver 與資料庫進行連線，透過 HttpClient 類別抓取網路大量資料寫入資料庫中，並分別以有建立索引和沒建立索引的情況下，使用查詢語法來處理大量資料，比較有無索引的查詢效率結果，而訊息的輸入與輸出會以 Console 介面作為顯示。

❍ 安裝 MongoDB Driver 和 Newtonsoft.Json 套件。

❍ 建立 SchoolsDocument.cs 檔，以定義 schools 集合內的文件結構。

❍ 建立 SchoolsResponse.cs 檔，以定義網路資料回應的文件結構。

❍ 使用 HttpClient 類別抓取網路資料，從政府資料開放平臺取得全國中小學校地面積資料並匯入資料庫中。

❍ 使用 Filter 運算子處理資料。

❍ 使用 Switch 條件式語法與 Console 實作使用者介面，以選擇功能與顯示結果。

❍ 索引的建立與刪除操作。

❍ 查詢目前資料數量，會顯示目前資料庫中的資料總數。

❍ 查詢校地面積前 10 大的學校資料功能，會顯示資料庫中特定條件的學校資訊。

❍ 查詢校地面積指定區間的學校資料功能，輸入範圍數值後，會顯示該條件的學校資訊。

〇有建立索引和沒建立索引的查詢結果比較。

圖 8-37　輸入編號來選擇執行範例

圖 8-38　功能一的執行結果

圖 8-39　功能二的執行結果

圖 8-40　功能三的執行結果

圖 8-41　功能四的執行結果

8.4.1　網路資料來源

本範例會使用到政府資料開放平臺（URL https://data.gov.tw）的資料，這是一個由政府提供的免費公開資料來源，任何人都可透過網路取用，本範例將使用國民中小學校校地面積統計的資料進行實作。

ST EP 01 進入 URL https://data.gov.tw/dataset/146551 網頁，找到112學年國民中小學校校
地面積（JSON檔）。

圖 8-42 政府資料開放平臺的國民中小學校校地面積統計頁面

ST EP 02 點選旁邊的「JSON」下載的按鈕後，就會看到圖 8-43 的畫面，這些資料就是後
續要透過程式來抓取的網路資料，後續程式中使用該網址（ URL https://stats.moe.
gov.tw/files/others/opendata/112area.json ）來抓取資料即可。

圖 8-43 112 學年國民中小學校校地面積 JSON 資料

8.4.2 安裝 MongoDB Driver 和 Newtonsoft.Json 套件

建立 Visual Studio 2022 專案，並使用 NuGet 安裝 MongoDB Driver 和 Newtonsoft.Json
套件。

❶點選上方工具列的「工具→NuGet 套件管理員→套件管理器主控台」，開啟「套件管理主控台」視窗。

❷在「套件管理主控台」視窗中，輸入「Install-Package MongoDB.Driver -Version 2.26.0」來進行套件安裝。

❸與前一步驟相同，輸入「Install-Package Newtonsoft.Json」來進行套件安裝。

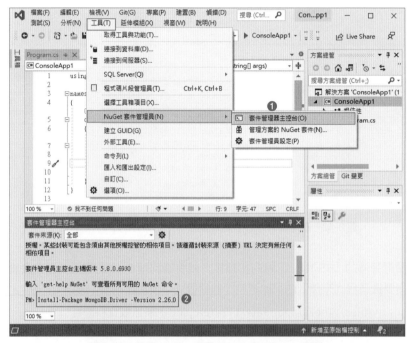

圖 8-44　使用 NuGet 安裝 MongoDB Driver 套件

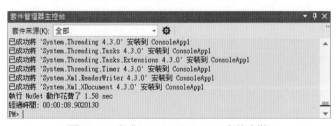

圖 8-45　完成 MongoDB Driver 套件安裝

8.4.3 建立檔案與定義資料結構

STEP 01 在專案中新增 SchoolsDocument.cs 和 SchoolResponse.cs 檔案，檔案如圖 8-46 所示。

圖 8-46 方案總管架構

STEP 02 開啟 SchoolsDocument.cs 檔，撰寫以下程式碼，定義 schools 集合內的文件結構。

```
using MongoDB.Bson; // 匯入函式庫

namespace Lab7
{
    // 定義 schools 集合內的文件結構，並命名為 SchoolsDocument
    class SchoolsDocument
    {
        public ObjectId _id { get; set; }
        public int schoolYear { get; set; }
        public string schoolCode { get; set; }
        public string schoolName { get; set; }
        public string educationLevel { get; set; }
        public int campusArea { get; set; }
    }
}
```

STEP 03 開啟 SchoolResponse.cs 檔，撰寫以下程式碼，定義網路資料回應的結構。

```
namespace Lab7
{
    // 定義網路資料回應的結構，並命名為 SchoolsResponse
    class SchoolResponse
    {
```

```
        public string 學年度 { get; set; }
        public string 學校代號 { get; set; }
        public string 學校名稱 { get; set; }
        public string 教育級別 { get; set; }
        public string 校地總面積 { get; set; }
    }
}
```

8.4.4　程式設計

STEP 01 開啟 Program.cs 檔，撰寫以下程式碼，作為主要程式的進入點，首先處理
MongoDB 連線方法，接著就是讀取使用者操作來選擇進行的事件。

```csharp
// 匯入函式庫
using MongoDB.Driver;
using System;
using System.Collections.Generic;
using System.Linq;
using System.Net.Http;

namespace Lab7
{
    class Program
    {
        static void Main(string[] args)
        {
            // Step1: 連接 MongoDB 伺服器
            var client = new MongoClient("mongodb://localhost:27017");
            // Step2: 取得 MongoDB 中，名為 ntut 的資料庫及名為 accounts 的集合
            var db = client.GetDatabase("ntut") as MongoDatabaseBase;
            // Step3: 使用 db.GetCollection 取得後續會使用到的集合
            var colSchools = db.GetCollection<SchoolsDocument>("schools");
            // Step4: 使用 Builders 建立後續會使用到的運算子
            var builderAccountsFilter = Builders<SchoolsDocument>.Filter;
            var builderAccountsUpdate = Builders<SchoolsDocument>.Update;
            // Step5: 顯示執行範例的控制介面
            controlPanel();
            #region 控制介面
            void controlPanel()
            {
```

```csharp
        Console.WriteLine("---------------------------------");
        Console.WriteLine("1. 抓取網路資料 ");
        Console.WriteLine("2. 查詢目前資料數量 ");
        Console.WriteLine("3. 查詢校地面積前 10 大的學校資料 ");
        Console.WriteLine("4. 查詢校地面積指定區間的學校資料 ");
        Console.WriteLine("\n 請輸入編號 1~4，選擇要執行的功能 ");
        try
        {
            var num = int.Parse(Console.ReadLine()); // 取得輸入的編號
            Console.Clear(); // 清除 Console 顯示的內容
                            // 使用 switch 判斷編號，選擇要執行的範例
            switch (num)
            {
                case 1:
                    update();
                    break;
                case 2:
                    count();
                    break;
                case 3:
                    search_1();
                    break;
                case 4:
                    search_2();
                    break;
                default:
                    Console.WriteLine("\n 請輸入正確內容 ");// 輸入錯誤的提示
                    break;
            }
        }
        catch (Exception e)
        {
            Console.WriteLine(e); // 輸入錯誤的提示
        }
        finally
        {
            Console.WriteLine("\n\n");
            controlPanel(); // 結束後再次執行 controlPanel() 方法
        }
    }
#endregion
#region 1. 抓取網路資料
```

```
                    void update()
                    {
                    }
                    #endregion
                    #region 2.查詢目前資料數量
                    void count()
                    {
                    }
                    #endregion
                    #region 3.查詢校地面積前10大的學校資料
                    void search_1()
                    {
                    }
                    #endregion
                    #region 4.查詢校地面積指定區間的學校資料
                    void search_2()
                    {
                    }
                    #endregion
            }
        }
    }
```

STEP 02 在 update 方法內，撰寫以下程式碼來抓取網路資料，並存入資料庫中。

```
void update()
{
    Console.WriteLine("1.抓取網路資料 \n");
    // 定義要請求的 URL
    string url = "https://stats.moe.gov.tw/files/others/opendata/112area.json";
    // 建立 HttpClient
    using (HttpClient client = new HttpClient())
    {
        try
        {
            // 發送 GET 請求
            var response = client.GetAsync(url).Result;
            // 確認請求成功
            response.EnsureSuccessStatusCode();
            // 讀取回應內容
            var responseBody = response.Content.ReadAsStringAsync().Result;
            //將 JSON 轉換成物件
```

```
                var responseData = Newtonsoft.Json.JsonConvert.DeserializeObject
<List<SchoolResponse>>(responseBody);
            // 將回應結果轉換成 Document 物件
            var schoolsData = responseData.Select(e =>
            {
                var a = int.Parse(e.學年度);
                var output = new SchoolsDocument
                {
                    schoolYear = int.Parse(e.學年度),
                    schoolCode = e.學校代號,
                    schoolName = e.學校名稱,
                    educationLevel = e.教育級別,
                    campusArea = int.Parse(e.校地總面積)
                };
                return output;
            });
            // 刪除所有文件
            colSchools.DeleteMany(builderAccountsFilter.Empty);
            // 插入多個文件
            colSchools.InsertMany(schoolsData);
            // 輸出結果
            Console.WriteLine($"已匯入共 {responseData.Count} 間學校資料");
        }
        catch (HttpRequestException e)
        {
            Console.WriteLine($"Request error: {e.Message}");
        }
    }
}
```

STEP 03 在 count 方法內，撰寫以下程式碼來查詢目前資料庫中所有的資料數量。

```
void count()
{
    Console.WriteLine("2. 查詢目前資料數量 \n");
    // 使用集合的 CountDocuments 方法來計算集合中的文件數量
    var count = colSchools.CountDocuments(builderAccountsFilter.Empty);
    // 輸出目前資料數量
    Console.WriteLine($"目前資料數量：{count}");
}
```

STEP 04 在 search_1 方法內，撰寫以下程式碼。此方法透過 MongoDB 查詢方法來取得
資料庫中校地面積前 10 大的學校資料，在撰寫這段程式時，我們注意到有針對
campusArea 欄位進行 Sort 的操作，因此後續會針對此欄位來建立索引，以加速
這邊的查詢速度。

```
void search_1()
{
    Console.WriteLine("3.查詢校地面積前10大的學校資料 \n");
    // 使用集的 Find 方法來查詢所有文件，並使用 Sort 方法根據校地面積進行降序排序，最後使
用 Limit 方法限制結果數量為 10
    var top10Schools = colSchools.Find(builderAccountsFilter.Empty)
                                 .Sort(Builders<SchoolsDocument>.Sort.
Descending(s => s.campusArea))
                                 .Limit(10)
                                 .ToList();
    // 輸出查詢結果
    Console.WriteLine("校地面積前10大的學校資料:");
    foreach (var school in top10Schools)
    {
        Console.WriteLine($"學校名稱: {school.schoolName}, 校地面積: {school.
campusArea}");
    }
}
```

STEP 05 在 search_2 方法內，撰寫以下程式碼。此方法先讀取使用者輸入的校地面積最
小值和最大值，再透過 MongoDB 查詢方法來取出資料庫中校地面積大小於此輸
入區間的學校資料，與前面相同，這裡也有針對 campusArea 欄位進行 Find 的操
作，後續也會透過建立索引來加速這裡的查詢速度。

```
void search_2()
{
    Console.WriteLine("4.查詢校地面積指定區間的學校資料 \n");
    // 提示使用者輸入校地面積的最小值
    Console.WriteLine("請輸入校地面積的最小值:");
    var minArea = int.Parse(Console.ReadLine());
    // 提示使用者輸入校地面積的最大值
    Console.WriteLine("請輸入校地面積的最大值:");
    var maxArea = int.Parse(Console.ReadLine());

    // 使用集的 Find 方法來查詢校地面積在指定區間內的文件
```

```
        var schoolsInRange = colSchools.Find(builderAccountsFilter.And(
                                        builderAccountsFilter.Gte(s =>
s.campusArea, minArea),
                                        builderAccountsFilter.Lte(s =>
s.campusArea, maxArea)))
                                    .ToList();
        // 輸出查詢結果
        Console.WriteLine($" 校地面積在 {minArea} 到 {maxArea} 之間的學校資料:");
        foreach (var school in schoolsInRange)
        {
            Console.WriteLine($" 學校名稱：{school.schoolName}，校地面積：{school.
campusArea}");
        }
}
```

STEP 06 前面的步驟中，我們注意到在查詢或是排序都會用到 campusArea 的欄位，因此
我們針對此欄位建立索引，以加速查詢速度。

❶進入 students 集合。

❷點選「Indexes」，進入索引頁面。

❸點選「Create Index」，開始建立索引。

❹選擇「compusArea」欄位來建立索引，並使用「1(asc)」的方式。

❺點選「Create Index」，完成建立索引。

❻查看結果。

圖 8-47 建立索引操作示意圖

圖 8-48　建立索引操作結果圖

8.4.5　比較有無索引的查詢效率

STEP 01 開啟 Program.cs 檔，修改以下框選部分的程式碼，使用 Stopwatch 類別來計算程式片段執行時間，並透過 Console 印出顯示。

```
#region 控制介面
void controlPanel()
{
    Console.WriteLine("------------------------------");
    Console.WriteLine("1.抓取網路資料");
    Console.WriteLine("2.查詢目前資料數量");
    Console.WriteLine("3.查詢校地面積前10大的學校資料");
    Console.WriteLine("4.查詢校地面積指定區間的學校資料");
    Console.WriteLine("\n請輸入編號1~4,選擇要執行的功能");
    try
    {
        var num = int.Parse(Console.ReadLine()); //取得輸入的編號
        Console.Clear(); //清除Console顯示的內容
                         //使用switch判斷編號,選擇要執行的範例
        switch (num)
        {
            case 1:
                update();
                break;
            case 2:
                count();
                break;
            case 3:
                var stopWatch = new Stopwatch();
                stopWatch.Start();
                search_1();
                stopWatch.Stop();
                Console.WriteLine($"\n共花費{stopWatch.ElapsedMilliseconds}毫秒");
                break;
```

圖 8-49　修改程式增加計時方法示意圖

STEP 02 比較有建立索引和刪除索引後的結果。

❶執行程式後進行「3.查詢校地面積前10大的學校資料」，顯示結果花費2毫秒（已建立索引）。

❷使用MongoDB Compass進入schools集合。

❸點選「Indexes」，進入索引頁面。

❹點選「compusArea_1」索引欄位右側的「刪除」按鈕。

❺輸入「compusArea_1」後，點選「Drop」，完成刪除索引。

❻再次進行「3.查詢校地面積前10大的學校資料」，顯示結果花費4毫秒（未建立索引）。

圖8-50　已建立索引的查詢結果圖

圖8-51　刪除索引操作示意圖

圖8-52　確認刪除索引操作示意圖

❻
```
3.查詢校地面積前10大的學校資料

校地面積前10大的學校資料:
學校名稱: 私立崇華國小, 校地面積: 152200
學校名稱: 私立普台國小, 校地面積: 112551
學校名稱: 縣立布袋國小, 校地面積: 109754
學校名稱: 縣立池上國中, 校地面積: 99634
學校名稱: 縣立萬安國小, 校地面積: 93628
學校名稱: 市立建德國小, 校地面積: 89776
學校名稱: 縣立平和國中, 校地面積: 85234
學校名稱: 縣立古坑國中(小), 校地面積: 85178
學校名稱: 縣立開瑄國小, 校地面積: 82783
學校名稱: 縣立大林國小, 校地面積: 81953

共花費4毫秒
```

圖 8-53　刪除索引後的查詢結果圖

這裡的兩個結果會發現，有沒有建立索引的查詢速度只差了 2 毫秒，是因為這裡的資料量僅有 3368 筆，數量過少導致索引的作用沒辦法顯現出來，因此接下來會嘗試增加資料量再進行測試。

STEP 03 修改 Program.cs 檔案中的「1. 抓取網路資料」方法，修改以下框選部分的程式碼，使用 for 迴圈將網路取得的資料重複 1000 次的 Insert。

```
#region 1.抓取網路資料
void update()
{
    Console.WriteLine("1.抓取網路資料\n");

                省略部分程式碼

            //刪除所有文件
            colSchools.DeleteMany(builderAccountsFilter.Empty);
            //插入多個文件
            for (int i = 0; i < 1000; i++)
            {
                colSchools.InsertMany(schoolsData);
            }
            //輸出結果
            Console.WriteLine($"已匯入共 {responseData.Count * 1000} 間學校資料");
```

圖 8-54　修改程式增加資料量方法示意圖

STEP 04 增加資料量後，重複 Step2 的測試。

❶執行程式後進行「1. 抓取網路資料」，顯示匯入的資料數量達到 3368000 筆。

❷進行「3. 查詢校地面積前 10 大的學校資料」，顯示結果花費 2299 毫秒（未建立索引）。因為前面直接重複匯入相同的資料，所以圖中查詢結果都是私立崇華國小是正常的。

❸使用 MongoDB Compass 進入 schools 集合。

❹點選「Indexes」，進入索引頁面。

❺點選「Create Index」，開始建立索引。

❻選擇「compusArea」欄位來建立索引，並使用「1(asc)」的方式。

❼點選「Create Index」，完成建立索引。

❽再次進行「3.查詢校地面積前10大的學校資料」，顯示結果花費1毫秒（已建立索引）。

❷ 3.查詢校地面積前10大的學校資料

校地面積前10大的學校資料：
學校名稱：私立崇華國小，校地面積：152200
學校名稱：私立崇華國小，校地面積：152200
學校名稱：私立崇華國小，校地面積：152200
學校名稱：私立崇華國小，校地面積：152200
學校名稱：私立崇華國小，校地面積：152200
學校名稱：私立崇華國小，校地面積：152200
學校名稱：私立崇華國小，校地面積：152200
學校名稱：私立崇華國小，校地面積：152200
學校名稱：私立崇華國小，校地面積：152200
學校名稱：私立崇華國小，校地面積：152200

共花費2299毫秒

❶ 1.抓取網路資料

已匯入共 3368000 間學校資料

圖 8-55　抓取網路資料操作結果圖　　　　**圖 8-56　未建立索引時的查詢結果圖**

圖 8-57　建立索引操作示意圖

❽ 3.查詢校地面積前10大的學校資料

校地面積前10大的學校資料：
學校名稱：私立崇華國小，校地面積：152200
學校名稱：私立崇華國小，校地面積：152200
學校名稱：私立崇華國小，校地面積：152200
學校名稱：私立崇華國小，校地面積：152200
學校名稱：私立崇華國小，校地面積：152200
學校名稱：私立崇華國小，校地面積：152200
學校名稱：私立崇華國小，校地面積：152200
學校名稱：私立崇華國小，校地面積：152200
學校名稱：私立崇華國小，校地面積：152200

共花費1毫秒

圖 8-58　已建立索引時的查詢結果圖

　　此時在大量資料下搭配索引查詢，可以發現原本未建立索引的查詢需要花費2299毫秒，建立索引之後，查詢花費直接變成1毫秒，提升的速度效果非常顯著。

09

MongoDB 進階操作：聚合

學習目標

❏ 介紹 MongoDB 的聚合管線（Aggregation Pipeline）

❏ 理解如何在 MongoDB 進行 Aggregation Pipeline 操作

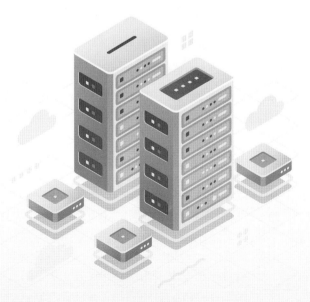

9.1 聚合管線概念

前面第 6 章學習了 MongoDB 的基本查詢聚合（Find）操作，但如果遇到較複雜的查詢，可能就需要透過多次的 Find 查詢才能取得結果。本章將說明更強大的 MongoDB 查詢功能「聚合管線」（Aggregation Pipeline），透過聚合的方式可以取代多次的 Find，並做更複雜的查詢處理。

聚合管線介紹

MongoDB 的聚合管線允許我們對資料進行複雜的轉換和分析，想像一下，它就像一條資料處理的流水線，每一個階段都對資料進行特定的操作。

聚合管線的基本概念

○ 資料流：文檔從一個集合中流入管線。

○ 階段：管線由多個階段組成，每個階段執行特定的操作。

○ 轉換：每個階段都可以修改、篩選或組合資料。

○ 結果：最後一個階段輸出最終結果。

聚合管線的優勢

○ 高效性：所有操作在資料庫端完成，減少了資料傳輸。

○ 靈活性：可以組合多種操作，實現複雜的資料轉換。

○ 可讀性：階段化的結構使複雜查詢更易理解和維護。

透過聚合管線，你可以執行諸如計算平均值、尋找最大值、對資料進行分組等操作，這些都可以在一個查詢中完成。

簡單查詢和複雜查詢的使用情境

接著，藉由以下情境來說明什麼是「簡單查詢」和「複雜查詢」，以全台灣各分區的人口資料作為範例，儲存在 MongoDB 資料庫的 people 集合。每一筆的人口資料有編號（_id）、城市（city）、分區（district）、性別（sex）欄位，儲存的資料示意如下：

```
[
    { "_id":"A123456789", "city": "台北市", "district": "信義", "sex": "男"},
    { "_id":"A123456790", "city": "台北市", "district": "信義", "sex": "男"},
    { "_id":"A223456789", "city": "台北市", "district": "松山", "sex": "女"},
    { "_id":"A223456790", "city": "台北市", "district": "松山", "sex": "女"},
                    // 中間資料省略 //
    { "_id":"C123456789", "city": "台中市", "district": "沙鹿", "sex": "男"},
    { "_id":"C223456789", "city": "台中市", "district": "沙鹿", "sex": "女"},
    { "_id":"F223456789", "city": "高雄市", "district": "左營", "sex": "女"},
    { "_id":"F223456790", "city": "高雄市", "district": "左營", "sex": "女"}
]
```

我們可透過以下的查詢語法得知「人口資料中的總人數」：

```
db.collection.countDocuments()
```

當資料庫的資料無法直接得知答案時，就需要執行多次的查詢，例如：「人口資料中男女的總人數」，就需要使用以下語法進行兩次查詢，取得結果後再自行計算，才能得知答案。

```
db.collection.countDocuments({sex:"男"}) // 計算男生人數
db.collection.countDocuments({sex:"女"}) // 計算女生人數
```

從前面的「人口資料中的總人數」和「人口資料中男女的總人數」問題，根據查詢次數，可以分成「執行一次查詢」與「執行多次查詢」的查詢方式，而執行一次查詢，就可以取得結果的方式，我們稱為「簡單查詢」；相反的，執行多次查詢後，才可取得結果的方式，我們稱為「複雜查詢」。

簡單查詢（執行一次查詢）

○ 人口的總數，查詢語法如下：

```
db.people.countDocuments({}) // count 方法計算資料總數
```

○ 有多少人住在台北市，查詢語法如下：

```
db.people.countDocuments({city:"台北市"}) // 篩選台北市並透過 count 方法計算資料總數
```

○ 有多少男生住在台北市，查詢語法如下：

```
db.people.countDocuments({city:"台北市",sex:"男"}) // 篩選台北市且性別為男生的資料，並透過 count 方法計算資料總數
```

複雜查詢（執行多次查詢）

台北市信義區男生人數和台北市松山區女生人數的總和，需查詢兩次，查詢語法如下：

```
// Query 1：篩選台北市信義區且性別為男生的資料，並透過 count 方法計算資料總數
db.people.countDocuments({city:"台北市",district:"信義",sex:"男"})
// Query 2：篩選台北市松山區且性別為女生的資料，並透過 count 方法計算資料總數
db.people.countDocuments({city:"台北市",district:"松山",sex:"女"})
```

每一個城市分區的男與女「分別有多少人」。目前臺灣共有 358 個鄉鎮市區，如 24 個山地鄉、115 個鄉、35 個鎮、164 個區、14 個縣轄市和 6 個直轄市。由於此問題的查詢方式過於複雜，後續我們針對此問題使用三種查詢方式，來取得此問題的答案，藉此來比較三種查詢方式的優點與缺點。

9.1.1 取得所有人口資料後，使用者自行計算

○ 優點：取得的資料為原始資料，所以非常完整。

○ 缺點：取得所有資料時，MongoDB 資料庫需耗費大量的資源將資料傳輸給使用者，如果傳輸的資料中，有一筆資料超過 16MB（即文件大小上限），會造成查詢失敗。此外，使用者需使用相對的暫存記憶體來儲存資料庫回傳的資料，並進行統計以得知結果。

以下透過 MongoDB Shell 的 JavaScript 語法來統計資料：

```
01    use taiwan;
02    var data = db.people.find({}).toArray();
03    var result={};
04    for(i=0;i<data.length;i++){
05        var doc = data[i];
06        if(result[doc.district]==undefined){
07            result[doc.district]={male:0,female:0};
08        }
09        if(doc.sex=="男")
10        {
11            result[doc.district]['male']+=1;
12        }else{
13            result[doc.district]['female']+=1;
14        }
15    }
16    console.log(result)
```

第 01 行：將 db 資料庫指定為 taiwan。

第 02 行：從 taiwan 資料庫的 people 集合取得所有資料，並存為 data。

第 03 行：建立一個統計的變數物件 result。

第 04 行：建立一個 for loop 迴圈，執行的次數為資料的長度。

第 05 行：透過指定 data 陣列的第 i 個元素位置取得 data 的資料，並存為 doc。

第 06 行：判斷統計變數 result 的分區（doc.district）的值是否為 undefined，若是 undefined，則建立一個初始的統計欄位為男（male）與女（female）的物件。

第 09 行：判斷 doc 的性別欄位（sex）是否為男生。

第 11 行：如果性別是男生，將統計資料的分區（doc.district）的值內部的 male 欄位的值加 1。另一種表示方式為 result.<分區>.male+=1。其中分區是根據 doc 的 district 值。

第 13 行：如果性別不是男生，將統計資料的分區（doc.district）的值內部的 female 欄位的值加 1。另一種表示方式為 result.<分區>.female+=1。其中分區是根據 doc 的 district 值。

第 16 行：將 result 的結果印出。

以下顯示 result 的結果：

```
{
        "信義" : {
                "male" : 2,
                "female" : 0
        },
        "松山" : {
                "male" : 0,
                "female" : 2
        },
        "沙鹿" : {
                "male" : 1,
                "female" : 1
        },
        "左營" : {
                "male" : 0,
                "female" : 2
        }
}
```

9.1.2　多次查詢取得分區與性別條件篩選後的使用者資料並計算

○ 優點：減少 MongoDB 在傳輸資料所耗費的資源與使用者所需要的暫存記憶體。

○ 缺點：需要先知道有哪些分區，才能進行資料篩選與計算。

　　此方式最多要進行 328 次的查詢。查詢次數的計算方式為「分區數 164」乘以「性別數 2」。

```
// Query 1
db.people.countDocuments({district:"信義",sex:"男"}) // 篩選信義區且性別為男生的
資料並透過 count 方法計算資料總數
// Query 2
db.people.countDocuments({district:"信義",sex:"女"}) // 篩選信義區且性別為女生的
資料並透過 count 方法計算資料總數
... 中間省略
// Query 383
db.people.countDocuments({district:"恆春",sex:"男"}) // 篩選恆春區且性別為男生的
資料並透過 count 方法計算資料總數
// Query 384
db.people.countDocuments({district:"恆春",sex:"女"}) // 篩選恆春區且性別為女生的
資料並透過 count 方法計算資料總數
```

9.1.3　透過聚合管線在資料庫內進行資料分組與統計

○ 優點：與第一種查詢方式相比，不需要傳輸所有的原始資料，只傳輸統計結果，因此可節省非常多的資源；與第二種查詢方式相比，分區資料可以自動建立，使用者不需要知道有多少個分區，因此大幅減少查詢次數，只需查詢一次並統計，即可得知結果。

○ 缺點：無法取得原始資料。

🔷 聚合操作步驟

　　使用聚合操作（Aggregation Operation）分成「定義問題」與「聚合過程」兩個步驟，以上述第三種查詢方式作為範例，我們使用聚合操作來查詢「每一個城市分區的男與女分別有多少人」。

❑ 定義問題

　　「每一個城市分區」代表統計結果需要以每一個城市分區來區隔，而「男與女分別有多少人」代表一個城市分區需要有兩個欄位，來儲存分區內的男與女的人數。

❑ 聚合過程（或稱為「資料處理過程」）

　　資料處理過程大致分成篩選、分組、計算與結果。

○ 篩選：資料庫儲存的資料都是人口資料，且此範例的問題並沒有限定男女或指定區域，因此不需要進行資料的篩選。

○ 分組：篩選後的每一筆資料有編號（_id）、城市（city）、分區（district）、性別（sex）欄位，因為要以每一個城市分區來區隔，所以使用「分區」欄位作為分組（Group）的標準，並用 _id 欄位表示分組後的名稱，最後將相同分區（district）的資料放入 data 陣列內，資料經過分組後的結果如下。

第一組「信義」：

```
{    _id:"信義",
   data:[
   { _id:"A123456789",city: "台北市",district: "信義", sex: "男"},
   { _id:"A123456790",city: "台北市",district: "信義", sex: "男"}
   ]
}
```

第二組「松山」：

```
{
       _id:"松山",
       data:[
           { _id:"A223456789",city: "台北市",district: "松山", sex: "女"},
           { _id:"A223456790",city: "台北市",district: "松山", sex: "女"}
       ]
}
```

第三組「沙鹿」：

```
{
       _id:"沙鹿",
       data:[
           { _id:"C123456789",city: "台中市",district: "沙鹿", sex: "男"},
           { _id:"C223456789",city: "台中市",district: "沙鹿", sex: "女"}
       ]
}
```

第四組「左營」：

```
{
        _id:"左營",
        data:[
            { _id:"F223456789",city: "高雄市",district: "左營", sex: "女"},
            { _id:"F223456790",city: "高雄市",district: "左營", sex: "女"}
        ]
}
```

其他沒有顯示的組別資料，依照上述邏輯類推。

○ 計算：統計時依據儲存在 data 陣列內的性別（sex）欄位進行人數計算，將人數結果儲存在各個分區的男（male）與女（female）欄位，資料經過計算後的結果如下。

第一組「信義」：

```
{_id: "信義", male: 2, female:0}
```

第二組「松山」：

```
{_id: "松山", male: 0, female:2}}
```

第三組「沙鹿」：

```
{_id: "沙鹿", male: 1, female:1}}
```

第四組「左營」：

```
{_id: "左營", male: 0, female:2}}
```

其他沒有顯示的組別資料，依照上述邏輯類推。

○ 結果：最後 MongoDB 會輸出計算的結果給使用者，我們就能知道各個分區的男與女分別有多少人。

聚合操作方法

MongoDB 提供的聚合操作（Aggregation Operation）也可稱為「聚合管線」（Aggregation Pipeline），aggregate() 使用官方提供的管線操作（Pipeline Operation），如 $group（分群）、$match（符合的資料）、$project（欄位篩選）、$sort（資料排序）等超過 30 種管線操作，且資料處理的管線數量可以自訂，並搭配 104 個運算子（Operators）。在 aggregate() 的某

些管線操作中，MongoDB 會自動使用已建立的索引（Indexes）提升效能，且 MongoDB 遇到特定的管線組合時，會進行內部優化。

♬ 延伸學習

❏ Aggregation Pipeline 的詳細操作，請參考：URL https://www.mongodb.com/docs/manual/ reference/operator/aggregation。

❏ Aggregate 管線組合優化，請參考：URL https://www.mongodb.com/docs/manual/core/ aggregation-pipeline-optimization。

9.2 聚合運算子

MongoDB 提供聚合管線（Aggregation Pipeline）的框架，以管線的概念來處理大量資料的內容，並轉換為有用的聚合結果（Aggregated Results）。aggregate() 的語法如下，其中 <pipeline> 為聚合運算子，常用的聚合運算子說明如表 9-1 所示，後續會介紹聚合運算子的使用方法。

```
db.collection.aggregate(
    [<pipeline 1>, <pipeline 2>, ...],
    {<options>}
)
```

表 9-1　常用聚合運算子

聚合運算子	說明
$match	篩選文件，以符合指定的條件。
$group	根據指定的欄位分組，並可對每組資料進行聚合操作。
$project	用於指定回傳文件中顯示的欄位。
$limit	限制聚合結果的數量 。
$skip	跳過指定數量的文檔 。
$geoNear	根據地理位置來輸出排序後的文件 。
$lookup	進行左連接（left join），從另一個集合中合併資料。

♬ 延伸學習

❏ 更多管線操作，請參考：URL https://www.mongodb.com/docs/manual/reference/operator/ aggregation-pipeline。

聚合管線使用方法

　　以某餐廳業者的顧客資料作為範例，儲存在 MongoDB 資料庫的 customers 集合。每一筆的顧客資料有城市（city）、分區（district）與年齡（age）欄位。業者想知道來自台北市各個分區的消費者的年齡總和，我們可使用 aggregate() 進行統計，最後預期的結果如圖 9-1 所示。

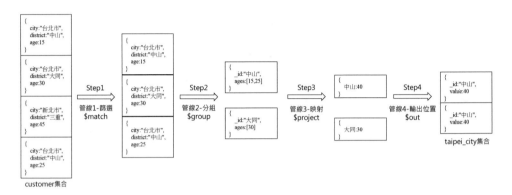

圖 9-1　aggregate 流程示意圖

　　此範例的 Aggregation Pipeline 分為四個階段：① $match 篩選；② $group 分組；③ $project 映射；④ $out 輸出。藉由各個階段的名稱，就能大致瞭解資料的變化。

STEP 01 匯入資料。

❶建立 customers 集合，並進入集合。

❷點選「ADD DATA」中的「Insert document」。

❸在視窗中輸入消費者資料「[9-1] 某餐飲業消費者基本資訊 .txt」內容（檔案網址： URL https://github.com/taipeitechmmslab/MMSLAB-MongoDB/tree/master/Ch-9）。

```
[
    { "city": "台北市","district": "北投", "age": 25 },
    { "city": "台北市","district": "士林", "age": 20 },
    { "city": "台北市","district": "士林", "age": 30 },
    { "city": "台北市","district": "大同", "age": 30 },
    { "city": "台北市","district": "大同", "age": 40 },
    { "city": "台北市","district": "大同", "age": 50 },
    { "city": "台北市","district": "中山", "age": 15 },
    { "city": "台北市","district": "中山", "age": 25 },
    { "city": "台北市","district": "松山", "age": 18 },
```

```
    { "city": "台北市","district": "松山", "age": 22 },
    { "city": "台北市","district": "松山", "age": 35 },
    { "city": "台北市","district": "松山", "age": 45 },
    { "city": "新北市","district": "板橋", "age": 22 },
    { "city": "新北市","district": "三重", "age": 45 },
    { "city": "新北市","district": "中和", "age": 50 },
    { "city": "新北市","district": "永和", "age": 34 },
    { "city": "新北市","district": "新莊", "age": 45 },
    { "city": "新北市","district": "新店", "age": 14 },
    { "city": "新北市","district": "土城", "age": 47 },
    { "city": "新北市","district": "蘆洲", "age": 24 },
    { "city": "新北市","district": "汐止", "age": 35 },
    { "city": "新北市","district": "樹林", "age": 29 },
    { "city": "新北市","district": "淡水", "age": 43 },
    { "city": "新北市","district": "鶯歌", "age": 24 }
]
```

❹點選「Insert」按鈕來完成新增的動作。

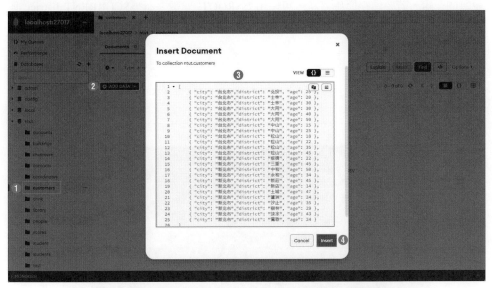

圖 9-2　匯入資料操作圖（[9-1] 某餐飲業消費者基本資訊 .txt）

ST EP 02 管線 1：篩選 $match。

　　對集合內的資料進行篩選或排序。在此情境中，針對 customers 集合篩選出 city 欄位為
台北市的資料。

```
db.customers.aggregate([
    {$match:{city:"台北市"}}
])
```

STEP 03 管線 2：分組 $group。

對篩選後的資料分組。在此情境中，針對 district 欄位進行分群，並以「_id」欄位作為群組名稱，被分在同群組的資料的 age 值，利用 $push 儲存到「ages」陣列的最後一個。如果要使用目前被處理的資料的欄位數值，可對欄位加上「$」符號，並以雙引號「"」包覆。

```
db.customers.aggregate([
    {$match:{city:"台北市"}},
    {$group:{_id:"$district",ages:{$push:"$age"}}}
])
```

其中，如果在 $group 將「_id」欄位設為固定值（例如：1），則所有經過處理的資料皆視為同一組。若要儲存原始資料，可使用 "$$ROOT" 變數，而 "$$CURRENT.district" 與上述的 "$district" 相同。

> 🎵 延伸學習
>
> ❏ 更多變數使用，請參考：URL https://www.mongodb.com/docs/manual/reference/aggregation-variables。

```
>_MONGOSH
> db.customers.aggregate([
    {$match:{city:"台北市"}},
    {$group:{_id:"$district",ages:{$push:"$$ROOT"}}}
  ])
< {
    _id: '北投',
    ages: [
      {
        _id: ObjectId('6674faa3e4be216c4ab502b8'),
        city: '台北市',
        district: '北投',
        age: 25
      }
    ]
  }
```

圖 9-3　使用 $$ROOT 變數的結果圖

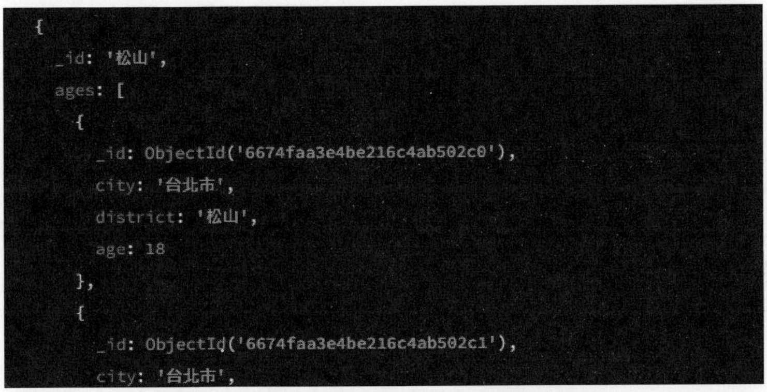

圖 9-3 使用 \$\$ROOT 變數的結果圖（續）

ST 04 管線 3：映射 \$project。

對欄位進行計算後重新輸出（映射）到某個欄位。在此情境中，我們將「ages」陣列進行 \$sum 加總後，儲存至「value」欄位，並保留「_id」欄位。

```
db.customers.aggregate([
    {$match:{city:"台北市"}},
    {$group:{_id:"$district",ages:{$push:"$age"}}},
    {$project:{_id:1,value:{$sum:"$ages"}}}
])
```

ST 05 管線 4：輸出位置 \$out。

輸出資料至集合。在此情境中，我們將資料儲存到 taipei_city 集合，即完成所有管線的資料處理。

```
db.customers.aggregate([
    {$match:{city:"台北市"}},
    {$group:{_id:"$district",ages:{$push:"$age"}}},
    {$project:{_id:1,value:{$avg:"$ages"}}},
    {$out:"taipei_city"}
])
```

STEP 06 執行結果。

圖 9-4　儲存在 taipei_city 集合的資料示意圖

額外練習

❏ 將管線數量減少並輸出相同的結果。我們可以將 $group 與 $project 做結合，並輸出相同的資料結果。

```
db.customers.aggregate([
    {$match:{city:"台北市"}},
    {$group:{_id:"$district",value:{$avg:"$age"}}}
])
```

❏ 使用 aggregate() 計算平均年齡與人數，並得到與前面相同的資料結果。

```
db.customers.aggregate([
    {$match:{city:"台北市"}},
    {$group:{_id:"$district",avgAge:{$avg:"$age"},count:{$sum:1}}}
])
```

9.3　使用範例

範例 9-1　計算 107 年全台灣的出生與死亡人數、結婚與離婚對數

以開放式資料的各村（里）戶籍人口資料作為範例，儲存在 MongoDB 資料庫的 people 集合。每一筆的戶籍人口資料欄位，如表 9-2 所示。

表 9-2　人口資料欄位說明

欄位	說明
statistic_yyymm	統計年月。
district_code	區域別代碼。
site_id	區域別。
village	村里。
birth_total	出生數。
birth_total_m	出生數 - 男。
birth_total_f	出生數 - 女。
death_total	死亡數。
death_m	死亡數 - 男。
death_f	死亡數 - 女。
marry_pair	結婚對數。
divorce_pair	離婚對數。

STEP 01　匯入資料。

❶前往政府資料開放平台，網址：URL https://data.gov.tw/dataset/77140。尋找「各村（里）戶籍人口統計月報表」資料集，下載 107 年 1 月至 12 月各村（里）戶籍人口統計月報表的 csv 檔案（檔案網址：URL https://github.com/taipeitechmmslab/MMSLAB-MongoDB/tree/master/Ch-9）。

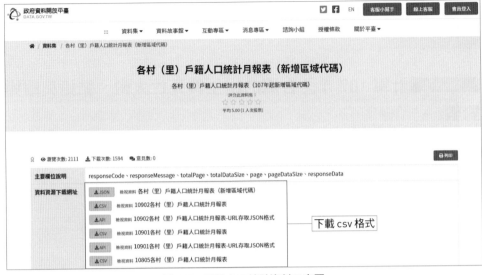

圖 9-5　下載人口統計資料示意圖

❷將下載完成的檔案命名，並存放於相同位置。本範例存放於「D:\taiwan-people」。

圖 9-6　範例 9-1 檔案操作示意圖

❸開啟命令提示字元「cmd」。

❹依序輸入以下指令，以藉由 mongoimport 工具匯入資料到資料庫。--db taiwan -c people
表示將資料匯入「taiwan」資料庫的「people」集合、--type csv 表示匯入的檔案類型
為 csv 格式、--headerline 表示 csv 的第一行為資料欄位、--file 指定檔案的位置為「D:\
taiwan-people\<所有下載的檔案>.csv」。

```
mongoimport --db taiwan -c people --type csv --headerline --file "d:/taiwan-
people/opendata10701M010.csv"

mongoimport --db taiwan -c people --type csv --headerline --file "d:/taiwan-
people/opendata10702M010.csv"

mongoimport --db taiwan -c people --type csv --headerline --file "d:/taiwan-
people/opendata10703M010.csv"

mongoimport --db taiwan -c people --type csv --headerline --file "d:/taiwan-
people/opendata10704M010.csv"

mongoimport --db taiwan -c people --type csv --headerline --file "d:/taiwan-
people/opendata10705M010.csv"

mongoimport --db taiwan -c people --type csv --headerline --file "d:/taiwan-
people/opendata10706M010.csv"

mongoimport --db taiwan -c people --type csv --headerline --file "d:/taiwan-
people/opendata10707M010.csv"

mongoimport --db taiwan -c people --type csv --headerline --file "d:/taiwan-
people/opendata10708M010.csv"

mongoimport --db taiwan -c people --type csv --headerline --file "d:/taiwan-
people/opendata10709M010.csv"

mongoimport --db taiwan -c people --type csv --headerline --file "d:/taiwan-
people/opendata10710M010.csv"

mongoimport --db taiwan -c people --type csv --headerline --file "d:/taiwan-
people/opendata10711M010.csv"

mongoimport --db taiwan -c people --type csv --headerline --file "d:/taiwan-
people/opendata10712M010.csv"
```

圖 9-7　範例 9-1 操作示意圖

STEP 02 檢查匯入結果。

　　我們會發現檔案內的說明文字也一併被匯入，但不移除說明文字，並不會影響後續的計算。

圖 9-8　範例 9-1 成功匯入資料示意圖

> 延伸學習　我們可透過輸入「db.people.deleteMany({village:" 村里 "})」來移除 csv 檔案中的
標題欄位，會有 12 筆資料被移除，記得要先用「use taiwan」切換到目前資料庫。

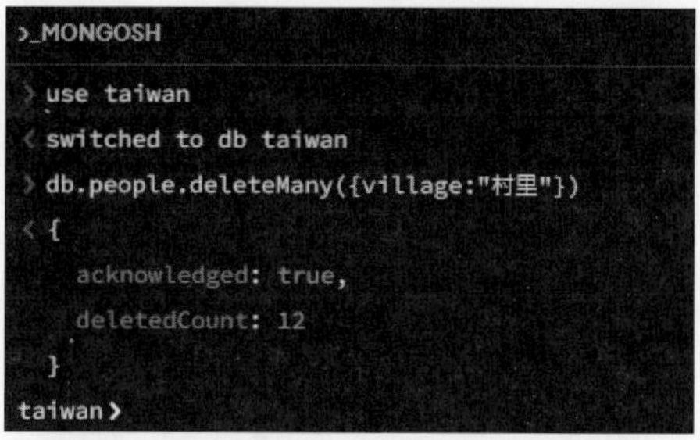

```
>_MONGOSH

> use taiwan

< switched to db taiwan

> db.people.deleteMany({village:"村里"})

< {
    acknowledged: true,
    deletedCount: 12
  }

taiwan >
```

圖 9-9　移除說明文字資料的操作示意圖

STEP 03 相關指令：

○ $group 管線階段操作（Pipeline Stages）

```
{ $group: { _id: <expression>, <field1>: { <accumulator1> : <expression1> }, ... } }
```

○ $sum 管線操作子（Pipeline Operator）

```
{ $sum: <expression> }
```

○ <Expression>

　　Expression 可以輸入資料變數（例如："$user.name"）、系統變數（例如：ROOT、
CURRENT）等型態資料。Expression 物件 {<field1>:<expression1>, ...} 可使用各式各樣
的組合進行複雜運算，只要符合管線操作子（Pipeline Operator）的資料格式即可。

> 延伸學習

❏ 相關定義，請參考：[URL] https://www.mongodb.com/docs/manual/reference/aggregation/
#expressions。

STEP 04 執行操作與結果。

❶展開「>_MONGODB」。

❷輸入「use taiwan」，切換到目前資料庫。

❸在 Shell 中輸入：

```
db.people.aggregate(
    [
```

```
{
    $group:{
        _id:"result-9-2",
        birth:{$sum:"$birth_total"},
        death:{$sum:"$death_total"},
        marry:{$sum:"$marry_pair"},
        divorce:{$sum:"$divorce_pair"}
    }
}
]
)
```

此範例的結果只需要輸出一筆全台灣的統計資料，因此使用 $group 分組時，將 _id 指定為 result-9-2 的固定數值，使得每筆資料都會被分配至 _id 為 result-9-2 的文件中，在分組的同時，使用 $sum 進行個別資料的加總。

❹執行結果：107 年資料結果為出生 181,601 人與死亡 172,784 人、結婚 135,404 對與離婚54,443 對。

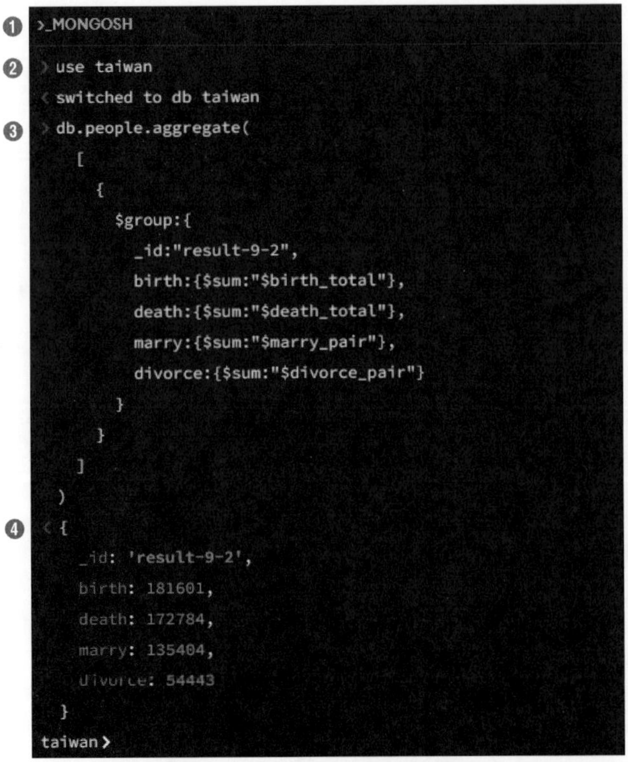

```
❶ >_MONGOSH
❷ > use taiwan
  < switched to db taiwan
❸ > db.people.aggregate(
    [
        {
            $group:{
                _id:"result-9-2",
                birth:{$sum:"$birth_total"},
                death:{$sum:"$death_total"},
                marry:{$sum:"$marry_pair"},
                divorce:{$sum:"$divorce_pair"}
            }
        }
    ]
  )
❹ < {
        _id: 'result-9-2',
        birth: 181601,
        death: 172784,
        marry: 135404,
        divorce: 54443
    }
  taiwan >
```

圖 9-10　範例 9-1 操作結果圖

✎ 額外練習

❏ 計算 107 年出生人數為前三的城市。

```
db.people.aggregate(
    [
        {
            $group:{
                _id:{$substrCP:["$site_id",0,3]},
                birth:{$sum:"$birth_total"},
                death:{$sum:"$death_total"}
            }
        },
        {
            $sort:{
                birth:-1
            }
        },
        {
            $limit:3
        }
    ]
)
```

❏ 計算 107 年出生總數與死亡總數相差最大的前三城市。

```
db.people.aggregate(
    [
        {
            $group:{
                _id:{$substrCP:["$site_id",0,3]},
                birth:{$sum:"$birth_total"},
                death:{$sum:"$death_total"}
            }
        },
        {
            $project:{
                _id:1,
                diff:{$subtract:["$birth","$death"]}
            }
        },
        {
            $sort:{
```

```
                diff:1
            }
        },
        {
            $limit:3
        }
    ]
)
```

範例 9-2 計算來自台北市各個分區之消費者的總人數與平均年齡

此範例將使用 MongoDB Compass 圖形化的聚合管線工具進行操作，以某餐廳業者的顧客資料作為範例，儲存在 MongoDB 資料庫的 customers 集合。每一筆的顧客資料有城市（city）、分區（district）與年齡（age）欄位。

我們需要查詢台北市的消費者，並以分區（district）作為分群標準，將每一個行政分區的資料進行人數加總與年齡的平均計算。

STEP 01 匯入資料（若在 9.2 小節已匯入過，則跳過此步驟）。

❶建立 customers 集合，並進入集合。

❷點選「ADD DATA」中的「Insert document」。

❸在視窗中輸入消費者資料「[9-1] 某餐飲業消費者基本資訊 .txt」內容（檔案網址：[URL]
https://github.com/taipeitechmmslab/MMSLAB-MongoDB/tree/master/Ch-9）。

```
[
    { "city": "台北市","district": "北投", "age": 25 },
    { "city": "台北市","district": "士林", "age": 20 },
    { "city": "台北市","district": "士林", "age": 30 },
    { "city": "台北市","district": "大同", "age": 30 },
    { "city": "台北市","district": "大同", "age": 40 },
    { "city": "台北市","district": "大同", "age": 50 },
    { "city": "台北市","district": "中山", "age": 15 },
    { "city": "台北市","district": "中山", "age": 25 },
    { "city": "台北市","district": "松山", "age": 18 },
    { "city": "台北市","district": "松山", "age": 22 },
    { "city": "台北市","district": "松山", "age": 35 },
    { "city": "台北市","district": "松山", "age": 45 },
```

```
        { "city": "新北市","district": "板橋", "age": 22 },
        { "city": "新北市","district": "三重", "age": 45 },
        { "city": "新北市","district": "中和", "age": 50 },
        { "city": "新北市","district": "永和", "age": 34 },
        { "city": "新北市","district": "新莊", "age": 45 },
        { "city": "新北市","district": "新店", "age": 14 },
        { "city": "新北市","district": "土城", "age": 47 },
        { "city": "新北市","district": "蘆洲", "age": 24 },
        { "city": "新北市","district": "汐止", "age": 35 },
        { "city": "新北市","district": "樹林", "age": 29 },
        { "city": "新北市","district": "淡水", "age": 43 },
        { "city": "新北市","district": "鶯歌", "age": 24 }
    ]
```

❹點選「Insert」按鈕來完成新增的動作。

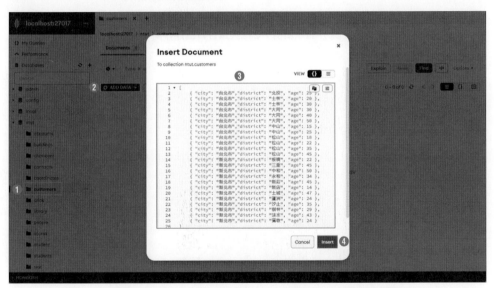

圖 9-11　範例 9-2 的匯入資料操作圖（[9-1] 某餐飲業消費者基本資訊 .txt）

ST EP 02 進行聚合操作頁面。

❶進入 customers 集合。

❷點選「Aggregations」。

❸查看聚合操作頁面。

圖 9-12 範例 9-2 進入聚合頁面操作圖

STEP 03 新增 $match 管線。

❶點選「Add Stage」按鈕，新增一個聚合管線。

❷在 Stage 1 的類型中選擇「$match」。

❸輸入聚合指令：

```
{
    city: "台北市"
}
```

❹查看結果，最多僅顯示隨機 10 個結果。

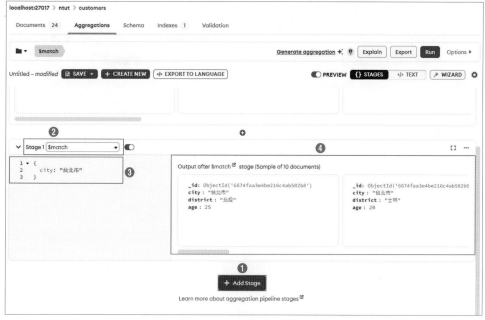

圖 9-13　範例 9-2 新增 $match 管線操作圖

ST EP 04 新增 $group 管線。

❶點選「Add Stage」按鈕，新增一個聚合管線。

❷在 Stage 2 的類型中選擇「$group」。

❸輸入聚合指令：

```
{
  _id: "$district",
  count: {$sum: 1},
  avgAge: {$avg: "$age"}
}
```

❹查看結果。

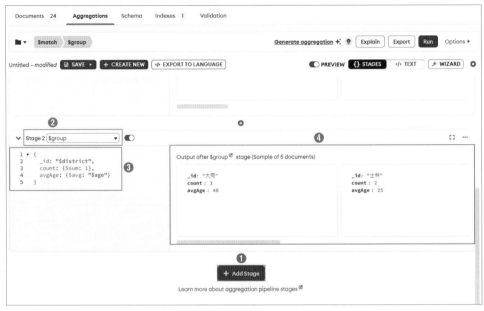

圖 9-14　範例 9-2 新增 $group 管線操作圖

STEP 05 進行聚合操作。

❶點選「Run」按鈕，進行聚合操作。

❷查看聚合結果。

❸點選「Edit」按鈕，可以回到前面重新更改聚合操作指令。

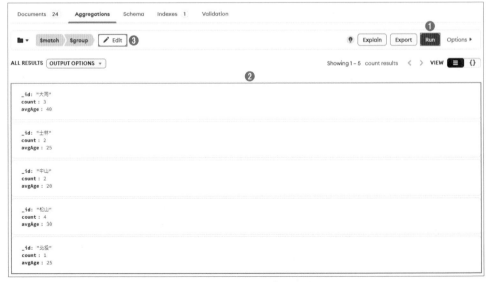

圖 9-15　範例 9-2 聚合操作結果圖

9.4 實戰演練：資料統計系統

本章學到了 MongoDB 中進階的聚合管線查詢方法，本範例將實作一個資料統計系統，以 C# 程式語言搭配 Visual Studio 2022 整合開發環境來實作，資料庫的資料會以 MongoDB Compass 匯入，使用 MongoDB Driver 與資料庫進行連線，並使用 C# 中的 MongoDB 聚合語法來處理資料，而訊息的輸入與輸出會以 Console 介面作為顯示。

⭘ 安裝 MongoDB Driver 套件。

⭘ 建立 CustomersDocument.cs 檔，以定義 customers 集合內的文件結構。

⭘ 建立 PeopleDocument.cs 檔，以定義 people 集合內的文件結構。

⭘ 使用 Aggregation Pipeline 實作功能一與功能二。

圖 9-16　輸入編號以選擇執行範例

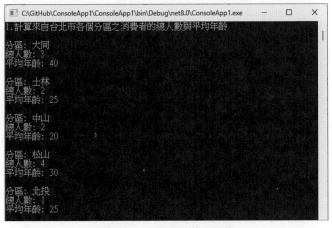

圖 9-17　功能一的執行結果

圖 9-18　功能二的執行結果

9.4.1 匯入資料

STEP 01 匯入 customers 集合資料（若在範例 9-2 已匯入過，則跳過此步驟）。

❶建立 customers 集合，並進入集合。

❷點選「ADD DATA」中的「Insert document」。

❸在視窗中輸入消費者資料「[9-1] 某餐飲業消費者基本資訊 .txt」內容（檔案網址： URL
https://github.com/taipeitechmmslab/MMSLAB-MongoDB/tree/master/Ch-9）。

```
[
    { "city": "台北市","district": "北投", "age": 25 },
    { "city": "台北市","district": "士林", "age": 20 },
    { "city": "台北市","district": "士林", "age": 30 },
    { "city": "台北市","district": "大同", "age": 30 },
    { "city": "台北市","district": "大同", "age": 40 },
    { "city": "台北市","district": "大同", "age": 50 },
    { "city": "台北市","district": "中山", "age": 15 },
    { "city": "台北市","district": "中山", "age": 25 },
    { "city": "台北市","district": "松山", "age": 18 },
    { "city": "台北市","district": "松山", "age": 22 },
    { "city": "台北市","district": "松山", "age": 35 },
    { "city": "台北市","district": "松山", "age": 45 },
    { "city": "新北市","district": "板橋", "age": 22 },
    { "city": "新北市","district": "三重", "age": 45 },
    { "city": "新北市","district": "中和", "age": 50 },
    { "city": "新北市","district": "永和", "age": 34 },
    { "city": "新北市","district": "新莊", "age": 45 },
    { "city": "新北市","district": "新店", "age": 14 },
    { "city": "新北市","district": "土城", "age": 47 },
    { "city": "新北市","district": "蘆洲", "age": 24 },
    { "city": "新北市","district": "汐止", "age": 35 },
    { "city": "新北市","district": "樹林", "age": 29 },
    { "city": "新北市","district": "淡水", "age": 43 },
    { "city": "新北市","district": "鶯歌", "age": 24 }
]
```

❹點選「Insert」按鈕來完成新增的動作。

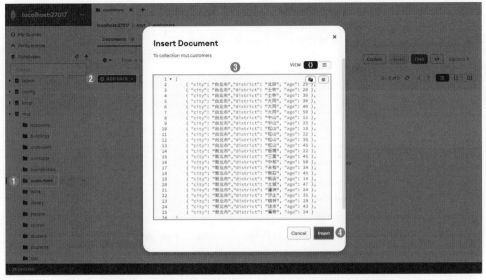

圖 9-19　範例 9-1 的匯入資料操作圖（[9-1] 某餐飲業消費者基本資訊 .txt）

STEP 02 匯入 people 集合資料（若在範例 9-1 已匯入過，則跳過此步驟）。

❶前往政府資料開放平台，網址：URL https://data.gov.tw/dataset/77140。尋找「各村（里）戶籍人口統計月報表」資料集，下載 107 年 1 月至 12 月各村（里）戶籍人口統計月報表的 csv 檔案（檔案網址：URL https://github.com/taipeitechmmslab/MMSLAB-MongoDB/tree/master/Ch-9）。

圖 9-20　下載人口統計資料示意圖

❷將下載完成的檔案命名，並存放於相同位置。本範例存放於「D:\taiwan-people」。

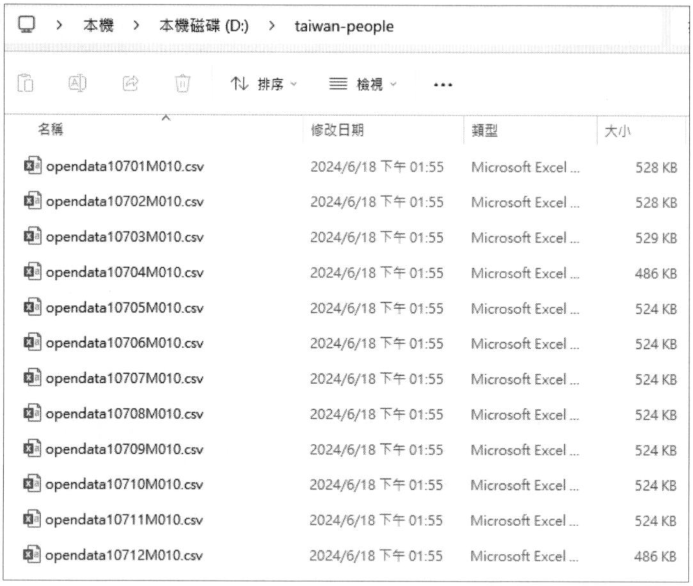

名稱	修改日期	類型	大小
opendata10701M010.csv	2024/6/18 下午 01:55	Microsoft Excel ...	528 KB
opendata10702M010.csv	2024/6/18 下午 01:55	Microsoft Excel ...	528 KB
opendata10703M010.csv	2024/6/18 下午 01:55	Microsoft Excel ...	529 KB
opendata10704M010.csv	2024/6/18 下午 01:55	Microsoft Excel ...	486 KB
opendata10705M010.csv	2024/6/18 下午 01:55	Microsoft Excel ...	524 KB
opendata10706M010.csv	2024/6/18 下午 01:55	Microsoft Excel ...	524 KB
opendata10707M010.csv	2024/6/18 下午 01:55	Microsoft Excel ...	524 KB
opendata10708M010.csv	2024/6/18 下午 01:55	Microsoft Excel ...	524 KB
opendata10709M010.csv	2024/6/18 下午 01:55	Microsoft Excel ...	524 KB
opendata10710M010.csv	2024/6/18 下午 01:55	Microsoft Excel ...	524 KB
opendata10711M010.csv	2024/6/18 下午 01:55	Microsoft Excel ...	524 KB
opendata10712M010.csv	2024/6/18 下午 01:55	Microsoft Excel ...	486 KB

圖 9-21　範例 9-2 檔案操作示意圖

❸開啟命令提示字元「cmd」。

❹依序輸入以下指令，以藉由 mongoimport 工具匯入資料到資料庫。--db taiwan -c people
表示將資料匯入「taiwan」資料庫的「people」集合、--type csv 表示匯入的檔案類型
為 csv 格式、--headerline 表示 csv 的第一行為資料欄位、--file 指定檔案的位置為「D:\
taiwan-people\< 所有下載的檔案 >.csv」。

```
mongoimport --db taiwan -c people --type csv --headerline --file "d:/taiwan-
people/opendata10701M010.csv"

mongoimport --db taiwan -c people --type csv --headerline --file "d:/taiwan-
people/opendata10702M010.csv"

mongoimport --db taiwan -c people --type csv --headerline --file "d:/taiwan-
people/opendata10703M010.csv"

mongoimport --db taiwan -c people --type csv --headerline --file "d:/taiwan-
people/opendata10704M010.csv"

mongoimport --db taiwan -c people --type csv --headerline --file "d:/taiwan-
people/opendata10705M010.csv"

mongoimport --db taiwan -c people --type csv --headerline --file "d:/taiwan-
people/opendata10706M010.csv"

mongoimport --db taiwan -c people --type csv --headerline --file "d:/taiwan-
people/opendata10707M010.csv"
```

```
mongoimport --db taiwan -c people --type csv --headerline --file "d:/taiwan-
people/opendata10708M010.csv"
mongoimport --db taiwan -c people --type csv --headerline --file "d:/taiwan-
people/opendata10709M010.csv"
mongoimport --db taiwan -c people --type csv --headerline --file "d:/taiwan-
people/opendata10710M010.csv"
mongoimport --db taiwan -c people --type csv --headerline --file "d:/taiwan-
people/opendata10711M010.csv"
mongoimport --db taiwan -c people --type csv --headerline --file "d:/taiwan-
people/opendata10712M010.csv"
```

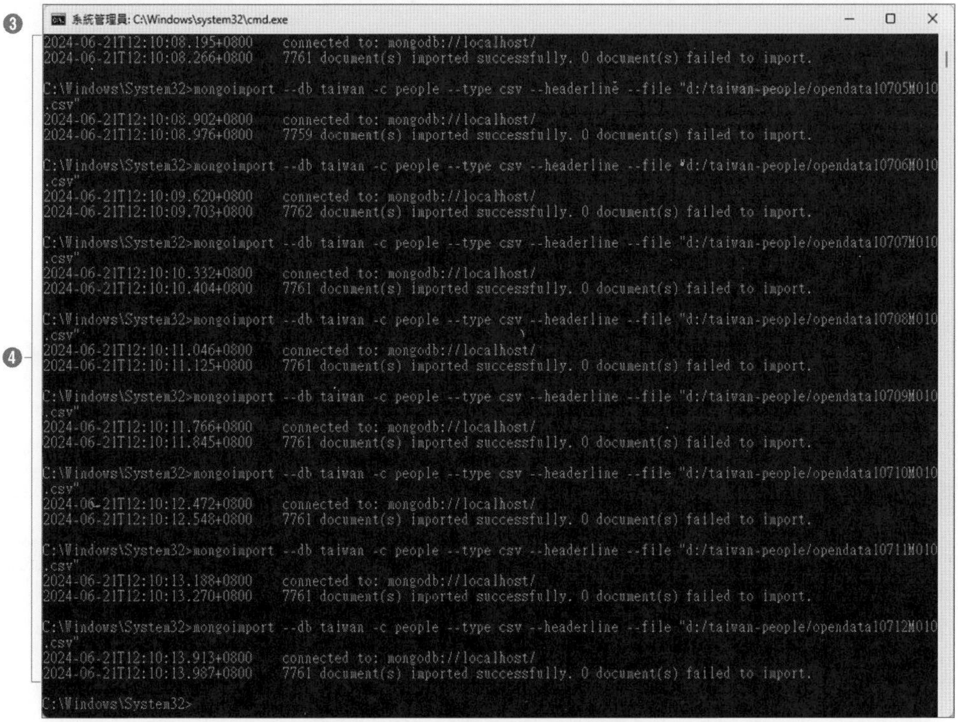

圖 9-22　範例 9-2 操作示意圖

9.4.2　安裝 MongoDB Driver 套件

STEP 01 建立 Visual Studio 2022 專案，並使用 NuGet 安裝 MongoDB Driver 套件。

❶點選上方工具列的「工具→NuGet 套件管理員→套件管理器主控台」，開啟「套件管理主控台」視窗。

❷在「套件管理主控台」視窗中，輸入「Install-Package MongoDB.Driver -Version 2.26.0」進行套件安裝。

圖 9-23　使用 NuGet 安裝 MongoDB Driver 套件

STEP 02 完成 MongoDB Driver 套件安裝。

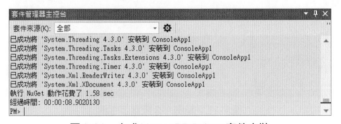

圖 9-24　完成 MongoDB Driver 套件安裝

9.4.3　建立檔案與定義資料結構

STEP 01 在專案中新增 CustomersDocument.cs 和 PeopleDocument.cs 檔案，檔案如圖 9-25 所示。

圖 9-25　方案總管架構

STEP 02 開啟 CustomersDocument.cs 檔，撰寫以下程式碼，定義 customers 集合內的文件結構。

```
namespace Lab9
{
    // 定義 customers 集合內的文件結構，並命名為 CustomersDocument
    class CustomersDocument
    {
        public string city { get; set; }
        public string district { get; set; }
        public int age { get; set; }
    }
}
```

STEP 03 開啟 PeopleDocument.cs 檔，撰寫以下程式碼，定義 people 集合內的文件結構。

```
namespace Lab9
{
    // 定義 people 集合內的文件結構，並命名為 PeopleDocument
    class PeopleDocument
    {
        public string _id { get; set; }
        public int statistic_yyymm { get; set; }
        public string site_id { get; set; }
        public string village { get; set; }
        public string district_code { get; set; }
        public int birth_total { get; set; }
        public int birth_total_m { get; set; }
        public int birth_total_f { get; set; }
        public int death_total { get; set; }
        public int death_m { get; set; }
        public int death_f { get; set; }
```

```
        public int marry_pair { get; set; }
        public int divorce_pair { get; set; }
    }
}
```

9.4.4 程式設計

STEP 01 開啟 Program.cs 檔，撰寫以下程式碼，作為主要程式的進入點，首先處理
MongoDB 連線方法，接著讀取使用者操作來選擇進行的事件。

```
// 匯入函式庫
using MongoDB.Bson;
using MongoDB.Driver;
using System;
namespace Lab9
{
    class Program
    {
        static void Main(string[] args)
        {
            // Step1: 連接 MongoDB 伺服器
            var client = new MongoClient("mongodb://localhost:27017");
            // Step2: 取得 MongoDB 中，名為 ntut 的資料庫及名為 taiwan 的資料庫
            var dbNtut = client.GetDatabase("ntut") as MongoDatabaseBase;
            var dbTaiwan = client.GetDatabase("taiwan") as MongoDatabaseBase;
            // Step3: 建立集合變數
            var colCustomers = dbNtut.GetCollection<CustomersDocument>
("customers");
            var colPeople = dbTaiwan.GetCollection<PeopleDocument>("people");
            // Step4: 顯示執行範例的控制介面
            controlPanel();
            #region 控制介面
            void controlPanel()
            {
                Console.WriteLine("--------------------------------");
                Console.WriteLine("1.計算來自台北市各個分區之消費者的總人數與平均年齡");
                Console.WriteLine("2.計算107年全台灣的出生與死亡人數、結婚與離婚人數");
                Console.WriteLine(" 請輸入編號 1~2，選擇要執行的範例 ");
                try
                {
```

```
                var num = int.Parse(Console.ReadLine()); // 取得輸入的編號
                Console.Clear(); // 清除 Console 顯示的內容
                                // 使用 switch 判斷編號，選擇要執行的範例
                switch (num)
                {
                    case 1:
                        countTaipeiPeopleAndAvgAge();
                        break;
                    case 2:
                        countTaiwanBirthDeathMarryDivorce();
                        break;
                    default:
                        Console.WriteLine("請輸入正確編號"); // 輸入錯誤的提示
                        break;
                }
            }
            catch (Exception e)
            {
                Console.WriteLine("請輸入正確編號");        // 輸入錯誤的提示
            }
            finally
            {
                controlPanel(); // 結束後再次執行 controlPanel() 方法
            }
        }
        #endregion
        #region 1.計算來自台北市各個分區之消費者的總人數與平均年齡
        void countTaipeiPeopleAndAvgAge()
        {
        }
        #endregion
        #region 2.計算107年全台灣的出生與死亡人數、結婚與離婚人數
        void countTaiwanBirthDeathMarryDivorce()
        {
        }
        #endregion
    }
  }
}
```

STEP 02 在 countTaipeiPeopleAndAvgAge 方法內，撰寫以下程式碼，透過 MongoDB 的
聚合管線方法，來計算來自台北市各個分區之消費者的總人數與平均年齡結果。

```
void countTaipeiPeopleAndAvgAge()
{
    Console.WriteLine("1.計算來自台北市各個分區之消費者的總人數與平均年齡 \n");
// 建立管線階段
    var pipeline = new BsonDocument[]
    {
        new BsonDocument
        {
            {
                "$match", new BsonDocument
                {
                    {"city", "台北市"}
                }
            }
        },
        new BsonDocument
        {
            {
                "$group", new BsonDocument
                {
                    {"_id", "$district"},
                    {
                        "count", new BsonDocument
                        {
                            {"$sum", 1}
                        }
                    },
                    {
                        "avgAge", new BsonDocument
                        {
                            {"$avg", "$age"}
                        }
                    }
                }
            }
        }
    };
    // 傳入管線階段，以執行 Aggregation Pipeline 並取得結果
    var results = colCustomers.Aggregate<BsonDocument>(pipeline).ToListAsync().
```

```
Result;
    // 將結果顯示於 Console
    foreach (var result in results)
    {
        Console.WriteLine($" 分區：{result["_id"]}");
        Console.WriteLine($" 總人數：{result["count"]}");
        Console.WriteLine($" 平均年齡：{result["avgAge"]}\n");
    }
}
```

STEP 03 在 countTaiwanBirthDeathMarryDivorce 方法內，撰寫以下程式碼，透過 MongoDB 的聚合管線方法，來計算 107 年全台灣的出生與死亡人數、結婚與離婚人數結果。

```
void countTaiwanBirthDeathMarryDivorce()
{
    Console.WriteLine("2.計算107年全台灣的出生與死亡人數、結婚與離婚人數 \n");
    // 建立管線階段
    var pipeline = new BsonDocument[]
    {
        new BsonDocument
        {
            {
                "$group", new BsonDocument
                {
                    // 將 _id 欄位設為固定值 result-9-2
                    {"_id", "result-9-2"},
                    {
                        // 加總輸入資料的 birth_total 欄位值，並以 birth 欄位儲存
                        "birth", new BsonDocument
                        {
                            {"$sum", "$birth_total"}
                        }
                    },
                    {
                        // 加總輸入資料的 death_total 欄位值，並以 death 欄位儲存
                        "death", new BsonDocument
                        {
                            {"$sum", "$death_total"}
                        }
                    },
                    {
```

```
                              // 加總輸入資料的 marry_pair 欄位值，並以 marry 欄位儲存
                              "marry", new BsonDocument
                              {
                                  {"$sum", "$marry_pair"}
                              }
                          },
                          {
                              // 加總輸入資料的 divorce_pair 欄位值，並以 divorce 欄位儲存
                              "divorce", new BsonDocument
                              {
                                  {"$sum", "$divorce_pair"}
                              }
                          }
                      }
                  }
              }
      };
      // 傳入管線階段，以執行 Aggregation Pipeline 並取得結果的第一筆資料 (因為結果只有一筆)
      var result = colPeople.Aggregate<BsonDocument>(pipeline).ToListAsync().
Result[0];
      // 將出生人數、死亡人數、結婚對數、離婚對數顯示於 Console
      Console.WriteLine($"出生人數：{result["birth"]}");
      Console.WriteLine($"死亡人數：{result["death"]}");
      Console.WriteLine($"結婚對數：{result["marry"]}");
      Console.WriteLine($"離婚對數：{result["divorce"]}");
  }
```

10

MongoDB 進階功能：複製

學習目標

❏ 介紹 MongoDB 的複製機制，提升資料庫服務的可用性

❏ 學習建立與操作 MongoDB 的複製成員

10.1 複製概念

MongoDB 提供複製機制（Replica Set），以確保資料儲存在多個不同的 MongoDB 資料庫，避免資料庫崩潰（Crash）所造成的服務中斷問題（查詢失敗或無法新增資料），來提高可用性（High Availability）。Replica Set 的概念如同儲存重要的文件資料，我們通常會將重要的資料備份後，放置於不同的地方，以防止資料遺失。

啟動 MongoDB 服務時，可透過設定 mongod 的執行組態 --replSet <分組名稱>，以決定是否開啟 Replica Set 的功能。例如：在命令提示字元輸入「mongod --replSet "rs0"」，啟動 Replica Set 功能，並設定其名稱為「rs0」。

MongoDB 的複製機制（Replica Set）有三種成員身分，它們有各自的功能：

❏ 主要（Primary）

該身分的資料庫主要用於執行寫入與讀取操作。

❏ 次要（Secondary）

該身分的資料庫負責從「主要」成員複製資料，並提供讀取操作。

❏ 裁判（Arbiter）

該身分的資料庫不儲存任何資料，只在「主要」成員發生連線異常時，負責從「次要」成員中，選出新的「主要」成員。

使用者（Client）透過驅動（Driver），以同時連線到所有的 MongoDB Replica Set 資料庫。預設會連線至 Primary 資料庫進行新增與查詢操作，但是 Primary 成員可能會因某些原因被替換，所以我們也可透過連線字串設定 Read Preference 參數，以指定查詢資料時負責的成員。

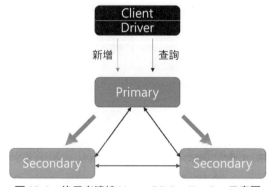

圖 10-1　使用者連線 MongoDB Replica Set 示意圖

表 10-1　Read Preference 查詢偏好模式表

查詢偏好模式	說明
primary	（預設）由 Primary 成員負責查詢。
primaryPreferred	由 Primary 作為主要查詢來源，如果 Primary 離線，則透過 Secondary 查詢資料。
secondary	由 Secondary 成員負責查詢。
secondaryPreferred	由 Secondary 作為主要查詢來源，如果 Secondary 離線，則透過 Primary 查詢資料。
nearest	由網路延遲（Network latency）最短的成員負責查詢。

♫ 延伸學習

❏ 資料庫的連線字串設定，請參考：URL https://www.mongodb.com/docs/manual/reference/
connection-string。

❏ 更詳細的 Read Preference，請參考：URL https://www.mongodb.com/docs/manual/core/
read-preference。

Replica Set 的運作機制

設定 Replica Set 的資料庫，最少需要三台 MongoDB 資料庫，最多為 50 個成員，其中最多包含 7 個 Arbiter 成員，如果沒有 Primary 成員則無法接受任何新增資料操作。以三台 MongoDB 資料庫為例，Replica Set 資料庫只會存在 1 個「Primary」、1-2 個「Secondary」與 0-1 個「Arbiter」，它們會透過「Heartbeat」來確認彼此的成員身分與是否存在。

擁有三個 MongoDB 資料庫的 Replica Set，可包含一個 Primary 與二個 Secondary，如圖 10-2 所示。Primary 負責資料操作，Secondary 負責複製 Primary 的資料，彼此透過 Heartbeat 確認成員的存在。

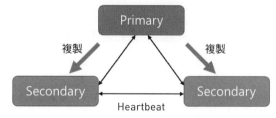

圖 10-2　MongoDB Replica Set 成員不包含 Arbiter 示意圖

擁有三個 MongoDB 資料庫的 Replica Set，可包含一個 Primary、一個 Arbiter 與一個 Secondary，如圖 10-3 所示。Primary 負責資料操作，Secondary 負責複製 Primary 的資料，Arbiter 負責在成員發生錯誤時選出新的 Primary，彼此透過 Heartbeat 確認成員的存在。

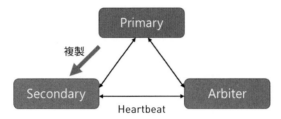

圖 10-3　MongoDB Replica Set 成員包含 Arbiter 示意圖

自動防止錯誤機制流程

雖然成員最多可達 50 位，但增加成員數量與容錯數（Fault Tolerance）並不是永遠的 1:1 關係，如表 10-2 所示。這些額外增加的成員可用來提供備份或數據回報等。

表 10-2　容錯數量表

成員數量	需要幾個成員來選出 Primary 成員	容錯數量
3	2	1
4	3	1
5	3	2
6	4	2

假設一組 Replica Set 中有三個資料庫，其中包含一個 Primary（A 成員）與二個 Secondary（B 與 C 成員）。

自動防錯機制分為三個階段：①第一階段：發生 A（Primary）成員離線，啟動選擇流程；②第二階段：選出新的 Primary 成員；③第三階段：A（Primary）成員回應，權限確認。

❏ 第一階段：發生 A（Primary）成員離線，啟動選擇流程

由於成員會不斷地用 Heartbeat 確認彼此存在，所以當成員沒有回應時，即可判斷此成員離線，如圖 10-4 所示，當 Replica Set 發生「A（Primary）」離線時，「Secondary（B、C）」之間會進行「選出新的 Primary 成員」流程。

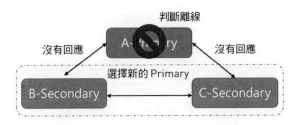

圖 10-4　第一階段啟動選擇流程示意圖

❑ 第二階段：選出新的 Primary 成員

　　如圖 10-5 所示，當 Replica Set 選擇 B 成員為新的 Primary 時，Secondary 會從 B（Primary）成員複製資料，且所有成員（B、C）持續用 Heartbeat 檢測離線的 A 成員是否回應。

圖 10-5　第二階段選出新的 Primary 成員示意圖

❑ 第三階段：A 成員回應，權限確認

　　當用 Heartbeat 檢測 A 成員回應時，A 成員與 B 成員會進行優先權（Priority）比較，如圖 10-6 所示。如果 A 成員的優先權較高，則會轉移 Primary 給 A 成員，如圖 10-7 所示。如果 A 成員的優先權與 B 成員的優先權相等或較低，則不會轉移 Primary 給 B 成員，如圖 10-8 所示。

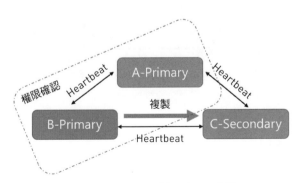

圖 10-6　第三階段權限確認示意圖

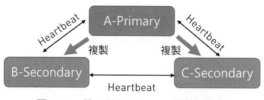

圖 10-7　第三階段 Primary 轉移示意圖

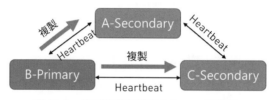

圖 10-8　第三階段不轉移 Primary 示意圖

10.2 操作步驟

　　一般來說，會將 MongoDB Replica Set 的資料庫分別設定在不同的電腦主機，以達到分散風險的目的。為了測試與實驗，我們透過本地電腦（localhost）架設三個 MongoDB 資料庫，並啟動 Replica Set 功能，最終完成的架構如圖 10-9 所示。

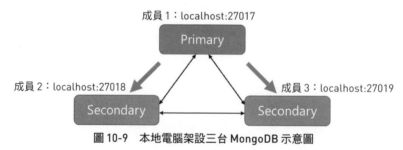

圖 10-9　本地電腦架設三台 MongoDB 示意圖

STEP 01 執行命令提示字元。

❶在查詢列中輸入「cmd」。

❷在查詢清單的「命令提示字元」項目上按右鍵。

❸點選「以系統管理員身分執行」。

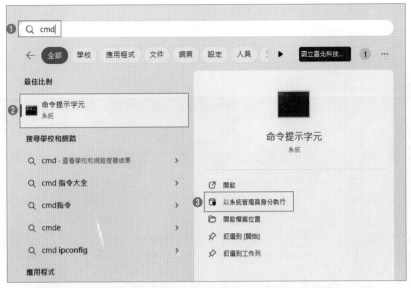

圖 10-10 以「系統管理員身分執行」執行命令提示字元的操作示意圖

STEP 02 建立三個不同的資料夾，並分別啟動 MongoDB 服務。

○ 建立三個資料夾

❶ 開啟命令提示字元。

❷ 分別輸入：

```
mkdir "d:\local_replSet\db1"
mkdir "d:\local_replSet\db2"
mkdir "d:\local_replSet\db3"
```

> **Q 注 意** 如果沒有 D: 槽，可以改輸入「c:\local_replSet\db1」，以此類推。

圖 10-11 建立三個資料夾操作示意圖

○在三個資料夾分別啟動 MongoDB 服務

❶開啟三個命令提示字元。

圖 10-12　開啟三個命令提示字元操作示意圖

❷分別在三個命令提示字元視窗中，輸入以下指令：

```
mongod --replSet rs0 --port 27017 --dbpath "D:\local_replSet\db1"
mongod --replSet rs0 --port 27018 --dbpath "D:\local_replSet\db2"
mongod --replSet rs0 --port 27019 --dbpath "D:\local_replSet\db3"
```

　　成功執行後，會在三個視窗分別看到 waiting for connection on port 27017、waiting for connection on port 27018、waiting for connection on port 27019，如圖 10-13 所示。

> **Q 注　意**　　如果先前已建立 MongoDB 服務，必須輸入 net stop mongodb 指令，以關閉 port 為 27017（預設）的 MongoDB 服務。另外，請勿關閉三個命令提示字元視窗，否則會關閉 MongoDB 服務。

圖 10-13　建立三個 MongoDB 服務操作結果圖

STEP 03 初始化 MongoDB Replica Set 群組，查詢狀態並加入成員。

❶開啟命令提示字元。

❷輸入「mongosh」，以連線到 port 為 27017 的 MongoDB 服務。

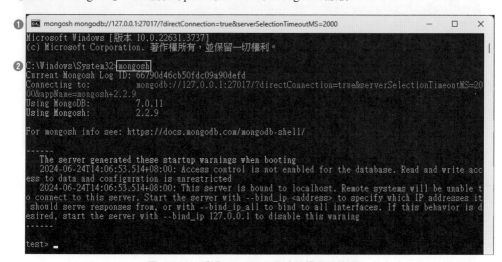

圖 10-14　透過 mongo 工具連線操作示意圖

> 🎵 **延伸學習**　視窗內的出現警告「WARNING」，因為開啟了 Replica Set 通常會透過網路連線到不同的主機上，因此 MongoDB 提醒使用者目前連線的 MongoDB 服務，僅接受由 localhost（即自己的電腦）發出的連線請求，如果使用者有架設在不同電腦上的需求，需要注意連線與安全性問題。

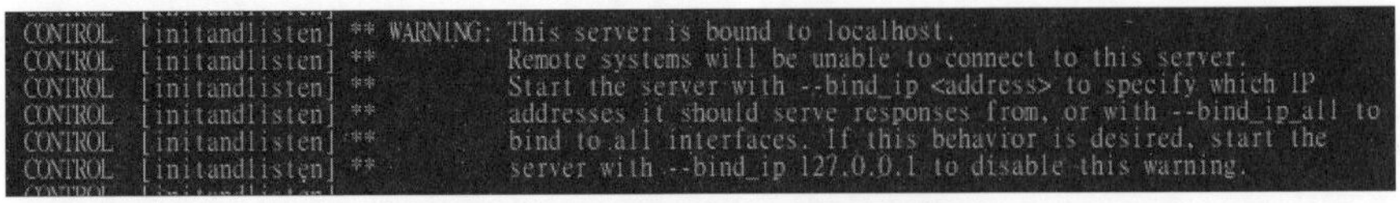

圖 10-15　伺服器限制本地連線警告

❸輸入「rs.initiate()」，以初始化 MongoDB Replica Set 的設定。MongoDB 服務會提示沒有指定組態內容，因此使用預設的組態內容。

> 💬 **說　明**　初始化後，會出現 rs0 [direct: other] …>，代表目前的 MongoDB 服務為 Secondary 成員。

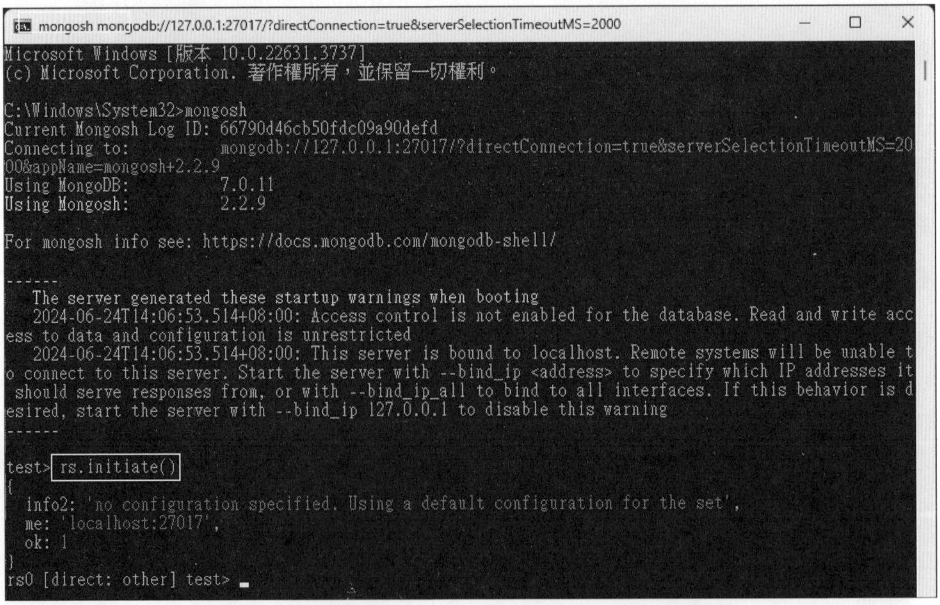

圖 10-16　初始化 MongoDB Replica Set 操作示意圖

> 🎵 **延伸學習**　可以透過以下指令，指定組態內容來執行初始化。設定 Replica Set 名稱為「rs0」，且成員為 localhost:27017 的 MongoDB 服務。
>
> ```
> rs.initiate({_id:"rs0",members:[{_id:0,host:"localhost:27017"}]})。
> ```

❹輸入「rs.status()」，查詢目前的 MongoDB Replica Set 狀態與設定。

在輸入前，按下 Enter 鍵來確認 MongoDB 服務的狀態，因為 mongosh 工具並不會因為 MongoDB 服務的狀態變更，而自動更新畫面的資訊。我們會發現目前的視窗由 rs0 [direct: other] 轉換為 rs0 [direct: primary]，代表目前的 MongoDB 服務為 Primary 成員，所有的設定操作只能在 Primary 成員執行，如果發現目前的指令無法執行，則需要連線到 Primary 的 MongoDB 服務。

目前的 Replica Set 名稱（set）為「rs0」，成員（members）有一位且為自己（"self":true），成員身分為主要（"stateStr":"PRIMARY"），目前訊息（infoMessage）為 Could not find member to sync from（找不到其他成員進行同步）。

圖 10-17　查詢 MongoDB Replica Set 狀態與設定的操作示意圖

🎵 延伸學習

❏ 詳細的欄位資訊，請參考：URL https://docs.mongodb.com/manual/reference/command/ replSetGetStatus/。

❺新增一位 Replica Set 成員。我們將 port 為 27018 的 MongoDB 服務加入 rs0 群組。輸入 「rs.add({_id:1,host:"localhost:27018"})」。

🔍 注　意　　只有 Primary 成員可以操作 rs0 群組。

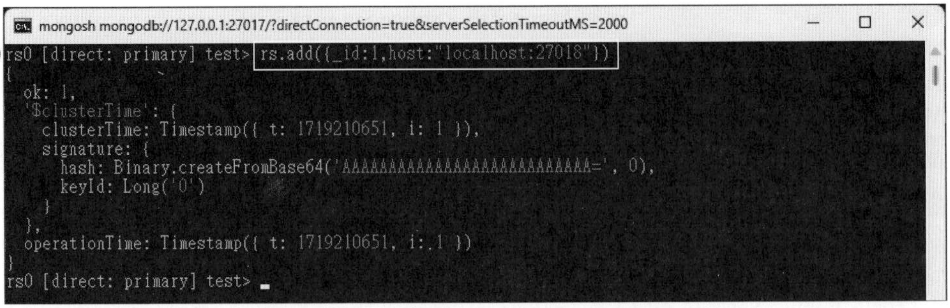

圖 10-18　新增一個 Replica Set 成員示意圖

❻輸入「rs.status()」，以確認 port 為 27018 的 MongoDB 服務的狀態。在成員（members）
會看到一位新成員為 {_id:1,host:"localhost:27018"}，而它的成員身分為 Secondary。

圖 10-19　MongoDB Replica Set 成員新增結果操作示意圖

❼新增一位 Replica Set 成員。我們將 port 為 27019 的 MongoDB 服務加入 rs0 群組。輸入「rs.add({_id:2,host:"localhost:27019"})」。

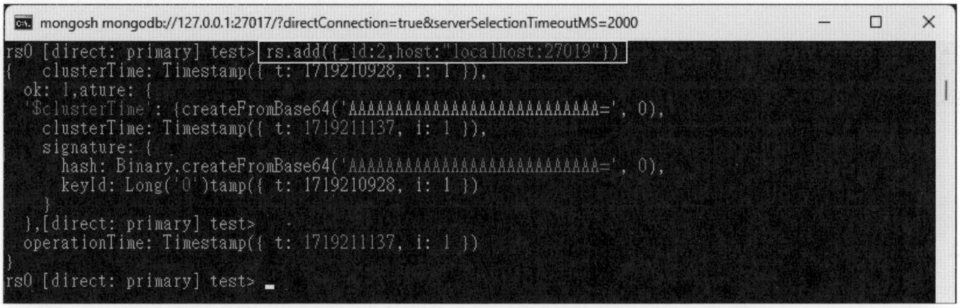

圖 10-20　MongoDB Replica Set 成員新增結果操作示意圖

❽確認 Replica Set 設定最後結果。輸入「rs.status()」，成員（members）內有三位，且只有一位 Primary，二位 Secondary。

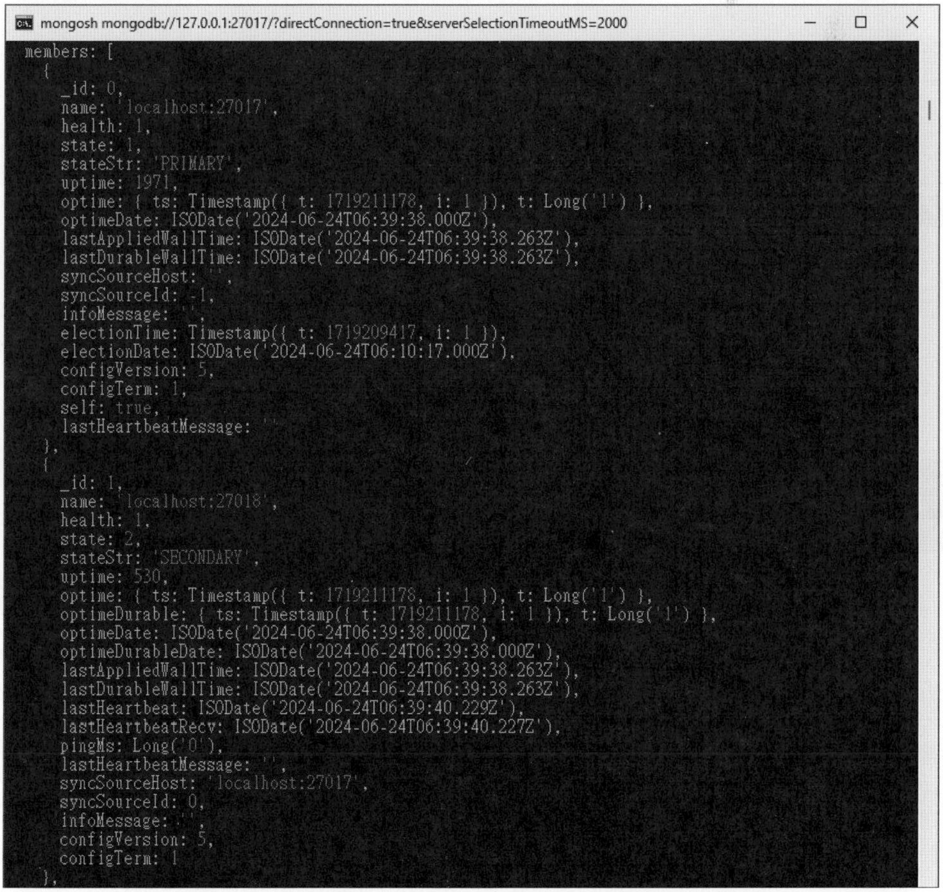

圖 10-21　完成所有 MongoDB Replica Set 操作結果示意圖

{
    _id: 2,
    name: 'localhost:27019',
    health: 1,
    state: 2,
    stateStr: 'SECONDARY',
    uptime: 43,
    optime: { ts: Timestamp({ t: 1719211178, i: 1 }), t: Long('1') },
    optimeDurable: { ts: Timestamp({ t: 1719211178, i: 1 }), t: Long('1') },
    optimeDate: ISODate('2024-06-24T06:39:38.000Z'),
    optimeDurableDate: ISODate('2024-06-24T06:39:38.000Z'),
    lastAppliedWallTime: ISODate('2024-06-24T06:39:38.263Z'),
    lastDurableWallTime: ISODate('2024-06-24T06:39:38.263Z'),
    lastHeartbeat: ISODate('2024-06-24T06:39:40.206Z'),
    lastHeartbeatRecv: ISODate('2024-06-24T06:39:40.205Z'),
    pingMs: Long('0'),
    lastHeartbeatMessage: '',

圖 10-21　完成所有 MongoDB Replica Set 操作結果示意圖（續）

♫ 延伸學習

❏ 要透過 mongosh 工具連線，同時連線三個 Replica Set 的資料庫，需要增加連線參數，輸入：

```
mongosh --host rs0/localhost:27017,localhost:27018,localhost:27019
```

❏ 可以透過 mongostat 工具監測資料，同時連線三個 Replica Set 資料庫，輸入：

```
mongostat --host localhost:27017,localhost:27018,localhost:27019
```

✎ 額外練習　在自己的電腦新增三個 mongod.cfg 組態檔，並加入 Replica Set 參數，並透過服務啟動 MongoDB，取代命令提示字元的啟動方式。

❏ 組態檔設定，請參考：URL https://www.mongodb.com/docs/manual/reference/configuration-options。

10.3 實戰演練：資料庫成員操作

　　使用 MongoDB 資料庫時，可能會遇到儲存空間不足、機器故障、新增／更換機器或需要升級資料庫版本等狀況，此時可藉由 Replica Set 的 rs.add() 與 rs.remove() 指令，將資料庫成員新增或移除，或是調整權重替換成員，以維持 MongoDB 服務的運作。

10.3.1　新增與移除一位 Replica Set 資料庫成員

一個 MongoDB Replica Set 中，有三台資料庫正在提供服務，如圖 10-22 所示，localhost:27017 為 Primary 成員，localhost:27018 與 localhost:27019 為 Secondary 成員。我們要將 localhost:27020 的 MongoDB 服務新增至此 Replica Set，如圖 10-23 所示。

圖 10-22　尚未新增成員的 Replica Set 成員示意圖

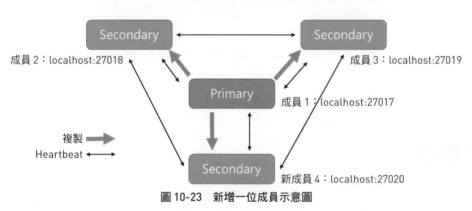

圖 10-23　新增一位成員示意圖

STEP 01 執行命令提示字元。

❶在查詢列中輸入「cmd」。

❷在查詢清單的「命令提示字元」項目上按右鍵。

❸點選「以系統管理員身分執行」。

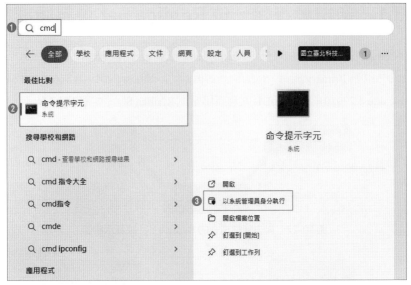

圖 10-24 以「系統管理員身分執行」執行命令提示字元的操作示意圖

STEP 02 建立新的資料夾，並啟動 MongoDB 服務。

○ 建立一個資料夾

❶ 開啟命令提示字元。

❷ 輸入「mkdir "d:\local_replSet\db4"」。

圖 10-25 建立一個新資料夾操作示意圖

○ 在資料夾啟動 MongoDB 服務

❶ 開啟命令提示字元。

❷ 輸入「mongod --replSet rs0 --port 27020 --dbpath "D:\local_replSet\db4"」。啟動 MongoDB
服務，成功執行後，會在視窗看到「waiting for connection on port 27020」。

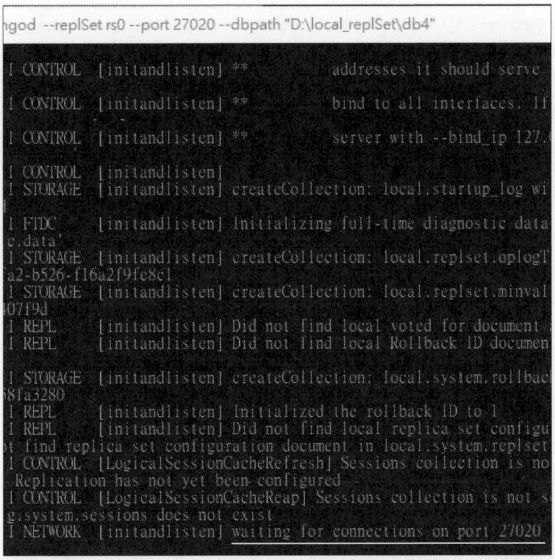

圖 10-26　建立一個新的 MongoDB 服務操作示意圖

STEP 03 新增一位 Replica Set 成員。

❶開啟命令提示字元。

❷輸入「mongosh --host rs0/localhost:27017,localhost:27018,localhost:27019」。

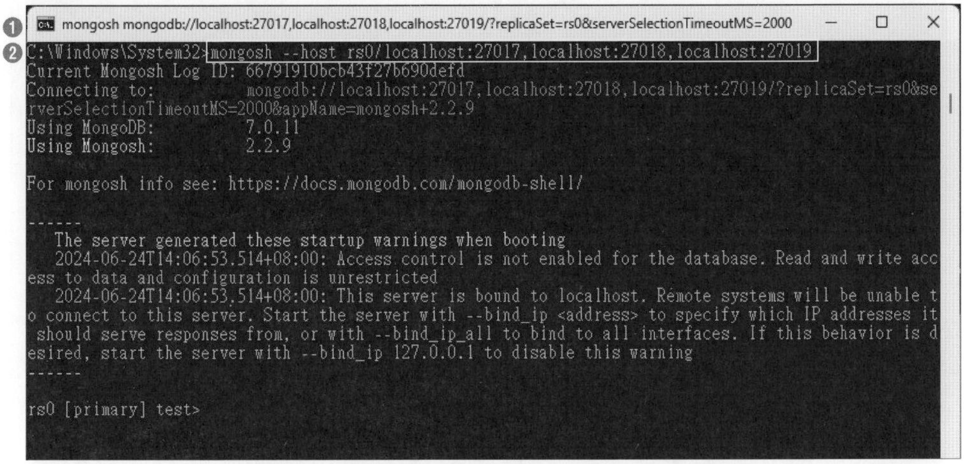

圖 10-27　連線 MongoDB Replica Set 的 rs0 群組

❸新增一位成員。將使用 port 27020 的 mongod 加入 rs0 群組。輸入「rs.add({_id:3,host: "localhost:27020"})」。

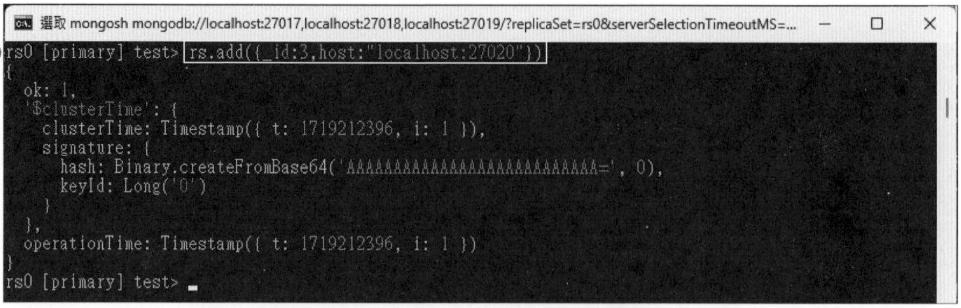

圖 10-28　新增一位成員操作示意圖

❹檢查成員狀態。輸入「rs.status()」，有四位成員（members），一位 Primary，三位
Secondary。

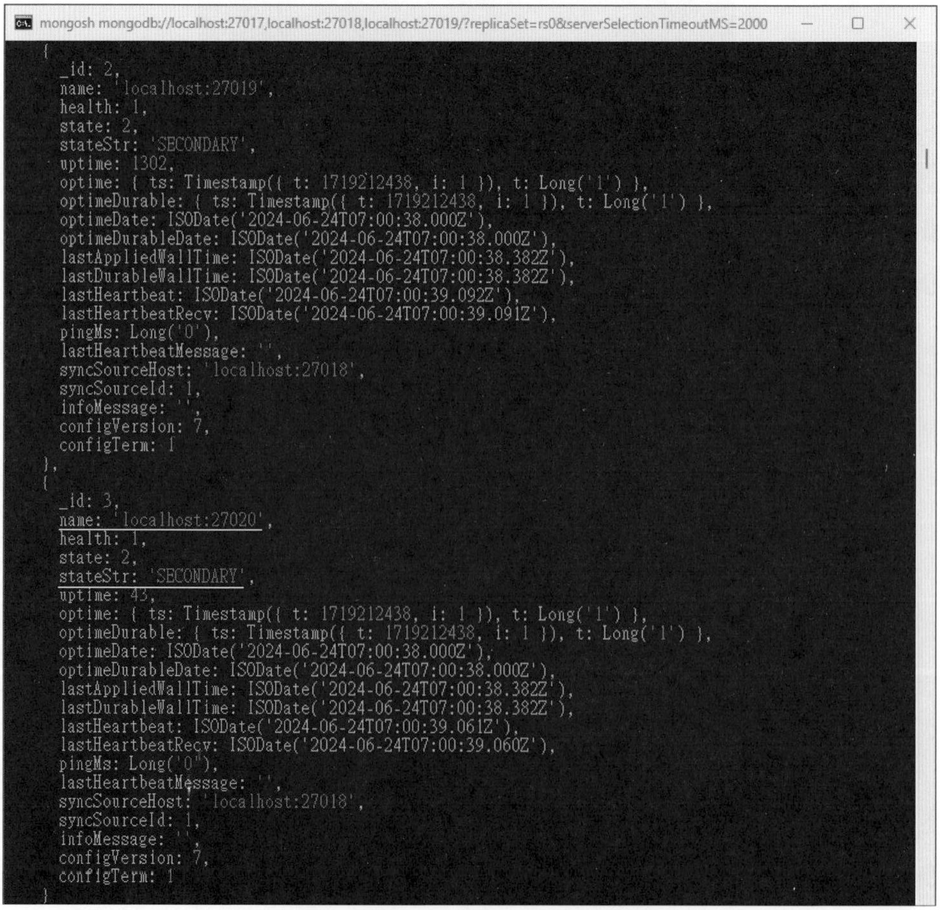

圖 10-29　新增一位成員操作結果示意圖

```
],
ok: 1,
'$clusterTime': {
  clusterTime: Timestamp({ t: 1719212438, i: 1 }),
  signature: {
    hash: Binary.createFromBase64('AAAAAAAAAAAAAAAAAAAAAAAAAAA=', 0),
    keyId: Long('0')
  }
},
operationTime: Timestamp({ t: 1719212438, i: 1 })
}
rs0 [primary] test>
```

圖 10-29　新增一位成員操作結果示意圖（續）

　　經過上述步驟後的 Replica Set 成員狀態，如圖 10-30 所示。一個 MongoDB Replica Set 中，有四台資料庫正在提供服務，localhost:27017 為 Primary 成員，localhost:27018、localhost:27019 與 localhost:27020 為 Secondary 成員。我們將模擬 localhost:27018 發生故障，並將故障的成員從 Replica Set 中移除，如圖 10-31 所示。

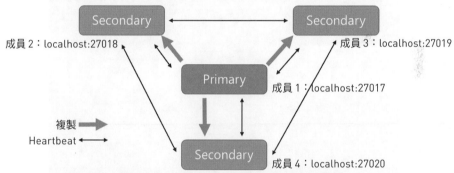

圖 10-30　MongoDB Replica Set 狀態示意圖

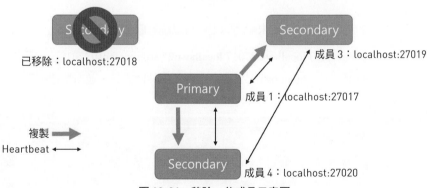

圖 10-31　移除一位成員示意圖

STEP 04 移除一位 Replica Set 資料庫成員。

❶中斷 port 為 27018 的 MongoDB 服務，以模擬故障。

　　找到執行「mongod --replSet rs0 --port 27018 --dbpath "D:\local_replSet\db2"」的命令提示字元視窗，如圖 10-32 所示。按下 Ctrl + C 鍵，以中斷 MongoDB 服務，等待視窗可再輸入指令後，即完成服務中斷，如圖 10-33 所示。

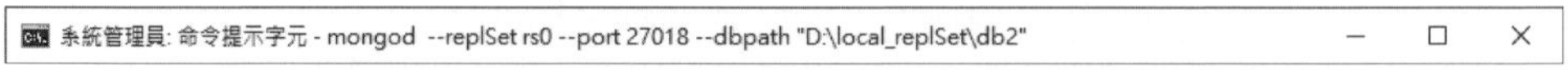

系統管理員: 命令提示字元 - mongod　--replSet rs0 --port 27018 --dbpath "D:\local_replSet\db2"　　　　　─　☐　✕

圖 10-32　透過標題辨識目前執行的 mongod 參數示意圖

圖 10-33　關閉命令提示字元視窗操作示意圖

❷開啟命令提示字元。或使用先前未關閉的視窗可以跳過❷❸步驟。

❸輸入「mongosh --host rs0/localhost:27017,localhost:27018,localhost:27019」。即使沒有輸入全部成員的連線資訊，mongosh 工具也會自動偵測其他成員，並新增連線資訊。

圖 10-34　使用 mongosh 工具連線 MongoDB Replica Set rs0 群組操作示意圖

❹輸入「rs.status()」，在成員（members）中找出故障的 MongoDB 服務名稱，成員狀態（stateStr）應為「(not reachable/healthy)」，此範例的故障名稱為「localhost:27018」。

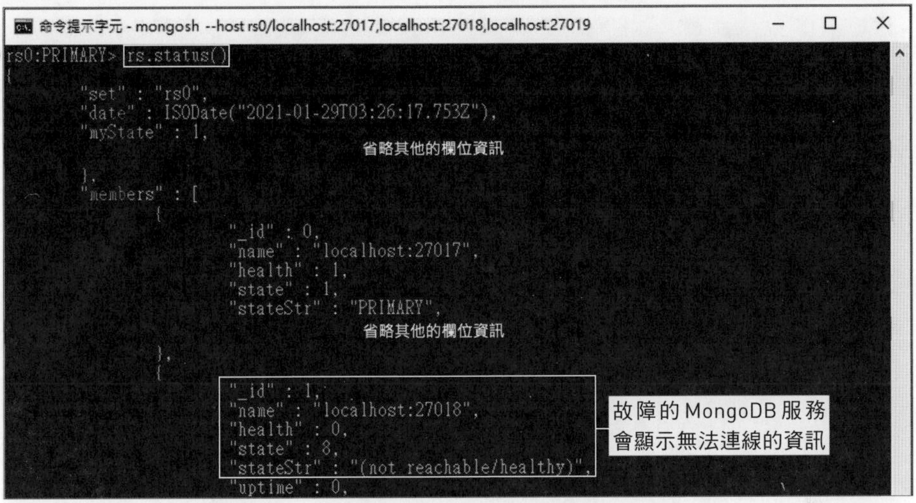

圖 10-35　找出故障的 MongoDB 服務操作示意圖

❺輸入「rs.remove("localhost:27018")」，將故障的 localhost:27018 移除 rs0 群組，輸入完約五秒，mongo 工具會自動更新連線資訊。

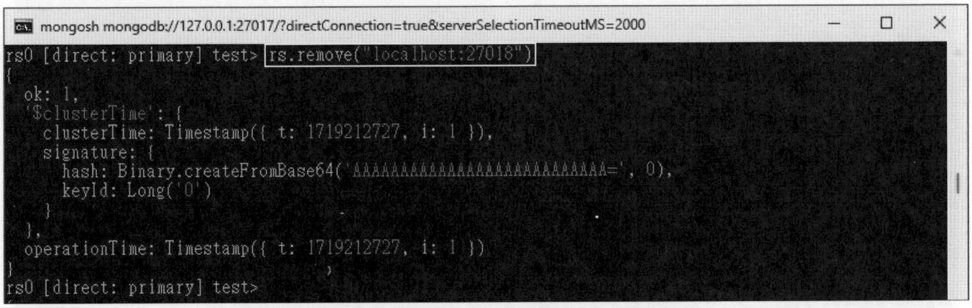

圖 10-36　移除故障成員的操作示意圖

❻輸入「rs.status()」，以檢查最後狀態。有三位成員（members），一位 Primary，二位Secondary。

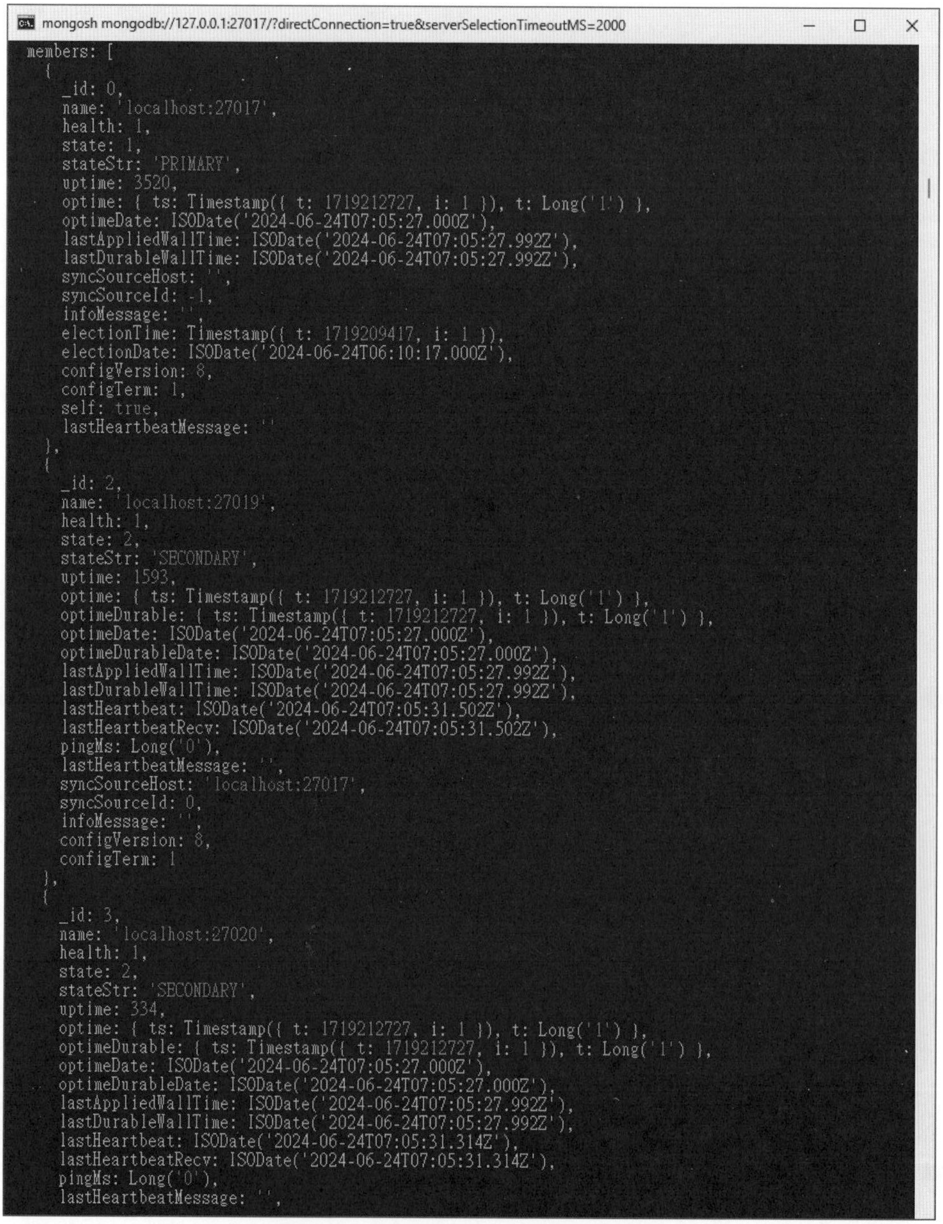

```
mongosh mongodb://127.0.0.1:27017/?directConnection=true&serverSelectionTimeoutMS=2000    —    □    ×
members: [
  {
    _id: 0,
    name: 'localhost:27017',
    health: 1,
    state: 1,
    stateStr: 'PRIMARY',
    uptime: 3520,
    optime: { ts: Timestamp({ t: 1719212727, i: 1 }), t: Long('1') },
    optimeDate: ISODate('2024-06-24T07:05:27.000Z'),
    lastAppliedWallTime: ISODate('2024-06-24T07:05:27.992Z'),
    lastDurableWallTime: ISODate('2024-06-24T07:05:27.992Z'),
    syncSourceHost: '',
    syncSourceId: -1,
    infoMessage: '',
    electionTime: Timestamp({ t: 1719209417, i: 1 }),
    electionDate: ISODate('2024-06-24T06:10:17.000Z'),
    configVersion: 8,
    configTerm: 1,
    self: true,
    lastHeartbeatMessage: ''
  },
  {
    _id: 2,
    name: 'localhost:27019',
    health: 1,
    state: 2,
    stateStr: 'SECONDARY',
    uptime: 1593,
    optime: { ts: Timestamp({ t: 1719212727, i: 1 }), t: Long('1') },
    optimeDurable: { ts: Timestamp({ t: 1719212727, i: 1 }), t: Long('1') },
    optimeDate: ISODate('2024-06-24T07:05:27.000Z'),
    optimeDurableDate: ISODate('2024-06-24T07:05:27.000Z'),
    lastAppliedWallTime: ISODate('2024-06-24T07:05:27.992Z'),
    lastDurableWallTime: ISODate('2024-06-24T07:05:27.992Z'),
    lastHeartbeat: ISODate('2024-06-24T07:05:31.502Z'),
    lastHeartbeatRecv: ISODate('2024-06-24T07:05:31.502Z'),
    pingMs: Long('0'),
    lastHeartbeatMessage: '',
    syncSourceHost: 'localhost:27017',
    syncSourceId: 0,
    infoMessage: '',
    configVersion: 8,
    configTerm: 1
  },
  {
    _id: 3,
    name: 'localhost:27020',
    health: 1,
    state: 2,
    stateStr: 'SECONDARY',
    uptime: 334,
    optime: { ts: Timestamp({ t: 1719212727, i: 1 }), t: Long('1') },
    optimeDurable: { ts: Timestamp({ t: 1719212727, i: 1 }), t: Long('1') },
    optimeDate: ISODate('2024-06-24T07:05:27.000Z'),
    optimeDurableDate: ISODate('2024-06-24T07:05:27.000Z'),
    lastAppliedWallTime: ISODate('2024-06-24T07:05:27.992Z'),
    lastDurableWallTime: ISODate('2024-06-24T07:05:27.992Z'),
    lastHeartbeat: ISODate('2024-06-24T07:05:31.314Z'),
    lastHeartbeatRecv: ISODate('2024-06-24T07:05:31.314Z'),
    pingMs: Long('0'),
    lastHeartbeatMessage: '',
```

圖 10-37　移除故障成員操作結果示意圖

10.3.2 將 Secondary 成員晉升為 Primary 成員

我們在 10.3.1 小節中移除一個故障的成員，且新增一位成員 localhost:27020，如圖 10-38 所示。假設 localhost:27020 是效能強大的主機，我們想要將它晉升為 Primary，成為主要服務的機器，如圖 10-39 所示。

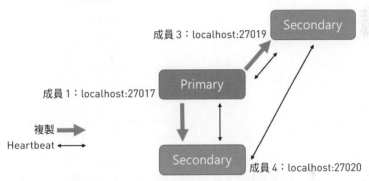

圖 10-38　MongoDB Replica Set 成員示意圖

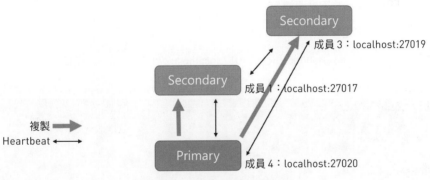

圖 10-39　晉升一位成員示意圖

STEP 01 執行命令提示字元。

❶ 在查詢列中輸入「cmd」。

❷ 在查詢清單的「命令提示字元」項目上按右鍵。

❸ 點選「以系統管理員身分執行」。

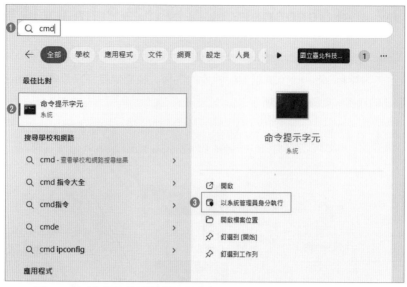

圖 10-40　以「系統管理員身分執行」執行命令提示字元的操作示意圖

STEP 02 使用 mongosh 工具連線。

❶開啟命令提示字元。

❷輸入「mongosh --host rs0/localhost:27017,localhost:27019,localhost:27020」。

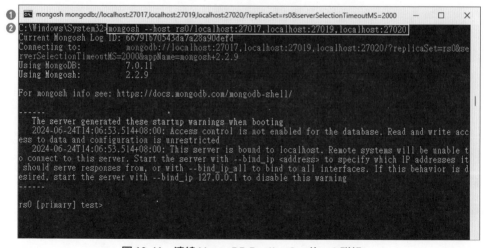

圖 10-41　連線 MongoDB Replica Set 的 rs0 群組

STEP 03 取得目前 Replica Set 組態設定，並修改權重。

❶ 輸入「cfg = rs.conf()」，以藉由 rs.conf() 取得目前的組態設定，並儲存在 cfg 變數。
mongosh 工具是一個 JavaScript 的互動介面，所以可進行 JavaScript 的運算。

```
mongosh mongodb://localhost:27017,localhost:27019,localhost:27020/?replicaSet=rs0&serverSelectionTimeoutMS=2000    —    □    ×
rs0 [primary] test> cfg = rs.conf()
{
  _id: 'rs0',
  version: 8,
  term: 1,
  members: [
    {
      _id: 0,
      host: 'localhost:27017',
      arbiterOnly: false,
      buildIndexes: true,
      hidden: false,
      priority: 1,
      tags: {},
      secondaryDelaySecs: Long('0'),
      votes: 1
    },
    {
      _id: 2,
      host: 'localhost:27019',
      arbiterOnly: false,
      buildIndexes: true,
      hidden: false,
      priority: 1,
      tags: {},
      secondaryDelaySecs: Long('0'),
      votes: 1
    },
    {
      _id: 3,
      host: 'localhost:27020',
      arbiterOnly: false,
      buildIndexes: true,
      hidden: false,
      priority: 1,
      tags: {},
      secondaryDelaySecs: Long('0'),
      votes: 1
    }
  ],
  protocolVersion: Long('1'),
  writeConcernMajorityJournalDefault: true,
  settings: {
    chainingAllowed: true,
    heartbeatIntervalMillis: 2000,
    heartbeatTimeoutSecs: 10,
    electionTimeoutMillis: 10000,
    catchUpTimeoutMillis: -1,
    catchUpTakeoverDelayMillis: 30000,
    getLastErrorModes: {},
    getLastErrorDefaults: { w: 1, wtimeout: 0 },
    replicaSetId: ObjectId('66790dc868fcf1cfba730e9a')
  }
}
rs0 [primary] test>
```

圖 10-42　讀取目前 Replica Set 組態設定操作示意圖

❷修改權重，優先權（Priority）較高的成員會成為 Primary。

```
cfg.members[0].priority= 0.5
cfg.members[1].priority= 0.5
cfg.members[2].priority= 1
```

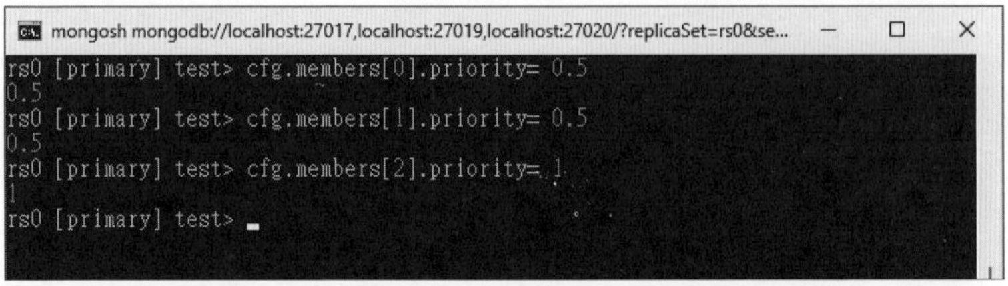

圖 10-43　修改權重（尚未重新設定組態）操作示意圖

STEP 04 根據修改的組態，重新設定 Replica Set 組態。

❶輸入「rs.reconfig(cfg)」，以重設組態。指令輸入後，需要等待 MongoDB 服務執行 Primary 選擇流程，才會將原本的 Secondary 成員轉換為 Primary 成員。

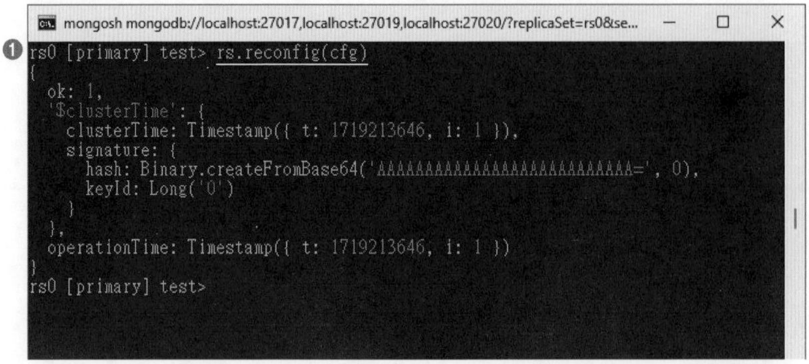

圖 10-44　重新設定 Replica Set 組態（等待設定生效）操作示意圖

❷輸入「rs.status()」，以檢查目前的狀態。localhost:27020 變為 Primary，如圖 10-45 所示。

```
mongosh mongodb://localhost:27017,localhost:27019,localhost:27020/?replicaSet=rs0&se...    —    □    ✕

members: [
  {
    _id: 0,
    name: 'localhost:27017',
    health: 1,
    state: 2,
    stateStr: 'SECONDARY',
    uptime: 1295,
    optime: { ts: Timestamp({ t: 1719213688, i: 1 }), t: Long('2') },
    optimeDurable: { ts: Timestamp({ t: 1719213688, i: 1 }), t: Long('2') },
    optimeDate: ISODate('2024-06-24T07:21:28.000Z'),
    optimeDurableDate: ISODate('2024-06-24T07:21:28.000Z'),
    lastAppliedWallTime: ISODate('2024-06-24T07:21:28.942Z'),
    lastDurableWallTime: ISODate('2024-06-24T07:21:28.942Z'),
    lastHeartbeat: ISODate('2024-06-24T07:21:30.968Z'),
    lastHeartbeatRecv: ISODate('2024-06-24T07:21:31.467Z'),
    pingMs: Long('0'),
    lastHeartbeatMessage: '',
    syncSourceHost: 'localhost:27020',
    syncSourceId: 3,
    infoMessage: '',
    configVersion: 9,
    configTerm: 2
  },
  {
    _id: 2,
    name: 'localhost:27019',
    health: 1,
    state: 2,
    stateStr: 'SECONDARY',
    uptime: 1295,
    optime: { ts: Timestamp({ t: 1719213688, i: 1 }), t: Long('2') },
    optimeDurable: { ts: Timestamp({ t: 1719213688, i: 1 }), t: Long('2') },
    optimeDate: ISODate('2024-06-24T07:21:28.000Z'),
    optimeDurableDate: ISODate('2024-06-24T07:21:28.000Z'),
    lastAppliedWallTime: ISODate('2024-06-24T07:21:28.942Z'),
    lastDurableWallTime: ISODate('2024-06-24T07:21:28.942Z'),
    lastHeartbeat: ISODate('2024-06-24T07:21:31.010Z'),
    lastHeartbeatRecv: ISODate('2024-06-24T07:21:31.010Z'),
    pingMs: Long('0'),
    lastHeartbeatMessage: '',
    syncSourceHost: 'localhost:27017',
    syncSourceId: 0,
    infoMessage: '',
    configVersion: 9,
    configTerm: 2
  },
  {
    _id: 3,
    name: 'localhost:27020',
    health: 1,
    state: 1,
    stateStr: 'PRIMARY',
    uptime: 1310,
    optime: { ts: Timestamp({ t: 1719213688, i: 1 }), t: Long('2') },
    optimeDate: ISODate('2024-06-24T07:21:28.000Z'),
    lastAppliedWallTime: ISODate('2024-06-24T07:21:28.942Z'),
    lastDurableWallTime: ISODate('2024-06-24T07:21:28.942Z'),
    syncSourceHost: '',
    syncSourceId: -1,
    infoMessage: '',
    electionTime: Timestamp({ t: 1719213658, i: 2 }),
```

圖 10-45　重新設定 Replica Set 組態（設定已生效）操作結果示意圖

11

MongoDB 應用範例：
實作會員系統 Web API

學習目標

- ❏ 了解 IIS 服務與 Web API 專案的關係以及基本操作
- ❏ 在 Visual Studio 2022 上建立 Web API 專案，並結合
  MongoDB 資料庫，以實作會員系統 Web API
- ❏ 使用 Postman 和 Swagger 來進行 API 測試

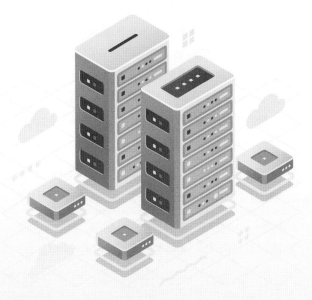

11.1 Web API 觀念說明

API 的說明

前面的章節中，我們學習如何使用 MongoDB 資料庫操作資料，操作的過程會使用 MongoDB 所提供的「API」，讓使用者（Client）能快速地操作 MongoDB 資料庫。

API（Application Programming Interface）是應用程式之間的溝通介面，介面（Interface）意指由一方定義規則與使用方式，使另一方遵守並使用，如同雙方的媒介，例如：人與人之間的溝通，可以使用語言、肢體或文字，而這些溝通方式就是所謂的介面。

API 讓使用者不必深入理解系統原理（Principle）或原始碼（Source Code），即可使用包裝好的功能，例如：MongoDB 資料庫基於 TCP/IP 協定來交換訊息（交談），但使用者不必實作通訊協定，只需要使用 MongoDB 的 API，即可操作資料庫。

♫ 延伸學習

❑ MongoDB 協定內容，請參考：[URL] https://www.mongodb.com/docs/manual/reference/mongodb-wire-protocol。

使用者與伺服器的交談方式

我們透過 TCP/IP 協定讓兩台電腦的程式透過「網路」來交談，網路的範圍包含自己的電腦（127.0.0.1）與別人的電腦（例如：Google 的網頁伺服器電腦 172.217.160.100），並將這兩台電腦的程式的關係視為使用者（Client）與伺服器（Server）。當使用者（Client）使用瀏覽器對 Google 的網頁伺服器電腦發送一個 HTTP（HTTP 是一種 TCP/IP 協定）請求（Request），伺服器（Server）收到請求後回應（Response）網站的資訊給瀏覽器，瀏覽器再將畫面顯示於螢幕。瀏覽網頁的詳細流程可以參考 HTTP 的規範，以下說明不同程式在交談的重點：

○ 自己的電腦可以同時扮演使用者（Client）與伺服器（Server）。

○ 電腦中的程式也會相互交談，例如：我們透過 mongo shell 工具操作 MongoDB 資料庫。

○ 交談的訊息會以數據封包（Data Packet）的方式傳遞，封包分為請求（Request）與回應（Response），內部又可分為標頭（Header）與資料（Payload）。

在開發一套服務（程式）之前，需要了解 IP、DNS、Port 與封包的關係，才能提供符合 TCP/IP 協定服務的伺服器，讓其他的電腦（Client）得以找到我們的伺服器（Server），並使用我們所撰寫的 API 交談。

❏ IP（Internet Protocol Address）

每台電腦連上網路後，都會有一個以數字與小數點組成的 IP 位址，它用於定義此電腦在網路中的地址，例如：172.217.160.100 是 Google 其中一台電腦的 IP 位址，它提供網頁伺服器（Web Server）服務，讓使用者能夠瀏覽網頁。另外，127.0.0.1 為特殊的 IP 位址，它用於表示目前的電腦。

❏ DNS（Domain Name System）

IP 位址以數字與小數點組成，不便於記憶，因此使用網址（URL）取代 IP 位址，而 DNS 的用途是將網址轉換成 IP 位址，以符合使用 TCP/IP 協定交談時只能用 IP 表示電腦位址的規定，例如：www.google.com 代表 Google 的網頁伺服器，localhost 代表目前的電腦，而 DNS 會將 www.google.com 轉換成 172.217.160.100，localhost 轉換成 127.0.0.1。

❏ TCP/UDP 的 Port 號

一台電腦可以提供多個服務（程式），服務之間使用 Port 作為區分，讓使用者可連線至同一台電腦的不同服務，例如：Web 網頁伺服器預設使用 80 或 443、FTP 檔案傳輸伺服器預設使用 21、MongoDB 資料庫伺服器預設使用 27017。

❏ 封包（Data Packet）

電腦交談時，會將數據拆分成數個小塊的資料包來傳遞，這些資料包稱為「封包」。封包內部分為標頭（Header）與資料（Payload），標頭（Header）存放訊息的來源、目的地、通訊協定與存活時間，而資料（Payload）存放數據與其長度，當電腦收到封包後，會進行錯誤檢測與校正，並重組封包以取得資料。

> ♫ 延伸學習
>
> ❏ TCP/IP 的詳細說明與歷史，請參考：[URL] https://linux.vbird.org/linux_server/centos6/0110network_basic.php。

🖳 以交談方式說明 MongoDB 的 API 運作方式

為了操作 MongoDB 資料庫的資料，使用者需要使用 MongoDB 定義的 API，每個 API 皆有固定的請求與回應格式。以下使用「查詢書籍作者」作為範例，從 book 資料庫的 authors 集合中，取得所有作者的資料。

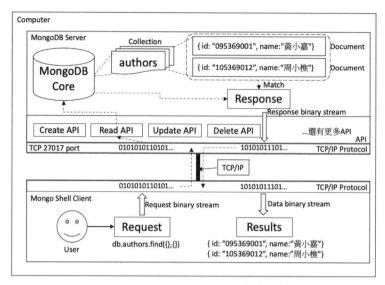

圖 11-1 MongoDB API 的交談方式示意圖

　　如圖 11-1 所示，我們將 MongoDB 所制定的查詢資料請求與回應分為四個重點：①目標；②方式；③內容；④制訂的 API 規範（語法）。

○ 使用者（Client）透過 mongo shell 發送請求（Request）。

○ 請求目標：book 資料庫的 authors 集合。

○ 請求方式：find()，尋找資料。

○ 請求內容：所有資料。

○ API 規範：db.authors.find(<query>,<projection>)。其中，<query> 為資料的篩選條件，這裡使用「{}」表示所有資料，<projection> 為每筆資料的欄位，這裡使用「{}」表示所有欄位。

　　最後發送的請求（Request）如下：

```
db.authors.find({},{})
```

❏ MongoDB（Server）收到請求後的回應（Response）

○ 回應目標：呼叫 find 的使用者。

○ 回應方式：輸出資料。

○ 回應內容：符合查詢的資料。

○ API 規範：以字串表示資料，每一筆資料用「{}」符號區隔。

最後回應的內容（Results）如下：

```
{id:"095369001",name:"黃小嘉"}{id:"105369012",name:"周小樵"}
```

❏ 會員系統 Web API 說明

假設我們經營一家網購平台，並提供一套會員系統的功能，我們需要將會員的相關資料記錄於 MongoDB 資料庫，會員資料包含姓名、電話、會員編號等，並撰寫操作 MongoDB 的程式碼，以實作會員系統伺服器，最後將其封裝成 Web API 伺服器（Server），以提供網購平台（Client）新增、修改、刪除與取得會員資料等功能。

開發 Web API 伺服器時，需要實作 API 功能與定義 API 格式，格式包含請求格式、回應格式、HTTP URL（網址）與 HTTP Method（方法），讓使用者能對特定的網址發送 HTTP 請求，使 Web API 伺服器針對請求來回傳結果，下表為本章所實作的會員系統 Web API 的格式定義。

表 11-1　會員系統 Web API

編號	HTTP URL	HTTP Method	指令說明
1	[URL] http://localhost/api/member/	POST	新增會員資訊。
2	[URL] http://localhost/api/member/	PUT	修改會員資訊。
3	[URL] http://localhost/api/member/< 會員編號 >	DELETE	刪除會員資訊。
4	[URL] http://localhost/api/member	GET	取得全部會員的資訊。
5	[URL] http://localhost/api/member/< 會員編號 >		取得指定會員的資訊。

❏ Web API 伺服器說明

本章所要撰寫的 Web API 伺服器是「ASP.NET Core Web API」專案，是由 Microsoft 所提供的 ASP.Net Core 整合的應用。其中 Web API 專案程式碼會被編譯成動態連結函式庫（Dynamic-link library，DLL），放置在 Microsoft 的 Internet Information Services（IIS，如圖 11-2 所示）服務內，作為 ISAPI extension 其中一個模組（Module），提供 Web API 應用服務給使用者。

IIS 已經實現 TCP/IP 協定的請求，可「同時」提供的服務包含 FTP/FTPS（檔案傳輸協定，即傳送檔案到伺服器）、HTTP/HTTPS（超文本傳輸協定，即瀏覽網頁、Web API 等）、SMTP（簡單郵件傳輸協定，即傳送 Email）等服務，所以使用者的 HTTP 請求會先透過 IIS 處理後，轉發給內部設定的程式。

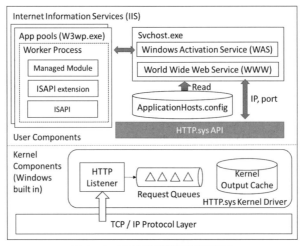

圖 11-2　IIS 服務整體架構示意圖

以下說明 Windows 的 IIS 服務如何處理使用者（Client）的請求：

○ 由 IIS 內部的 Hypertext Transfer Protocol Stack（HTTP.sys）負責監聽電腦網路裝置（Network Device）所收到的 HTTP 請求（Request）。

○ 將請求傳遞到 IIS 內部進行處理。

○ IIS 將處理過的請求，透過網路裝置的內容回應（Response）給使用者。

🎵 延伸學習

❏ IIS 的詳細介紹，請參考：[URL] https://docs.microsoft.com/en-us/iis/get-started/introduction-to-iis/introduction-to-iis-architecture。

圖 11-3　Internet Information Services Manager 管理畫面

在Web API專案內，會依據不同的使用者請求來定義方法與路由，並實作不同的功能，以下說明Web API伺服器處理使用者請求的流程：

❶使用者向Web API伺服器發送HTTP請求，HTTP請求可使用的方法包含GET、POST、PUT、DELETE等，Web API伺服器要針對不同的方法進行回應。

❷Web API伺服器透過路由（Route）來指定特定的Controller負責處理API需求，Controller會使用Models裡定義的類別或函式完成指定的功能。後續的範例會使用路由參數（Route Attributes）來指定Controller。

❸Web API Server將Controller的運算結果回傳給使用者。

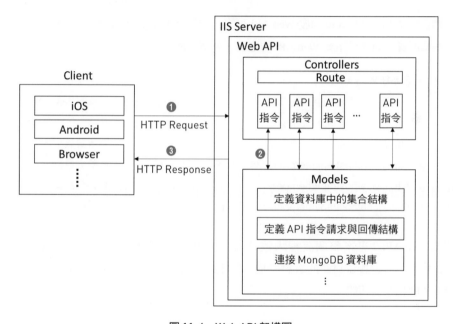

圖 11-4　Web API 架構圖

HTTP定義了一套請求方法（Request Methods），用於表示如何對伺服器的資料進行請求，每個方法都有不同的語意，但實際的請求方法與回傳結果還是會根據開發者的設計，而有所不同。HTTP定義的請求方法如下：

○ GET：代表取得資料。GET請求僅用於向伺服器取得資料。

○ POST：代表發送資料。POST請求會附帶資料，用於改變伺服器的某一筆資料或狀態。

○ PUT：代表取代資料。PUT請求會附帶資料，用於取代伺服器的某一筆資料。

○ DELETE：代表刪除資料。DELETE請求僅用於向伺服器刪除資料。

11.2 實作 Web API 伺服器操作步驟

在前一節中，已經說明了我們的 Web API 專案在 IIS 內部是被實作成 ISAPI extension 的其中一個模組（Module），IIS 會使用此模組並根據我們所撰寫的程式處理使用者透過瀏覽器所發出的 HTTP Request。其中撰寫的 Web API 專案使用「.NET 8.0」，因此在電腦上的 IIS 服務需要能夠提供 .NET 8.0 版本的支援，才能運作 Web API 專案。在使用 Visual Studio 開發 Web API 專案時，會使用 Visual Studio 提供的 IIS 環境，因此不需要另外安裝 IIS。

我們會使用 Visual Studio 開發 Web API 專案，並結合 MongoDB 資料庫實作一個會員系統。本章所實作的會員系統 Web API 的定義，如下表所示。

表 11-2　會員系統 Web API

編號	HTTP URL	HTTP Method	指令說明
1	URL http://localhost/api/member/	POST	新增一筆會員資訊。
2	URL http://localhost/api/member/	PUT	修改會員資訊。
3	URL http://localhost/api/member/< 會員編號 >	DELETE	刪除會員資訊。
4	URL http://localhost/api/member	GET	取得全部會員的資訊。
5	URL http://localhost/api/member/< 會員編號 >		取得指定會員的資訊。

開發 Web API 2 專案整個流程大致分為：①建立 Web API 專案，並安裝 MongoDB Driver 套件；②定義資料庫的資料結構；③定義 API 指令的 Request 與 Response 結構；④設計 API 指令的功能。

11.2.1 建立 Web API 專案，並安裝 MongoDB Driver 套件

STEP 01 開啟 Visual Studio 2022 後，點選「建立新的專案」。

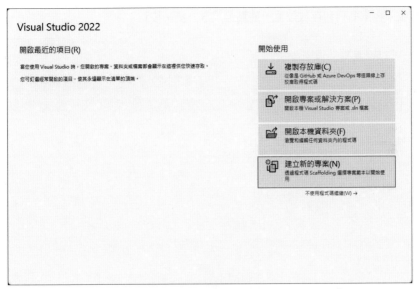

圖 11-5　建立新的專案

ST
EP 02 點選以 C# 作為程式語言的「ASP.NET Core Web API」，並點選「下一步」按鈕。

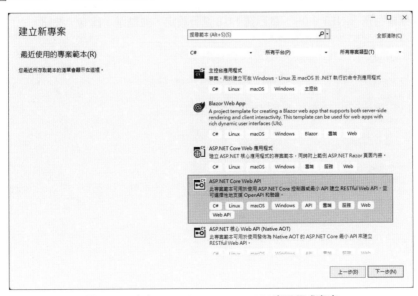

圖 11-6　建立 ASP.NET Core Web API 應用程式專案

STEP 03 輸入專案名稱和存放位置，並點選「下一步」按鈕。

圖 11-7　設定專案名稱路徑

STEP 04 架構選擇「.NET 8.0」，依照圖 11-8 進行設定，並點選「建立」按鈕。

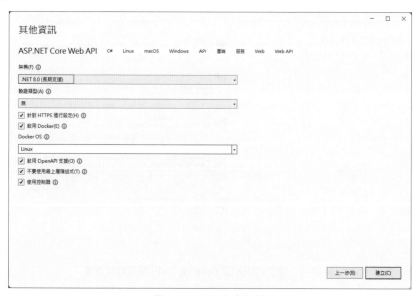

圖 11-8　設定專案架構

ST EP 05 完成上述步驟後，即完成建立一個 Web API 專案。圖 11-9 是 Lab11 專案目錄。

圖 11-9　Web API 專案目錄圖

建立完成的 Web API 專案的目錄說明如表 11-3 所示，檔案說明如表 11-4 所示。

表 11-3　Web API 專案目錄說明

檔名	說明
Properties	放屬性資訊的資料夾，如組態資訊（launchSettings.json）。
相依性	放動態連結函式庫的資料夾。
Controllers	放控制器的資料夾。

表 11-4　Web API 專案的檔案說明

檔名	說明
launchSettings.json	存放專案啟動的相關設定檔。
WeatherForecastController.cs	預設的 Controller 範例，可直接刪除。
appsettings.json	用於切換 Web API 專案發布時，針對不同的版本進行相關參數設定。例如：佈署除錯（Debug）版本時，設定 MongoDB 的連線字串為本地的資料庫；在佈署線上版（Online）時，設定 MongoDB 的連線字串為線上服務的 MongoDB 資料庫。
Dockerfile	用來建立 Docker Image 的文字檔。
Lab11.http	Web API 測試工具。
Program.cs	Web API 專案進入點主程式。
WeatherForecast.cs	Controller 中用到檔案結構的預設範例，可直接刪除。
packages.config	設定專案所參考的套件清單。在切換不同電腦時，讓 NuGet 工具能夠下載參考的套件清單，還原專案的相依性。

ST EP 06 安裝 MongoDB Driver 套件。

我們使用 NuGet 安裝 MongoDB Driver 套件，它會從 nuget.org 網站下載 MongoDB. Driver 符合專案版本「.NET 8.0」的相關套件，並將檔案安裝於專案目錄的 packages 資料夾中。

❶點選上方工具列的「工具→ NuGet 套件管理員→套件管理器主控台」，開啟「套件管理主控台」視窗。

❷在「套件管理主控台」視窗中，輸入「Install-Package MongoDB.Driver -Version 2.26.0」進行套件安裝。

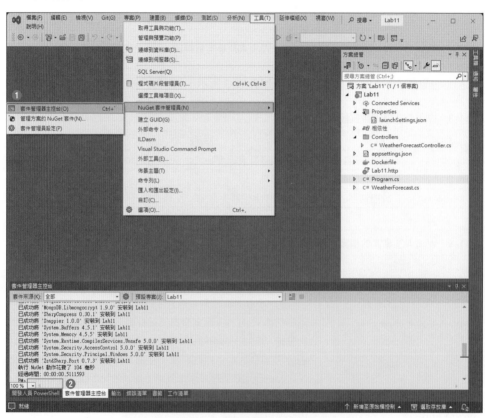

圖 11-10　使用 NuGet 安裝 MongoDB Driver 套件

STEP 07 完成 MongoDB Driver 套件安裝。

圖 11-11　完成 MongoDB Driver 套件安裝

查看專案中已安裝的套件，可至方案總管點選「Lab11 → 相依性」。

圖 11-12　相依性清單示意圖

方案總管中，點選 Lab11 可以看到包含套件的版本資訊，這使得專案在不同電腦執行時，能自動下載套件並相依於專案，MongoDB Driver 增加的內容如下：

```
<PackageReference Include="MongoDB.Driver" Version="2.26.0" />
```

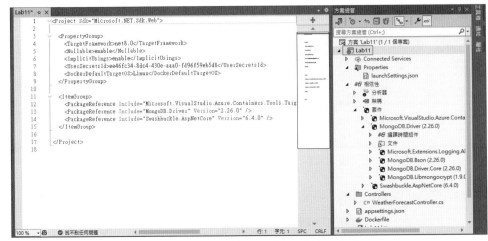

圖 11-13 專案設定檔中查看套件版本示意圖

11.2.2 定義資料庫的資料結構

在專案中的 Models 資料夾中新增類別檔，並定義儲存於 MongoDB 資料庫 members 集合的每一筆資料的欄位，如表 11-5 所示。

表 11-5 類別定義表

欄位	型別	欄位說明
_id	ObjectId	系統自動產生的唯一識別欄位。
uid	string	會員編號。
name	string	會員姓名。
phone	string	會員電話。

STEP 01 新增資料夾。

❶在「方案總管」視窗中，右鍵點選「Lab11→加入→新增資料夾」。

圖 11-14　開啟新增資料夾視窗

❷在「方案總管」視窗中，點選「Models→加入→類別」。

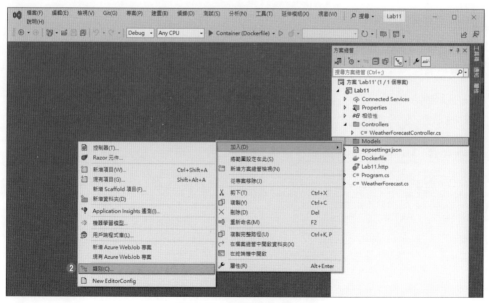

圖 11-15　開啟新增檔案視窗

❸選擇「類別」，填寫類別名稱「MembersDocument.cs」。

❹點選「新增」按鈕。

圖 11-16　新增 MembersDocument 類別檔

STEP 02 定義資料結構。

　　新增名稱為「MembersDocument」的類別，以定義 MongoDB 資料庫內的 members 集合的資料欄位。

```
// 匯入函式庫
using MongoDB.Bson;

namespace Lab11.Models
{
    // 定義 members 集合內的文件結構，並命名為 MembersDocument
    public class MembersDocument
    {
        /// <summary>
        /// 系統自動產生的唯一識別欄位
        /// </summary>
        public ObjectId _id { get; set; }


        /// <summary>
        /// 會員編號
        /// </summary>
        public string uid { get; set; }
```

```
        /// <summary>
        /// 會員姓名
        /// </summary>
        public string name { get; set; }

        /// <summary>
        /// 會員電話
        /// </summary>
        public string phone { get; set; }
    }
}
```

> 🎵 **延伸學習**　我們可以在類別屬性上方，撰寫以 summary 標籤包覆說明文字的備註，當使用該類別的屬性時，會顯示該屬性的說明文字，以便開發者快速瞭解該屬性的用途。

11.2.3　定義 API 指令的 Request 與 Response 結構

HTTP Message（HTTP 訊息）是用來說明伺服器（Server）與使用者（Client）是如何交換資料的。HTTP Message 有兩種類型：

❏ **請求（HTTP Request）**

由使用者（Client）對伺服器（Server）發送的動作去觸發伺服器。

❏ **回應（HTTP Response）**

被觸發的伺服器所回應使用者（Client）的內容。

而 HTTP Requests 與 HTTP Responses 都由下列的結構所組成：

❏ **起始行（start-line）**

描述①請求的 HTTP 方法與 URL；②請求回應的狀態是成功或失敗。起始行永遠只有一行。

❏ **標頭（HTTP headers）**

一組可選的選項（options）來指定請求或描述訊息中包含的主體（Body）。其中，我們可以在伺服器收到的 HTTP Request 的 Header 內辨識使用者的基本資料，例如：使用者的瀏覽器版本（user-agent）、接受的回傳內容種類（accept）、暫存控制（cache-control）等。如下，我們使用 Chrome 瀏覽器的「開發人員工具」查詢本機的電腦對 URL www.google.com 發出的 HTTP Request 方法為 GET 的請求，URL www.google.com 的網頁伺服器會知道使用者基本資訊，並根據設計好的程式回應 HTTP Request。詳細的選項分類，請參考：URL https://developer.mozilla.org/en-US/docs/Web/HTTP/Headers。

圖 11-17　開發人員工具查詢 Http Request Header 示意圖

❏ 空白行（blank line）

代表所有與請求相關的元資訊（meta-information）。換句話說，代表起始行與標頭已經被送出。

❏ 訊息主體（Message Body）

主體在請求與回應中是可選的。可以用於說明與請求相關的資料（例如：HTML 表格內容）或描述回應相關的內容文件（例如：HTML 網頁內容）。訊息主體在請求或回應內的是什麼種類（Content-Type）與主體的內容長度（Content-Length）會在標頭的選項中指定。通常 HTTP 的 GET、DELETE 方法不需要有訊息主體，而在 HTTP 的 POST 方法，我們會將資料放在 Message Body 裡。

因此，要實作一個 Web API 伺服器，我們需要定義 Web API 伺服器要接收使用者所發送 HTTP 請求（Request）的 URL、HTTP 方法（Method）與 HTTP 的訊息內容（Message Body）以及 HTTP 回應（Response）的格式內容。接下來，我們根據表 11-1 開始定義 API 指令的 Request 與 Response 結構。

🗄 [指令 1] 定義「新增會員資訊」POST 指令

❏ HTTP 的請求與回應格式定義

○ HTTP URL：URL http://localhost/api/member/。

○ HTTP Method：POST 方法。

○ HTTP Request Body：將要在資料庫新增的會員資訊放在 Request Body 中，其中包含會員編號、會員姓名、會員電話，如表 11-6 所示。

○ HTTP Response Body：定義新增會員資訊指令結果的 Response Body 格式，如表 11-7 所示。

表 11-6　新增會員資訊 Request 格式表

欄位名稱	型別	說明
uid	string	會員編號。
name	string	會員姓名。
phone	string	會員電話。

表 11-7　新增會員資訊 Response 格式表

欄位名稱	型別	說明
ok	boolean	指令回傳的結果狀態，true 表示成功；false 表示失敗。
errMsg	string	當指令回傳的結果為失敗時，會顯示失敗的原因。

❏ 以 C# 定義格式

ST EP 01 新增 Request 類別檔。

在「方案總管」視窗中，點選「Models→加入→類別」，以建立名為「AddMember
Request.cs」的類別檔，建立後如圖 11-18 所示。

圖 11-18　建立 AddMemberRequest 類別檔

ST EP 02 定義 Request 資料結構。

新增名稱為「AddMemberRequest」的類別，用於定義「新增會員資訊」指令的 Request
Body 需要的資料欄位，其中包含會員編號、會員姓名、會員電話。

```
namespace Lab11.Models
{
    public class AddMemberRequest
```

```
    {
        // 新增會員資訊的會員編號 uid 欄位為字串
        public string uid { get; set; }
        // 新增會員資訊的會員姓名 name 欄位為字串
        public string name { get; set; }
        // 新增會員資訊的會員電話 phone 欄位為字串
        public string phone { get; set; }
    }
}
```

ST EP 03 新增 Response 類別檔。

在「方案總管」視窗中，點選「Models→加入→類別」，以建立名為「AddMember
Response.cs」的類別檔，建立後如圖 11-19 所示。

圖 11-19　建立 AddMemberResponse 類別檔

ST EP 04 定義 Response 資料結構。

新增名稱為「AddMemberResponse」的類別，用於定義「新增會員資訊」指令的
Response Body 需要的資料欄位，其中包含狀態、錯誤訊息。

```
namespace Lab11.Models
{
    public class AddMemberResponse
    {
        // 新增會員資訊回應的成功結果 ok 欄位為布林值
        public bool ok { get; set; }
        // 新增會員資訊回應的錯誤訊息 errMsg 欄位為字串
```

```
        public string errMsg { get; set; }
        // 初始化後將 ok 欄位設為 true、errMsg 欄位設為空字串
        public AddMemberResponse()
        {
            this.ok = true;
            this.errMsg = "";
        }
    }
}
```

🖥️ [指令 2] 定義「修改會員資訊」PUT 指令

❏ HTTP 的請求與回應格式定義

○ HTTP URL： ⌷URL⌷ http://localhost/api/member/。

○ HTTP Method：PUT 方法。

○ HTTP Request Body：定義要修改儲存在資料庫會員資料的資訊放在 Request Body 中，其中修改的資訊包含會員編號、會員姓名、會員電話，如表 11-8 所示。

○ HTTP Response Body：定義修改會員資訊指令結果的 Response Body 格式，如表 11-9 所示。

表 11-8　修改會員資訊 Request 格式表

欄位名稱	型別	說明
uid	string	會員編號。
name	string	會員姓名。
phone	string	會員電話。

表 11-9　修改會員資訊 Response 格式表

欄位名稱	型別	說明
ok	boolean	指令回傳的結果狀態，true 表示成功；false 表示失敗。
errMsg	string	當指令回傳的結果為失敗時，會顯示失敗的原因。

❏ 以 C# 定義格式

STEP 01 新增 Request 類別檔。

在「方案總管」視窗中，點選「Models →加入→類別」，以建立名為「EditMember Request.cs」的類別檔，建立後如圖 11-20 所示。

圖 11-20　建立 EditMemberRequest 類別檔

STEP 02 定義 Request 資料結構。

新增名稱為「EditMemberRequest」的類別，用於定義「修改會員資訊」指令的 Request Body 需要的資料欄位，其中包含會員編號、會員姓名、會員電話。

```
namespace Lab11.Models
{
    public class EditMemberRequest
    {
        // 修改會員資訊的會員編號 uid 欄位為字串
        public string uid { get; set; }
        // 修改會員資訊的會員姓名 name 欄位為字串
        public string name { get; set; }
        // 修改會員資訊的會員電話 phone 欄位為字串
        public string phone { get; set; }
    }
}
```

STEP 03 新增 Response 類別檔。

在「方案總管」視窗中，點選「Models→加入→類別」，以建立名為「EditMember Response.cs」的類別檔，建立後如圖 11-21 所示。

圖 11-21　建立 EditMemberResponse 類別檔

STEP 04 定義 Response 資料結構。

　　新增名稱為「EditMemberResponse」的類別，用於定義「修改會員資訊」指令的
Response Body 需要的資料欄位，其中包含狀態、錯誤訊息。

```
namespace Lab11.Models
{
    public class EditMemberResponse
    {
        // 修改會員資訊回應的成功結果 ok 欄位為布林值
        public bool ok { get; set; }
        // 修改會員資訊回應的錯誤訊息 errMsg 欄位為字串
        public string errMsg { get; set; }
        // 初始化後將 ok 欄位設為 true、errMsg 欄位設為空字串
        public EditMemberResponse()
        {
            this.ok = true;
            this.errMsg = "";
        }
    }
}
```

[指令 3] 定義「刪除會員資訊」DELETE 指令

❏ HTTP 的請求與回應格式定義

○ HTTP URL：URL http://localhost/api/member/< 會員編號 >。

○ HTTP Method：DELETE 方法。

○ HTTP Request Body：無，因為使用 DELETE 方法，我們會從 HTTP URL 的 < 會員編號 >，讀取要刪除的會員編號。

○ HTTP Response Body：定義刪除會員資訊指令結果的 Response Body 格式，如表 11-10 所示。

表 11-10　刪除會員資訊 Response 格式表

欄位名稱	型別	說明
ok	boolean	指令回傳的結果狀態，true 表示成功；false 表示失敗。
errMsg	string	當指令回傳的結果為失敗時，會顯示失敗的原因。

❏ 以 C# 定義格式

ST EP 01 新增 Response 類別檔。

在「方案總管」視窗中，點選「Models →加入→類別」，以建立名為「DeleteMember Response.cs」的類別檔，建立後如圖 11-22 所示。

圖 11-22　建立 DeleteMemberResponse 類別檔

STEP 02 定義 Response 資料結構。

新增名稱為「DeleteMemberResponse」的類別,用於定義「刪除會員資訊」指令的 Response Body 需要的資料欄位,其中包含狀態、錯誤訊息。

```
namespace Lab11.Models
{
    public class DeleteMemberResponse
    {
        // 刪除會員資訊回應的成功結果ok欄位為布林值
        public bool ok { get; set; }
        // 刪除會員資訊回應的錯誤訊息errMsg欄位為字串
        public string errMsg { get; set; }
        // 初始化後將ok欄位設為true、errMsg欄位設為空字串
        public DeleteMemberResponse()
        {
            this.ok = true;
            this.errMsg = "";
        }
    }
}
```

[指令4] 定義「取得全部會員的資訊」GET 指令

❏ HTTP 的請求與回應格式定義

○ HTTP URL:URL http://localhost/api/member。

○ HTTP Method:GET 方法。

○ HTTP Request Body:無,我們沒有在 HTTP URL 指定取得的會員編號。

○ HTTP Response Body:定義取得全部會員資訊指令結果的 Response Body 格式,其中取得的會員資料放在 list 陣列中,每一筆在 list 陣列中的資料都有會員編號、會員姓名與會員電話,如表 11-11 所示。

表 11-11　取得全部會員的資訊 Response 格式表

欄位名稱	型別	說明
ok	boolean	指令回傳的結果狀態,true 表示成功;false 表示失敗。
errMsg	string	當指令回傳的結果為失敗時,會顯示失敗的原因。

欄位名稱	型別	說明		
		欄位名稱	型別	說明
list	array	uid	string	會員編號。
		name	string	會員姓名。
		phone	string	會員電話。

❏ 以 C# 定義格式

ST EP 01 新增 Response 類別檔。

在「方案總管」視窗中，點選「Models→加入→類別」，以建立名為「GetMember
ListResponse.cs」的類別檔，建立後如圖 11-23 所示。

圖 11-23　建立 GetMemberListResponse 類別檔

ST EP 02 定義 Response 資料結構。

新增名稱為「GetMemberListResponse」的類別，用於定義「取得全部會員的資訊」指
令的 Response Body 需要的資料欄位，其中包含狀態、錯誤訊息。

```
namespace Lab11.Models
{
    public class GetMemberListResponse
    {
        // 取得全部會員資訊回應的成功結果 ok 欄位為布林值
        public bool ok { get; set; }
```

```
        // 取得全部會員資訊回應的錯誤訊息 errMsg 欄位為字串
        public string errMsg { get; set; }
        // 取得全部會員資訊回應的資料 list 欄位為 MemberInfo 類型的串列
        public List<MemberInfo> list { get; set; }
        // 初始化後將 ok 欄位設為 true、errMsg 欄位設為空字串、list 欄位初始化
        public GetMemberListResponse()
        {
            this.ok = true;
            this.errMsg = "";
            this.list = new List<MemberInfo>();
        }
    }

    public class MemberInfo
    {
        // 取得的會員資訊的會員編號 uid 欄位為字串
        public string uid { get; set; }
        // 取得的會員資訊的會員姓名 name 欄位為字串
        public string name { get; set; }
        // 取得的會員資訊的會員電話 phone 欄位為字串
        public string phone { get; set; }
    }
}
```

🔲 [指令 5] 定義「取得指定會員的資訊」GET 指令

❏ HTTP 的請求與回應格式定義

○ HTTP URL：URL http://localhost/api/member/<會員編號>。

○ HTTP Method：GET 方法。

○ HTTP Request Body：無。

○ HTTP Response Body：定義取得指定會員資訊的 Response Body 格式，如表 11-12 所示。

表 11-12　取得指定會員的資訊 Response 格式表

欄位名稱	型別	說明
ok	boolean	指令回傳的結果狀態，true 表示成功；false 表示失敗。
errMsg	string	當指令回傳的結果為失敗時，會顯示失敗的原因。

欄位名稱	型別	說明		
data	document	欄位名稱	型別	說明
		uid	string	會員編號。
		name	string	會員姓名。
		phone	string	會員電話。

❏ 以 C# 定義格式

ST EP 01 新增 Response 類別檔。

在「方案總管」視窗中，點選「Models→加入→類別」，以建立名為「GetMember Response.cs」的類別檔，建立後如圖 11-24 所示。

圖 11-24　建立 GetMemberResponse 類別檔

ST EP 02 定義 Response 資料結構。

新增名稱為「GetMemberResponse」的類別，用於定義「取得指定會員的資訊」指令的 Response Body 需要的資料欄位，其中包含狀態、錯誤訊息。

```
namespace Lab11.Models
{
    public class GetMemberResponse
    {
        // 取得指定會員資訊回應的成功結果 ok 欄位為布林值
```

```
        public bool ok { get; set; }
        // 取得指定會員資訊回應的錯誤訊息 errMsg 欄位為字串
        public string errMsg { get; set; }
        // 取得指定會員資訊回應的資料 data 欄位為 MemberInfo 類型
        public MemberInfo data { get; set; }
        // 初始化後將 ok 欄位設為 true、errMsg 欄位設為空字串、data 欄位初始化
        public GetMemberResponse()
        {
            this.ok = true;
            this.errMsg = "";
            this.data = new MemberInfo();
        }
    }
}
```

11.2.4 設計 API 指令的功能

在設計 API 指令功能之前，我們必須先建立一個控制器，用來管理 URL http://localhost/api/member 這類型的 HTTP 服務請求（如表 11-1 所定義的），並將控制器命名為「MemberController」。請照下方的操作來建立控制器。

STEP 01 新增類別檔。

❶在「方案總管」視窗中，點選「Controllers →加入→控制器」。

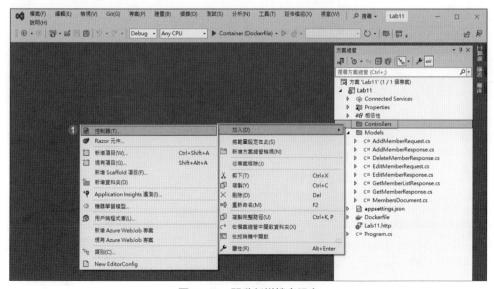

圖 11-25　開啟新增檔案視窗

❷在「API」的分類選單中，選擇「API 控制器 - 空白」，並點選「加入」。

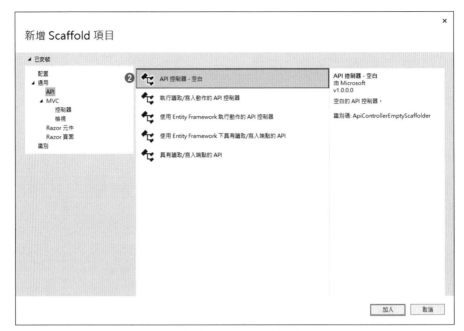

圖 11-26　選擇新增的項目

❸填寫控制器名稱「MemberController」，並點選「加入」。

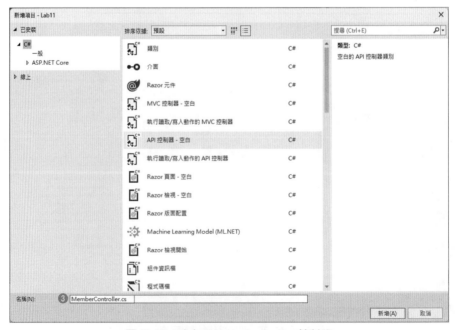

圖 11-27　建立 MemberController 控制器

STEP 02 撰寫 API 指令的程式碼。

開啟方案總管的 Controllers 資料夾的 MemberController.cs 控制器檔，其內容如下：

```
// 匯入函式庫
using Microsoft.AspNetCore.Http;
using Microsoft.AspNetCore.Mvc;

namespace Lab11.Controllers
{
    [Route("api/[controller]")]
    [ApiController]
    public class MemberController : ControllerBase
    {
    }
}
```

先在程式碼最上方匯入 MongoDB 相關的函式庫，並移除 [Route("api/[controller]")]，其內容如下：

```
// 匯入函式庫
using Microsoft.AspNetCore.Http;
using Microsoft.AspNetCore.Mvc;
using Lab11.Models;
using MongoDB.Bson;
using MongoDB.Driver;
using System.Net;

namespace Lab11.Controllers
{
    [ApiController]
    public class MemberController : ControllerBase
    {
    }
}
```

後續我們將在 MemberController 類別內的「撰寫指令功能的區塊」中，撰寫如表 11-1 所定義的指令的程式碼。

[指令 1] 設計「新增會員資訊」指令的功能

將「新增會員資訊」指令的功能程式碼，撰寫於 MemberController.cs 檔案的 Member Controller 類別內。

```
01    // [指令1]「新增」會員資訊
02    // POST api/member
03    /* 使用 Route Attributes 指定路由為 api/member 且方法為 POST*/
04    [Route("api/member")]
05    [HttpPost]
06    public AddMemberResponse Post(AddMemberRequest request)
07    {
08        /* 宣告指令的輸出結果 */
09        var response = new AddMemberResponse();
10
11        /* Step1 連接 MongoDB 伺服器 */
12        MongoClient client = new MongoClient("mongodb://localhost:27017");
13
14        /* Step2 取得 MongoDB 資料庫 (Database) 和集合 (Collection) */
15        /*   Step2-1 取得 ntut 資料庫 (Database) */
16        MongoDatabaseBase db = client.GetDatabase("ntut") as MongoDatabaseBase;
17        /*   Step2-2 取得 members 集合 (Collection) */
18        var colMembers = db.GetCollection<MembersDocument>("members");
19
20        /* Step3 新增一筆會員資訊 */
21        /*   Step3-1 設定查詢式 */
22        var query = Builders<MembersDocument>.Filter.Eq(e => e.uid, request.uid);
23        /*   Step3-2 進行查詢的操作，並取得會員資訊 */
24        var doc = colMembers.Find(query).ToListAsync().Result.FirstOrDefault();
25        if (doc == null)
26        {
27            /* Step3-3-1 當資料庫中沒有該會員時，進行新增會員資訊的操作 */
28            colMembers.InsertOne(new MembersDocument(){
29                _id = ObjectId.GenerateNewId(),
30                uid = request.uid,
31                name = request.name,
32                phone = request.phone
33            });
34        }
35        else
36        {
37            /* Step3-3-2 當資料庫存在該會員時，設定 Response 的 ok 欄位與 errMsg 欄位 */
```

```
38              response.ok = false;
39              response.errMsg = "編號為" + request.uid + "的會員已存在，請重新輸入
       別組會員編號。";
40          }
41      return response;
42  }
```

第09行，宣告指令的輸出結果。

第12行，連接本機的電腦（localhost）的MongoDB資料庫伺服器，需要先啟動
MongoDB資料庫伺服器。

第16行，取得MongoDB的ntut資料庫（Database）的API。

第18行，取得MongoDB的members集合（Collection）的API。

第24行，查詢要新增的會員資訊是否已存在於資料庫內。

第28-33行，新增一筆會員資訊至ntut資料庫的members集合。

第39行，新增一筆會員資訊至資料庫失敗的回應訊息。

第41行，回傳指令的輸出結果。

[指令2] 設計「修改會員資訊」指令的功能

將「修改會員資訊」指令的功能程式碼，撰寫於MemberController.cs檔案的Member
Controller類別內。

```
01  // [指令2]「修改」會員資訊
02  // PUT api/member
03  /* 使用Route Attributes 指定路由為api/member且方法為PUT */
04  [Route("api/member")]
05  [HttpPut]
06  public EditMemberResponse Put(EditMemberRequest request)
07  {
08      /* 宣告指令的輸出結果 */
09      var response = new EditMemberResponse ();
10
11      /* Step1 連接MongoDB伺服器 */
12      MongoClient client = new MongoClient("mongodb://localhost:27017");
13
14      /* Step2 取得MongoDB資料庫(Database)和集合(Collection) */
15      /*   Step2-1 取得ntut資料庫(Database) */
```

```
16        MongoDatabaseBase db = client.GetDatabase("ntut") as MongoDatabaseBase;
17        /*   Step2-2 取得 members 集合 (Collection) */
18        var colMembers = db.GetCollection<MembersDocument>("members");
19
20        /* Step3 修改會員資訊 */
21        /*   Step3-1 設定查詢式 */
22        var query = Builders<MembersDocument>.Filter.Eq(e => e.uid, request.uid);
23        /*   Step3-2 進行查詢的操作，並取得會員資訊 */
24        var doc = colMembers.Find(query).ToListAsync().Result.FirstOrDefault();
25        if (doc != null)
26        {
27            /* Step3-3-1 當資料庫中存在該會員時，進行修改會員資訊的操作 */
28            var update = Builders<MembersDocument>.Update
29                .Set("name", request.name)
30                .Set("phone", request.phone);
31
32            colMembers.UpdateOne(query,update);
33        }
34        else
35        {
36            /* Step3-3-2 當資料庫沒有該會員時，設定 Response 的 ok 欄位與 errMsg 欄位 */
37            response.ok = false;
38            response.errMsg = "編號為 " + request.uid + " 的會員不存在，請確認會員
    編號。";
39        }
40        return response;
41    }
```

第 09 行，宣告指令的輸出結果。

第 12 行，連接本機的電腦（localhost）的 MongoDB 資料庫伺服器，需要先啟動
MongoDB 資料庫伺服器。

第 16 行，取得 MongoDB 的 ntut 資料庫（Database）的 API。

第 18 行，取得 MongoDB 的 members 集合（Collection）的 API。

第 28-30 行，設定修改一筆會員的資訊。

第 32 行，在 ntut 資料庫的 members 集合執行修改一筆會員的資訊。

第 38 行，修改一筆會員資訊失敗的回應訊息。

第 40 行，回傳指令的輸出結果。

[指令3] 設計「刪除會員資訊」指令的功能

將「刪除會員資訊」指令的功能程式碼，撰寫於 MemberController.cs 檔案的 Member Controller 類別內。

```
01    // [指令3]「刪除」會員資訊
02    // DELETE api/member/5
03    /* 使用 Route Attributes 指定路由為 api/member/{id} 且方法為 DELETE */
04    [Route("api/member/{id}")]
05    [HttpDelete]
06    public DeleteMemberResponse Delete(string id)
07    {
08        /* 宣告指令的輸出結果 */
09        var response = new DeleteMemberResponse ();
10
11        /* Step1 連接 MongoDB 伺服器 */
12        MongoClient client = new MongoClient("mongodb://localhost:27017");
13
14        /* Step2 取得 MongoDB 資料庫 (Database) 和集合 (Collection) */
15        /*    Step2-1 取得 ntut 資料庫 (Database) */
16        MongoDatabaseBase db = client.GetDatabase("ntut") as MongoDatabaseBase;
17        /*    Step2-2 取得 members 集合 (Collection) */
18        var colMembers = db.GetCollection<MembersDocument>("members");
19
20        /* Step3 刪除會員資訊 */
21        /*    Step3-1 設定查詢式 */
22        var query = Builders<MembersDocument>.Filter.Eq(e => e.uid, id);
23        /*    Step3-2 進行刪除會員資訊的操作 */
24        var result = colMembers.DeleteOne(query);
25        if (result.DeletedCount != 0)
26        {
27            /* Step3-3-1 當刪除會員資訊成功時，直接回傳 response */
28            return response;
29        }
30        else
31        {
32            /* Step3-3-2 當刪除會員資訊失敗時，設定 Response 的 ok 欄位與 errMsg 欄位 */
33            response.ok = false;
34            response.errMsg = "編號為 " + id + " 的會員不存在，請確認會員編號。";
35            return response;
36        }
37    }
```

第 09 行，宣告指令的輸出結果。

第 12 行，連接 MongoDB 伺服器。

第 16-18 行，取得 MongoDB 資料庫（Database）和集合（Collection）。

第 24 行，在資料庫執行刪除會員資訊。

第 25 行，判斷刪除會員資訊成功執行所刪除的數量。

第 28 行，刪除會員資訊成功執行，回傳訊息。

第 34 行，刪除會員資訊失敗的回傳訊息。

[指令 4] 設計「取得全部會員的資訊」指令的功能

將「取得全部會員的資訊」指令的功能程式碼，撰寫於 MemberController.cs 檔案的
MemberController 類別內。

```
01    // [指令 4]「取得」全部的會員資訊
02    // GET api/member
03    /* 使用 Route Attributes 指定路由為 api/member 且方法為 Get */
04    [Route("api/member")]
05    [HttpGet]
06    public GetMemberListResponse Get()
07    {
08        /* 宣告指令的輸出結果 */
09        var response = new GetMemberListResponse();
10
11        /* Step1 連接 MongoDB 伺服器 */
12        MongoClient client = new MongoClient("mongodb://localhost:27017");
13
14        /* Step2 取得 MongoDB 資料庫 (Database) 和集合 (Collection) */
15        /*    Step2-1 取得 ntut 資料庫 (Database) */
16        MongoDatabaseBase db = client.GetDatabase("ntut") as MongoDatabaseBase;
17        /*    Step2-2 取得 members 集合 (Collection) */
18        var colMembers = db.GetCollection<MembersDocument>("members");
19
20        /* Step3 取得全部會員的資訊 */
21        /*    Step3-1 設定空的查詢式，即查詢全部的資料 */
22        var query = new BsonDocument();
23        /*    Step3-2 進行查詢的操作，並取得結果集合 */
24        var cursor = colMembers.Find(query).ToListAsync().Result;
25
```

```
26          /* Step4 設定指令的輸出結果 */
27          foreach (var doc in cursor)
28          {
29              response.list.Add(
30                  new MemberInfo() { uid = doc.uid, name = doc.name, phone =
    doc.phone }
31              );
32          }
33          return response;
34      }
```

第 09 行，宣告指令的輸出結果。

第 12 行，連接 MongoDB 伺服器。

第 16-18 行，取得 MongoDB 資料庫（Database）和集合（Collection）。

第 24 行，取得全部會員的資訊。

第 27-32 行，設定指令的輸出結果，將取得的資料放入回傳訊息的 list 陣列。

第 33 行，回傳指令的輸出結果。

[指令 5] 設計「取得指定會員的資訊」指令的功能

將「取得指定會員的資訊」指令的功能程式碼，撰寫於 MemberController.cs 檔案的
MemberController 類別內。

```
01      // [指令5] 「取得」指定的會員資訊
02      // GET api/member/<會員編號>
03      /* 使用 Route Attributes 指定路由為 api/member/{id} 且方法為 Get */
04      [Route("api/member/{id}")]
05      [HttpGet]
06      public GetMemberResponse Get(string id)
07      {
08          /* 宣告指令的輸出結果 */
09          var response = new GetMemberResponse();
10
11          /* Step1 連接 MongoDB 伺服器 */
12          MongoClient client = new MongoClient("mongodb://localhost:27017");
13
14          /* Step2 取得 MongoDB 資料庫 (Database) 和集合 (Collection) */
15          /*   Step2-1 取得 ntut 資料庫 (Database) */
16          MongoDatabaseBase db = client.GetDatabase("ntut") as MongoDatabaseBase;
```

```
17          /*    Step2-2 取得 members 集合 (Collection) */
18          var colMembers = db.GetCollection<MembersDocument>("members");
19
20          /* Step3 取得指定會員的資訊 */
21          /*    Step3-1 設定查詢式 */
22          var query = Builders<MembersDocument>.Filter.Eq(e => e.uid, id);
23          /*    Step3-2 進行查詢的操作，並取得會員資訊 */
24          var doc = colMembers.Find(query).ToListAsync().Result.FirstOrDefault();
25
26          /* Step4 設定指令的輸出結果 */
27          if (doc != null)
28          {
29              /* Step4-1 當資料庫中存在該會員時，設定 Response 的 data 欄位 */
30              response.data.uid = doc.uid;
31              response.data.name = doc.name;
32              response.data.phone= doc.phone;
33          }
34          else
35          {
36              /* Step4-2 當資料庫沒有該會員時，設定 Response 的 ok 欄位與 errMsg 欄位 */
37              response.ok = false;
38              response.errMsg = " 沒有此會員 ";
39          }
40          return response;
41      }
```

第 09 行，宣告指令的輸出結果。

第 12 行，連接 MongoDB 伺服器。

第 16-18 行，取得 MongoDB 資料庫（Database）和集合（Collection）。

第 22-24 行，取得指定會員的資訊。

第 27-39 行，設定指令的輸出結果。

第 40 行，回傳指令的輸出結果。

11.3　測試 API 指令的功能

　　為了測試本小節所設計的指令是否成功對資料庫進行操作，需要先執行 Lab11 專案，以執行 API 伺服器，來接收使用者的 HTTP 請求，接著使用 Postman 程式來模擬使用者發送 HTTP 請求，並取得 HTTP 回應來測試設計的指令是否正確。

11.3.1　執行 API 伺服器

STEP 01 從下拉選單中選擇「IIS Express」後，點選黑框處執行 Lab11 專案。

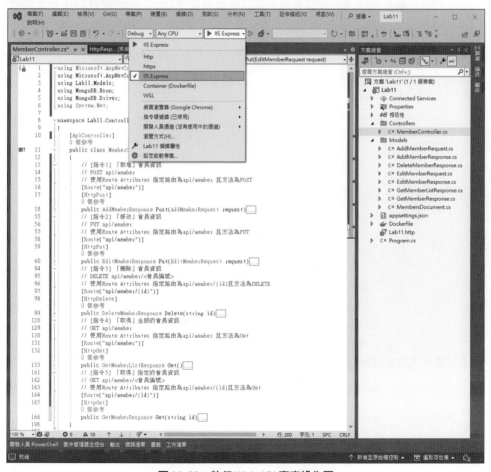

圖 11-28　執行 Web API 專案操作圖

ST EP 02 電腦視窗的右下角會看到 IIS 的執行圖示。

圖 11-29　iisexpress.exe 程序執行示意圖

ST EP 03 專案執行後，Visual Studio 會將專案檔案發布到 IIS Web 伺服器，並自動開啟 Lab11 專案的網址（ URL https://localhost:44376/ ），網址後方的連接埠號 44376 是專案建立時隨機產生。網址顯示的結果會出現「HTTP ERROR 404」，因為我們使用的是 Web API 空白專案，預設不會有任何 Controller 會對 GET 方法的 URL https://localhost:44376/ 進行回應，且 IIS 並沒有設定列出根目錄的內容。

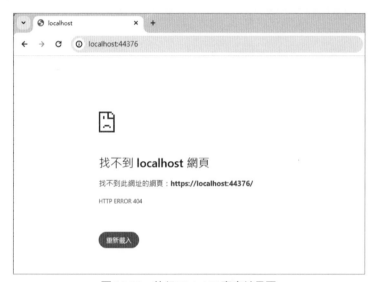

圖 11-30　執行 Web API 專案結果圖

ST EP 04 先停止專案執行，以修正程式問題。

圖 11-31　暫停執行專案示意圖

接下來，新增 [指令 6] 設計根目錄指令的功能，檢查伺服器是否正在執行，以針對根目錄進行回應。請將以下程式碼加入至 MemberController.cs 檔案的 MemberController 類別內，該程式碼為「根目錄」指令的功能，它用於檢查伺服器是否正在執行。

```
01    // [指令6] 狀態檢查
02    // GET /
03    /* 使用 Route Attributes 指定路由為 / 且方法為 Get */
04    [Route("")]
05    [HttpGet]
06    public string GetHealth()
07    {
08        return "Web API is running!";
09    }
```

第 08 行，回傳字串內容結果。

STEP 05 再次執行伺服器。

圖 11-32　新增根目錄指令並執行伺服器操作示意圖

STEP 06 透過瀏覽器訪問 [URL] https://localhost:44376/，回傳的訊息為自定義的「Web API is running!」。

圖 11-33　成功執行結果圖

11.3.2　更改 Web API 專案網址後方的連接埠號

新建的 Web API 專案所使用的伺服器連接埠號都不相同，若要更改連接埠號請按照下方操作步驟：

❶進入 launchSettings.json 編輯頁面。

❷其中 iisSettings.iisExpress.sslPort 為一開始隨機產生的連接埠，本小節將連接埠號修改為「44333」。

❸再次執行即完成更改。

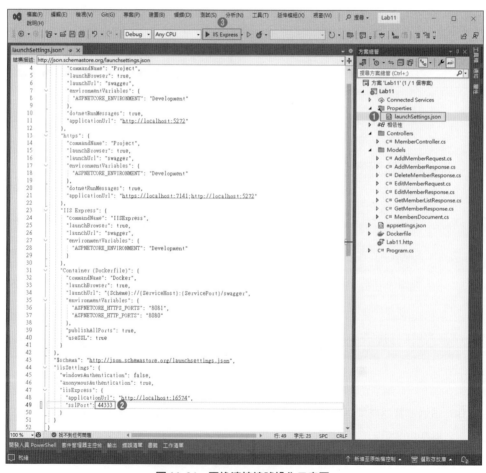

圖 11-34　更換連接埠號操作示意圖

11.3.3　Postman 程式的方式進行測試

　　本小節將介紹如何使用 Postman 程式來模擬使用者發送 HTTP 請求，並取得 HTTP 回應來測試設計的指令是否正確。Postman 是一套測試 HTTP 伺服器的工具，它可將指令匯集成一個集合，以便使用者管理 HTTP 請求。

ST EP 01　下載 Postman 軟體。開啟網址：URL https://www.postman.com/downloads/?utm_source=postman-home，並點選「Windows 64-bit」，下載完成後進行安裝。

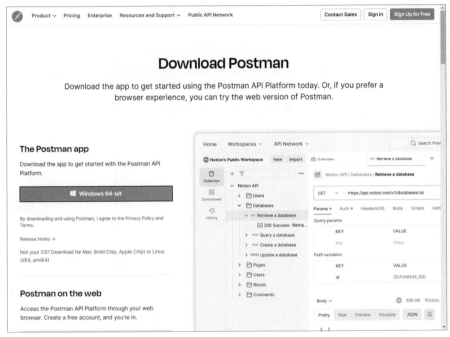

圖 11-35　下載 Postman 軟體

STEP 02 註冊與登入帳號。這裡可以先選擇「Skip and go to the app」。

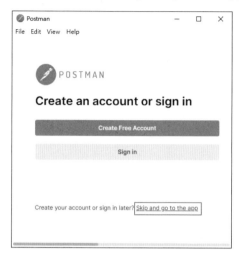

圖 11-36　註冊與登入帳號

STEP 03 點選「Import」按鈕，以匯入指令集合。

圖 11-37　匯入指令集合

STEP 04 點選「Upload Files」，匯入本小節已準備好的指令集合，檔案網址：URL https:// github.com/taipeitechmmslab/MMSLAB-MongoDB/tree/master/Ch-11，檔名 為「Lab11.postman_collection」。

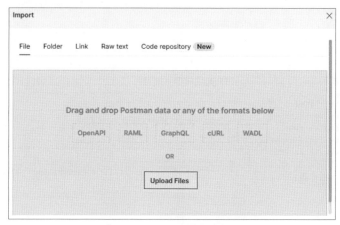

圖 11-38　上傳指令集合檔案

STEP 05 點選「Import」按鈕，以確定匯入指令集合檔案。

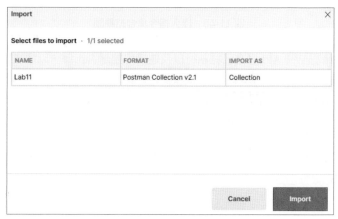

圖 11-39　確定匯入指令集合檔案

STEP 06 匯入完成後，畫面左方為指令集，點選「指令1」後，右方會顯示該指令的相關參數，上方為 HTTP 的方法、傳送網址以及發送按鈕，點選「Body」會在中間顯示傳送的參數，下方為伺服器回應的參數。

圖 11-40　匯入指令集合結果圖

測試前，須確認 Web API 專案已經執行以及連接埠號是否正確，以便後續進行測試。

範例 11-1 新增三筆會員資訊

執行❷~❹步驟循環三次，新增三筆會員資訊。

在步驟❷部分，分別輸入會員資訊，其中三筆會員資訊的會員編號 uid、會員姓名 name 與會員電話 phone 分別為：

第一筆：

```
{
  "uid":"1",
  "name":"Nathan",
  "phone":"0955487135"
}
```

第二筆：

```
{
  "uid":"2",
  "name":"Bob",
  "phone":"0985462782"
}
```

第三筆：

```
{
  "uid":"3",
  "name":"Mandy",
  "phone":"0943625901"
}
```

❶在 Lab11 指令集合清單中，點選「指令1」。

❷在 HTTP Message Body 區域輸入會員資訊。

❸確認傳送的網址為 URL https://localhost:44333/api/member，且方法為「POST」。

❹點選「Send」按鈕，對 Web API 伺服器發送 HTTP POST 請求。

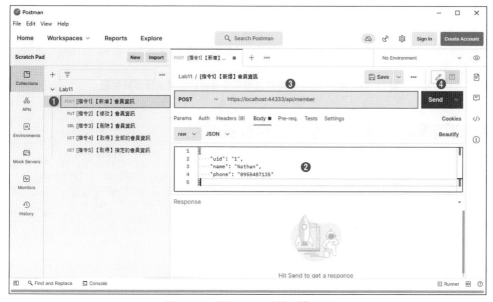

圖 11-41　範例 11-1 的執行操作圖

❺由於 Web API 專案使用的是 Visual Studio 提供的試用版 SSL，因此 Postman 會無法驗證它，這裡我們先點選「Disable SSL Verification」，將驗證關閉。

圖 11-42　關閉 SSL 驗證

❻回應區域會顯示以下結果。

圖 11-43　範例 11-1 的結果圖

圖 11-44　範例 11-1 重複傳送相同會員編號的請求操作結果圖

範例 11-2 修改會員編號為 1 的會員電話

原本儲存在資料庫的會員編號 1 資料如下：

```
{
  "uid":"1",
  "name":"Nathan",
  "phone":"0955487135"
}
```

要修改電話 phone 為 0955777777。

❶在 Lab11 指令集合清單中，點選「指令 2」。

❷在 HTTP Message Body 區域輸入要修改的會員資訊，其中會員編號 uid、會員姓名 name 與會員電話 phone 分別為：

```
{
  "uid":"1",
  "name":"Nathan",
  "phone":"0955777777"
}
```

❸確認傳送的網址為 URL https://localhost:44333/api/member，且方法為「PUT」。

❹點選「Send」按鈕，對 Web API 伺服器發送一個 HTTP PUT 請求。

❺回應區域會顯示結果。

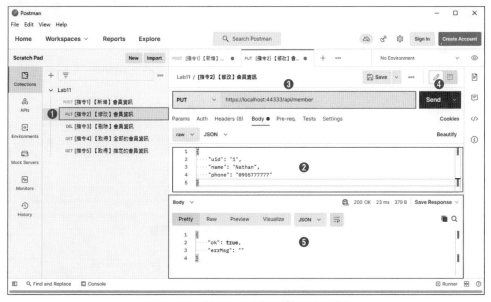

圖 11-45　範例 11-2 的執行操作與結果圖

範例 11-3　刪除會員編號為 2 的會員資訊

原本儲存在資料庫的會員編號 2 資料如下：

```
{
  "uid":"2",
  "name":"Bob",
  "phone":"0985462782"
}
```

要將會員編號 2 資料刪除。

❶在 Lab11 指令集合清單中，點選「指令 3」。

❷要刪除會員編號為 2 的會員，請將「＜會員編號＞」改輸入「2」。

❸確認傳送的網址為URL https://localhost:44333/api/member/2，且方法為「DELETE」。

❹點選「Send」按鈕，對 Web API 伺服器發送 HTTP DELETE 的請求。

❺回應區域會顯示結果。

圖 11-46　範例 11-3 的執行操作與結果圖

圖 11-47　範例 11-3 重複傳送相同會員編號的請求操作結果圖

範例 11-4　取得全部會員的資訊

範例 11-1 新增了三筆資料，但在範例 11-3 刪除會員編號 2 的資料，因此資料庫目前剩餘 2 筆資料。

❶在 Lab11 指令集合清單中，點選「指令 4」。

❷確認傳送的網址為 URL https://localhost:44333/api/member，方法為「GET」。

❸點選「Send」按鈕，對 Web API 伺服器發送 HTTP GET 的請求。

❹回應區域會顯示結果。

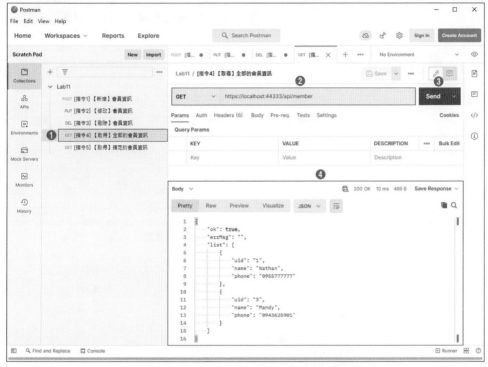

圖 11-48　範例 11-4 的執行操作與結果圖

範例 11-5 取得會員編號為 3 的會員資訊

❶在 Lab11 指令集合清單中，點選「指令 5」。

❷查詢會員編號為 3 的會員，請將「＜會員編號＞」改輸入「3」。

❸確認傳送的網址為 URL https://localhost:44333/api/member/3，方法為「GET」。

❹點選「Send」按鈕，對 Web API 伺服器發送 HTTP GET 的請求。

❺回應區域會顯示結果。

圖 11-49　範例 11-5 的執行操作與結果圖

圖 11-50　範例 11-5 查詢不存在的會員編號的請求操作結果圖

11.3.4　Swagger UI 的方式進行測試

　　還記得前面在建立 Web API 專案時，有勾選「啟動 OpenAPI 支援」，如圖 11-51 所示；OpenAPI 也稱為「Swagger」，勾選之後，此專案會增加一個 Swagger UI 的頁面，並自動將 Controller 中所撰寫的 API 功能顯示在 Swagger UI 頁面上，給予快速測試或查看的作用。

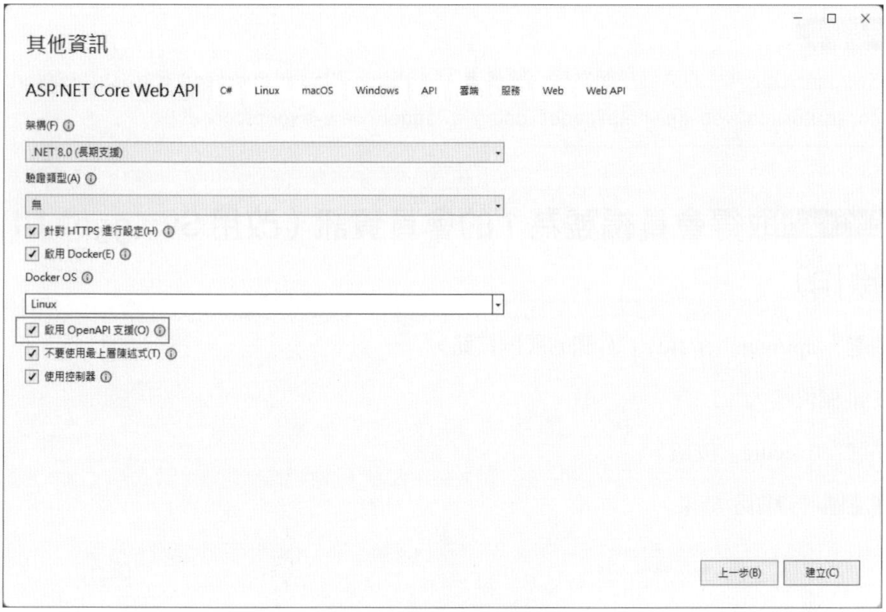

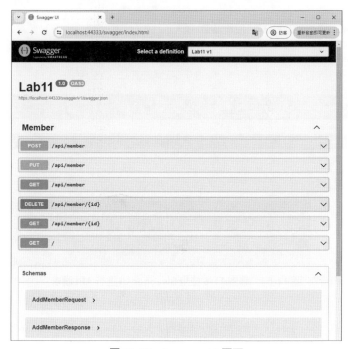

圖 11-51　設定專案架構

在專案預設的情況下，執行程式會自己開啟 Swagger UI 頁面，如圖 11-52 所示，也可以透過以下網址進入：URL https://localhost:44333/swagger/index.html。

圖 11-52　Swagger UI 頁面

❏ Swagger/OpenAP 的詳細説明文件，請參考：URL https://learn.microsoft.com/zh-tw/aspnet/core/tutorials/web-api-help-pages-using-swagger?view=aspnetcore-8.0。

範例 11-6 取得會員編號為 1 的會員資訊（改用 Swagger UI 進行操作）

❶點選「/api/member/{id}」右側的展開按鈕。

❷在 id 欄位輸入「1」。

❸點選「Execute」按鈕。

❹回應區域會顯示結果。

圖 11-53　範例 11-6 使用 Swagger UI 進行 API 請求

✎ 額外練習　　使用 Swagger UI 頁面的功能，來重複範例 11-1~11-4 中使用 Postman 測試過的方法。

11.3.5　更改專案預設啟動 Swagger UI 的方式

新建的 Web API 專案執行時，預設會自動開啟 Swagger UI，若想要取消自動啟動的功能，請按照下方的操作步驟：

❶進入 launchSettings.json 編輯頁面。

❷其中 profiles.IIS Express.launchBrowser 為是否在執行時，自動啟動 profiles.IIS Express. launchUrl 的網址，若要取消則將值改成 false 即可。

❸再次執行即完成更改。

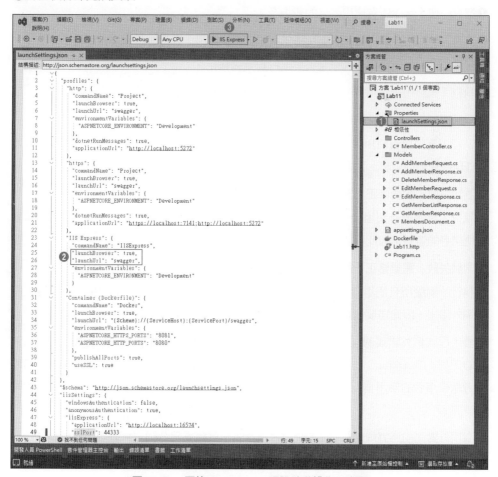

圖 11-54　更換 Swagger UI 預設啟動操作示意圖

11.4 單元測試

撰寫完新的 Web API 指令後，除了執行 Web API 專案的 IIS 伺服器，並使用 Postman 呼叫指令進行測試之外，還可透過單元測試來檢查新指令的結果是否正確。例如：需要一個新的指令能夠「從資料庫移除所有使用者資料」，而我們已經完成了一個「取得所有使用者資料」的指令。

開發新的指令，並加入單元測試的流程如下：

❶撰寫一個「刪除所有使用者」的新指令。

❷撰寫「刪除所有使用者」的單元測試，並在其中使用「取得所有使用者資料」的指令。

❸根據單元測試的結果來判斷是否要進行程式碼修正。

執行「刪除所有使用者」的單元測試，會有三種結果：

❏ 測試成功

執行「刪除所有使用者」指令後，再執行「取得所有使用者資料」的指令，會讀取不到任何使用者的資料，因此測試成功。

❏ 測試失敗，需要修正「刪除所有使用者」指令

執行「刪除所有使用者」指令後，再執行「取得所有使用者資料」的指令，仍然讀取到使用者的資料，因此需要修正「刪除所有使用者」指令。

❏ 測試失敗，需要修正「取得所有使用者」指令

執行「刪除所有使用者」指令後，再執行「取得所有使用者資料」的指令時，發生程式例外錯誤，因此需要修正「取得所有使用者」指令。

發生程式例外錯誤的原因，可能在於設計「取得所有使用者」時，沒有考慮到使用情況的例外（Exception），導致程式產生錯誤。單元測試的目的在於，儘可能在設計階段多考慮使用者的使用情況及對應的措施，進而避免錯誤發生，以及減少程式完成後的除錯時間。

我們針對先前所完成的指令 1「新增會員資訊」撰寫單元測試，判斷新增會員資料指令的回應內容是否正常，且無發生使用例外。

單元測試的操作共有下列步驟：

STEP 01 建立單元測試專案。

❶打開在 Lab11 專案 Controllers 資料中的「MemberController.cs」。

❷在「MemberController」文字上方按滑鼠右鍵。

❸選擇「建立單元測試」。

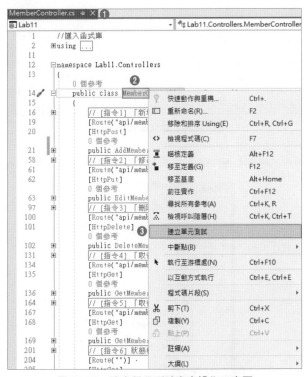

圖 11-55　建立單元測試專案操作示意圖

❹在測試專案欄位中，選擇「＜新測試專案＞」會自動建立測試專案。

❺點選「確定」按鈕，以建立新的測試專案與新增單元測試的檔案。

圖 11-56　建立單元測試視窗

❻顯示結果。新增測試專案 Lab11Tests 與新增單元測試檔案 MemberControllerTests.cs。

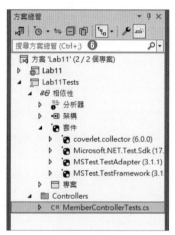

圖 11-57　建立新的測試專案完成示意圖

ST EP 02 執行預設的單元測試。

❶打開在 Lab11Tests 專案 Controllers 資料夾中的 MemberControllerTests.cs。

❷在「MemberControllerTests」文字上方按滑鼠右鍵。

❸選擇「執行測試」。

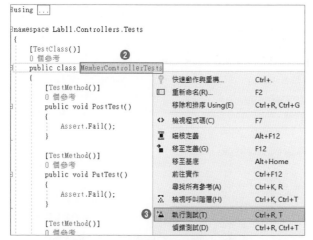

圖 11-58　執行預設測試操作示意圖

❹顯示結果。建立 MemberController 單元測試時會產生六個指令，且預設選擇「判斷提示失敗」作為測試結果的提示，因此在無修改任何測試程式碼時，「測試總管」視窗會顯示六個測試結果皆為「失敗」，以及各自執行測試所花費的時間。

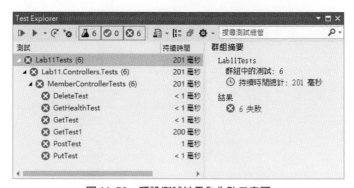

圖 11-59　預設測試結果為失敗示意圖

圖 11-60　建立單元測試視窗的判斷提示失敗示意圖

STEP 03　修改單元測試的程式並執行

❶以下程式碼為「測試新增一個使用者」指令的功能，請將此段程式碼取代 Lab11Tests 專案中 Controller 資料夾的 MemberControllerTests.cs 檔案的內容。

```
01    using Microsoft.VisualStudio.TestTools.UnitTesting;
02    using Lab11.Controllers;
03    using System;
04    using System.Collections.Generic;
05    using System.Linq;
06    using System.Text;
07    using System.Threading.Tasks;
08
09    namespace Lab11.Controllers.Tests
10    {
11        public class Member
12        {
13            public string name { get; set; }  // 會員姓名
14            public string phone { get; set; } // 會員電話
15        }
16        [TestClass()]
17        public class MemberControllerTests
18        {
19            private List<Member> GetTestMember()
20            {
21                var testMember = new List<Member>();
22                testMember.Add(new Member { name = "測試人員1", phone =
   "09123456789" });
23                testMember.Add(new Member { name = "測試人員2", phone =
   "09123456788" });
24                testMember.Add(new Member { name = "測試人員3", phone =
   "09123456787" });
25                return testMember;
26            }
27            [TestMethod()]
28            public void CreateUserTest()
29            {
30                var newMember = GetTestMember().First();
31                var request = new AddMemberRequest();
32                request.uid = new Random().Next().ToString();
33                request.name = newMember.name;
34                request.phone = newMember.phone;
35                var response = new MemberController().Post(request);
36                Assert.AreEqual(response.ok, true);
37            }
38        }
39    }
```

第 11-15 行，宣告 Member 類別，內部有 name 與 phone 兩個屬性。

第 16 行，設定 MemberControllerTests 為測試類別。

第 19-26 行，新增一個方法為 GetTestMember，並會回傳有 3 個 Member 的 List。

第 27 行，設定 CreateUserTest() 是一個單元測試。

第 30 行，宣告新的成員變數，透過呼叫 GetTestMember 方法回傳 List，並使用 First 方法取得第一個 Member。

第 31 行，宣告新增成員的請求變數。

第 32 行，透過亂數方法產生一個隨機數，並轉換為字串。

第 33 行，將請求的 name 屬性設定為新成員的 name 屬性。

第 34 行，將請求的 phone 屬性設定為新成員的 phone 屬性。

第 35 行，呼叫 Web API 專案內的 MemberController 中的 Post 方法並傳送 request 請求。

第 36 行，檢查 MemberController 中 Post 方法的程式結果，在 ok 屬性值上是否為 true。

❷ 修正 AddMemberRequest 提示的錯誤。需要加入套件，將滑鼠停留在 AddMember Request 方法上方，點選「顯示可能的修正」。

```
[TestMethod()]
● | 0 個參考
public void CreateUserTest()
{
    var newMember = GetTestMember().First();
    var request = new AddMemberRequest();
    request.uid = new Random().Next().ToString();
    request.name = newMember.name;
    request.phone = newMember.phone;
    var response = new MemberController().Post(request);
    Assert.AreEqual(response.ok, true);
}
```

CS0246: 找不到類型或命名空間名稱 'AddMemberRequest' (是否遺漏了 using 指示詞或組件參考?)

顯示可能的修正 (Alt+Enter 或 Ctrl+.) ❷

圖 11-61　修正問題示意圖

❸ 選擇「using Lab11.Models;」。

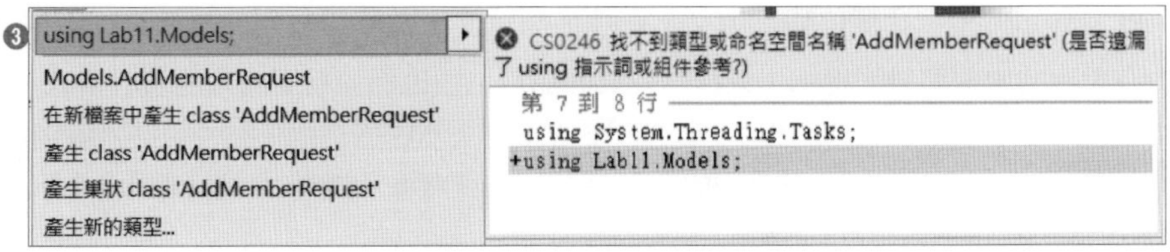

❸ using Lab11.Models;　▶

Models.AddMemberRequest

在新檔案中產生 class 'AddMemberRequest'

產生 class 'AddMemberRequest'

產生巢狀 class 'AddMemberRequest'

產生新的類型...

❌ CS0246 找不到類型或命名空間名稱 'AddMemberRequest' (是否遺漏了 using 指示詞或組件參考?)

第 7 到 8 行
using System.Threading.Tasks;
+using Lab11.Models;

圖 11-62　加入參考套件示意圖

❹在「CreateUserTest」文字上方按滑鼠右鍵。

❺選擇「執行測試」。

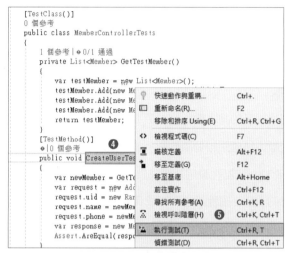

圖 11-63 執行測試程式操作示意圖

❻顯示結果。成功執行新增會員資訊的單元測試。

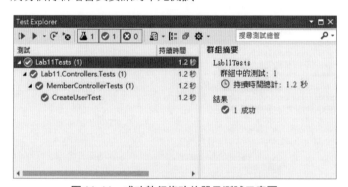

圖 11-64 成功執行修改的單元測試示意圖

　　上述的單元測試只有輸入正確的會員資訊並單純的判斷回傳的內容，但實際上會有各種可能的輸入情況，尤其在 Web API 專案是公開使用時，我們無法預測使用者會如何使用 API，例如：在電話欄位輸入中文、在姓名欄位輸入數字等，因此 Web API 伺服器應該要有對應的處理與錯誤提示，以提升程式的品質，並確保資料庫寫入的資料格式一致。

> ✎ **額外練習** 分別為 Web API 專案中的指令 2 到指令 6 撰寫單元測試，並透過程式產生不同的請求內容，以模擬各種輸入的情況。

11.5 程式除錯方法

執行 Web API 專案或單元測試時，使用者可在某一段程式中加入中斷點，以暫停程式的處理程序，讓使用者得以瞭解程式執行時的過程，而專案內可設定多個中斷點，以利於使用者進行程式除錯。

以下示範在指令5的程式中新增一個中斷點，以暫停程式執行。

❶新增中斷點。在 MemberController 中的指令5內的左邊灰色處按滑鼠左鍵，以新增中斷點，重複點擊可移除中斷點。

❷執行 Web API 專案。

圖 11-65　程式除錯操作示意圖

❸執行後會開啟 Swagger UI，並呼叫 /api/member/{id}。因為 Web API 程式有中斷點，所以操作的結果會卡在 LOADING 中。

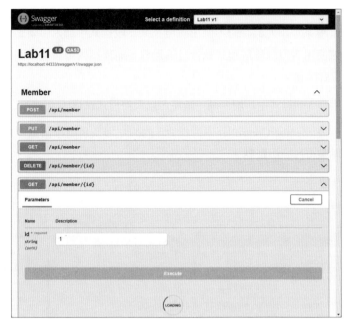

圖 11-66　Swagger UI 等待回應示意圖

❹ Web API 程式在中斷點等待操作。

❺「區域變數」區域可瀏覽目前的區域變數。

❻「輸出」區域可查看目前程式執行印出的相關 Log 資訊。

❼執行程式操作。由左至右分別為「逐步執行」、「不進入函式」、「跳離函式」。

❽點選「繼續」按鈕，直到下個中斷點。

圖 11-67　正在中斷的程式操作示意圖

圖 11-68　瀏覽變數操作示意圖

圖 11-69　繼續執行的程式操作示意圖

✎ 額外練習　在指令 1~5 的程式中新增中斷點，並使用 Postman 發送 HTTP Request，以觀察每一行程式的數值變化。

11.6 發布 Web API 專案

我們將撰寫完成的 Web API 專案發布到本機電腦的 IIS 服務。在電腦上佈署 Web API 2 專案，分為兩個步驟：①安裝 IIS 服務；②編譯專案並發布 Web API 專案。而本小節介紹兩種發布 Web API 專案的方式：①使用 Visual Studio 發布；②使用 msbuild.exe 發布。

STEP 01 安裝本機的 IIS 服務。

❶開啟「控制台」並點選「程式集」。

圖 11-70　開啟控制台的程式集示意圖

❷點選「開啟或關閉 Windows 功能」。

圖 11-71　執行開啟或關閉 Windows 功能操作示意圖

❸勾選「Internet Information Service」以及需額外勾選「ASP.NET 4.8」，以及「Internet Information Service 可裝載的 Web 核心」。按下「確定」按鈕，來安裝 IIS 服務與 ASP. NET 套件。

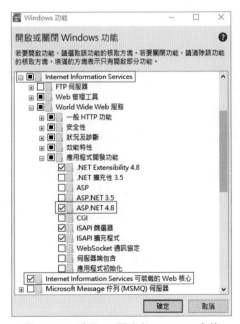

圖 11-72　啟用 IIS 服務與 ASP.NET 套件

❹IIS 在安裝完後會建立，預設的站台名稱為「Default Web Site」，且被執行的檔案位置會存放在「C:\inetpub\wwwroot」。

STEP 02 編譯與發布 Web API 專案

❏ 方法一：透過系統管理員身分執行 Visual Studio，以發布 Web API 專案

❶搜尋「Visual Studio 2022」。

❷在「Visual Studio 2022」的右側目錄中，選擇「以系統管理員身分執行」。發布會修改到系統服務，所以必須具備足夠的權限。

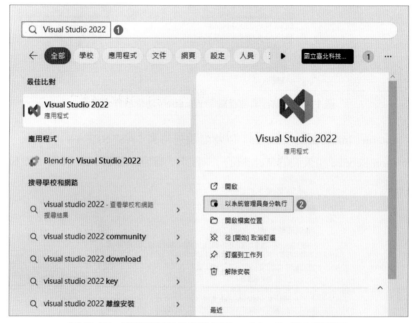

圖 11-73　系統管理員身分執行 Visual Studio 操作示意圖

❸開啟「Lab11」專案，並在檔案總管的「Lab11」專案名稱上按右鍵，選擇「發布」。

圖 11-74　執行專案發布操作示意圖

❹設定發布的目標。選擇「網頁伺服器（IIS）」，並點選「下一步」按鈕。

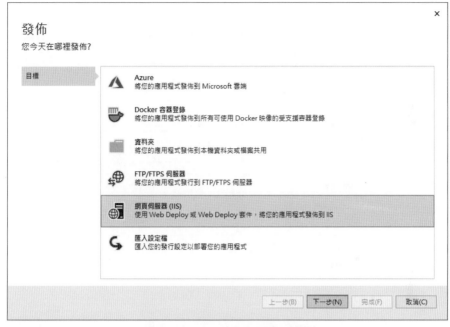

圖 11-75　設定發布的目標示意圖

❺設定發布的特定目標。選擇「Web Deploy」，並點選「下一步」按鈕。

圖 11-76　設定發布的特定目標示意圖

❻設定 IIS 連線。在伺服器輸入「localhost」，網站名稱輸入「Default Web Site」，並點選「完成」按鈕。

圖 11-77　設定 IIS 連線示意圖

❼編輯組態。點選發布畫面中的編輯圖示。

圖 11-72　編輯組態示意圖

❽點選「驗證連接」按鈕。看到綠色勾勾表示正確連接本地的 IIS 服務,接著點選「下一個」按鈕。

圖 11-79　驗證連線操作示意圖

📝 延伸學習　　IIS 服務安裝完成後,預設的網站名稱為「Default Web Site」,若嘗試驗證連線至不存在的網站名稱,會產生失敗的結果。

圖 11-80　驗證的網站名稱不存在示意圖

❾瀏覽各個參數的內容，並點選「儲存」按鈕。

圖 11-81　設定發布參數操作示意圖

❿完成設定後，即可點選「發布」按鈕。

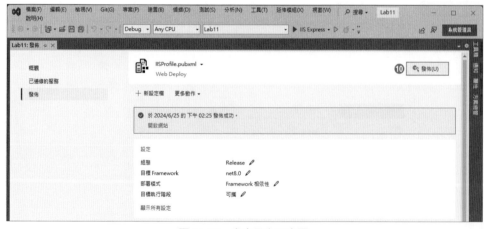

圖 11-82　專案發布示意圖

⓫顯示結果。開啟瀏覽器瀏覽 URL http://localhost/，會發現 URL http://localhost/ 的後方沒有任何埠號，也能瀏覽服務，因為預設的 IIS 網站「Default Web Site」是使用埠號 80，Chrome 瀏覽器使用「http://」來表示連線的埠號為 80，如看到「https://」表示連線的埠號為 443。

Web API is running!

圖 11-83　成功發布 Web API 專案至本機的 IIS 服務示意圖

♬ 延伸學習

❏ 預設埠號說明，請參考： URL https://en.wikipedia.org/wiki/List_of_TCP_and_UDP_port_numbers。

❏ **方法二：透過系統管理員身分執行 msbuild.exe 工具，以發布 Web API 專案**

前置需求：

❶ 搜尋「環境變數」。

❷ 開啟「編輯系統環境變數」，會開啟「系統內容」視窗。

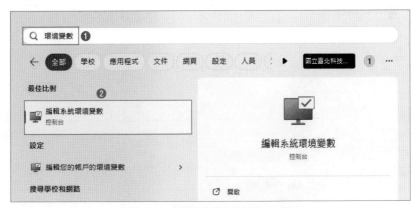

圖 11-84　開啟系統內容操作示意圖

❸ 在「系統內容」視窗中，點選「環境變數」。

❹ 在「系統變數」中找到「Path」變數並點選。

❺ 點選「編輯 (I)」按鈕。

❻ 新增變數。此目錄為 msbuild.exe 預設的存放位置，根據 Visual Studio 版本會有不同位置，示範的使用 Community 版本。

- 企業版（Enterprise）目錄：「C:\Program Files\Microsoft Visual Studio\2022\Enterprise\MSBuild\Current\Bin」。

●社群版（Community）目錄：「C:\Program Files\Microsoft Visual Studio\2022\Community\MSBuild\Current\Bin」。

❼點選「確定」按鈕來完成新增變數。

❽點選「確定」按鈕來完成新增變數。

❾點選「確定」按鈕來結束新增變數，並確認生效。

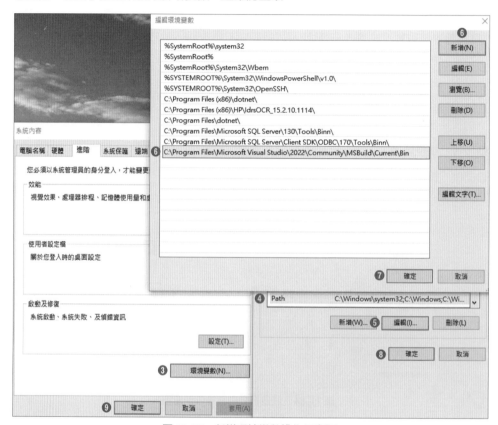

圖 11-85　新增環境變數操作示意圖

開始操作：

❶搜尋「cmd」。

❷在「命令提示字元」按右鍵，並點選「以系統管理員身分執行」。

圖 11-86　開啟命令提示字元操作示意圖

❸在命令提示字元中輸入「cd C:\[使用者名稱]\source\repos\Lab11\Lab11 」，移動位置至 Web API 專案資料夾。如果專案儲存在不同的地方，需自行修改對應的位置。

圖 11-87　移動位置到專案資料夾操作示意圖

❹輸入：

```
msbuild Lab11.csproj /p:VisualStudioVersion=15.0 /p:Configuration=Release /p:
TransformConfigFile=true /p:WebPublishMethod=MSDeploy /p:MSDeployPublishMethod=
InProc /p:DeployIISAppPath="Default Web Site" /p:MSDeployServiceURL=localhost
```

透過使用 msbuild 工具，並指定發布的參數，進行 Web API 專案發布至本機的 IIS 服務。msbuild 工具的發布結果與使用 Visual Studio 進行專案發布相同。

圖 11-88　透過 msbuild 工具發布專案操作示意圖

❺顯示結果。開啟瀏覽器瀏覽 URL http://localhost/，會發現 URL http://localhost/ 的後方沒有任何埠號，也能瀏覽服務，因為預設的 IIS 網站「Default Web Site」是使用埠號 80，Chrome 瀏覽器使用「http://」來表示連線的埠號為 80，如看到「https://」表示連線的埠號為 443。

圖 11-89　成功發布 Web API 專案至本機的 IIS 服務示意圖

🎵 延伸學習　**新增與修改 Web API 專案在 IIS 服務所使用的埠號**

新建立的 IIS 預設使用埠號為 80，如果要新增或修改為別的連線埠號，請參考以下步驟：

❶搜尋「Internet Information Service（IIS）管理員」。

❷開啟「Internet Information Service（IIS）管理員」。

·
6

發布 Web API 專案

圖 11-90　開啟 IIS 操作示意圖

❸點選「Default Web Site」。在右邊的「管理網站」可看到目前「Default Web Site」使用的埠
號與執行狀態，以及對服務進行重新啟動、啟動或停止。

圖 11-91　IIS 管理員主畫面示意圖

❹在「Default Web Site」按右鍵，點選「編輯繫結」。

圖 11-92　編輯繫結操作示意圖

❺點選「新增」按鈕。

❻選擇「https」類型，並在連接埠輸入「44333」。

❼在 SSL 憑證處，選擇「IIS Express Development Certificate」。

❽點選「確定」按鈕。

❾點選「關閉 (C)」按鈕。

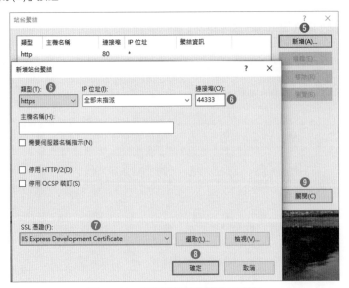

圖 11-93　新增連接埠號操作示意圖

❿在 IIS 視窗右方的「管理網站」中,點選「重新啟動」,並確認修改 Web API 專案所使用的埠號為「44333」。

圖 11-94　重新啟動服務操作示意圖

⓫顯示結果。

圖 11-95　成功新增埠號示意圖

11.7 設定專案組態檔

執行或發布 Web API 專案的伺服器時,我們可能會需要根據伺服器的環境設定不同的組態檔,以便設定資料庫的連線字串或讓指令顯示不同的內容。在專案中,預設的組態檔有 appsettings.json 和 appsettings.Development.json,我們可以另外新增一個 appsettings.Production.json。

圖 11-96　額外新增的組態檔示意圖

appsettings.json 組態內容通常會根據目前系統的環境,去選擇讀取 appsettings.Development.json 或是 appsettings.Production.json,而系統的環境則是在程式開始運作時,會去抓取系統中名稱叫做「ASPNETCORE_ENVIRONMENT」的環境變數,通常這個環境變數分別為 Development 和 Production。

我們在使用 Visual Studio 執行專案時,會自動為我們的程式注入 ASPNETCORE_ENVIRONMENT 環境變數,其是根據 launchSettings.json 中每個啟動方法的 environment

Variables 來注入環境變數。從圖 11-97 中，可以看到目前選擇 IIS Express 的啟動方法，而在 launchSettings.json 中，IIS Express 就會將 ASPNETCORE_ENVIRONMENT 環境變數注入為 Development 的字串，後續就會根據此字串來取用 appsettings.Development.json 的組態檔。

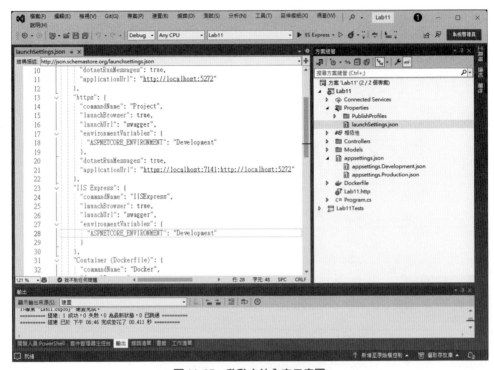

圖 11-97　啟動方法內容示意圖

接下來，我們示範如何以切換 Visual Studio 上方的啟動方式來快速切換組態檔，操作步驟如下：

STEP 01 啟動方式內容設定。

❶進入 launchSetting.json 編輯頁面。

❷將原本的 IIS Express 改名為「IIS Express (Dev)」，以方便後續辨識。

❸從 IIS Express (Dev) 複製一份，並改名為「IIS Express (Prod)」。

❹將 ASPNETCORE_ENVIRONMENT 的值替換成 Production。

❺展開執行方法的選單來查看結果。IIS Express (Dev) 和 IIS Express (Prod) 兩種執行方法都一樣，只差在讀取的組態檔不同而已。

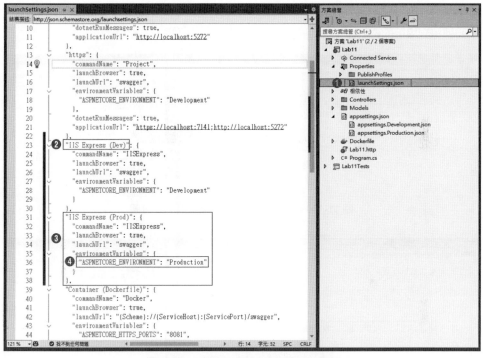

圖 11-98　啟動方式內容設定操作示意圖

圖 11-99　啟動方式內容設定結果圖

STEP 02　組態檔內容設定。

❶進入 appsettings.Development.json 編輯頁面。

❷新增 MongodbUrl 欄位，值為 mongodb://localhost:27017，代表 Development 環境下，
將連線 localhost 的資料庫。

❸進入 appsettings.Production.json 編輯頁面。

❹新增 MongodbUrl 欄位，值為 mongodb://example.com:27017，代表 Production 環境下，
　將連線到線上的資料庫。

圖 11-100　開發版組態檔內容設定操作示意圖

圖 11-101　正式版組態檔內容設定操作示意圖

STEP 03　程式載入時讀取組態檔方法。

❶新增 EnvService.cs 類別，並進入編輯頁面。

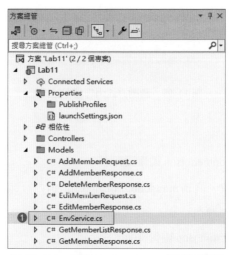

圖 11-102　新增 EnvService.cs 類別示意圖

❷ EnvService.cs 中的程式碼如下：

```
01    namespace Lab11.Models
02    {
03        public static class EnvService
04        {
05            public static IConfigurationRoot? ConfigRoot { get; set; }
06
07            public static void Config(string environmentName)
08            {
09                ConfigRoot = new ConfigurationBuilder()
10                    .SetBasePath(Directory.GetCurrentDirectory())
11                    .AddJsonFile("appsettings.json", optional: true,
    reloadOnChange: true)
12                    .AddJsonFile($"appsettings.{environmentName}.json",
    optional: true, reloadOnChange: true)
13                    .Build();
14            }
15        }
16    }
```

第 05 行，使用靜態的變數來儲存環境變數取得的結果。

第 07 行，定義取得環境變數的方法，輸入的參數為目前的環境字串。

第 09 行，根據輸入的環境字串來取得 appsettings.XXX.json 的內容，並存入 ConfigRoot
靜態變數。

❸ 進入 Program.cs 編輯頁面。

❹ 在 builder 建立後，加上「EnvService.Config(builder.Environment.EnvironmentName);」
這行程式碼。builder.Environment.EnvironmentName 是用來取得環境字串。

```
EnvService.cs    Program.cs  ≠ ×                                              ▼ ✿   方案總管                                        ▼ ♯ ×
Lab11                          ▼ ᷈$Lab11.Program            ▼ ᵒ Main(string[] args)  ▼ ＋  📁 ᵒ ᵉ ⇄ ᵈ ᶜ⁾ ᵗᵒₓ ⎘ 🔧 ᴄ⁾
          1                                                                            搜尋方案總管 (Ctrl+;)                              ρ ▼
(@        2        using Lab11.Models;                                                  📂 方案 'Lab11' (2 / 2 個專案)
          3                                                                             ▲ 📁 Lab11
          4      ᵛnamespace Lab11                                                          ▷ 🔗 Connected Services
          5        {                                                                      ▲ 📁 Properties
                       0 個參考                                                               ▷ 📁 PublishProfiles
          6          public class Program                                                       🗐 launchSettings.json
          7          {                                                                       ▷ ♯@ 相依性
                         0 個參考                                                             ▷ 📁 Controllers
          8            public static void Main(string[] args)                               ▷ 📁 Models
          9            {                                                                    ▷ 🗐 appsettings.json
          10               var builder = WebApplication.CreateBuilder(args);               ▷ 🐳 Dockerfile
          11                                                                                  🗐 Lab11.http
          12               // Add services to the container.                               ▷ C♯ Program.cs          ❸
       ❹ 13               EnvService.Config(builder.Environment.EnvironmentName);          ▷ 📁 Lab11Tests
          14
          15               builder.Services.AddControllers();
          16               // Learn more about configuring Swagger/OpenAPI at https://ak
          17               builder.Services.AddEndpointsApiExplorer();
          18               builder.Services.AddSwaggerGen();
          19
          20               var app = builder.Build();
          21
          22               // Configure the HTTP request pipeline.
121 %  ▼ 🖉 🖉    ❷ 找不到任何問題         🖋 ▼        ◀                  ▶  行: 13    字元: 68    SPC    CRLF
```

圖 11-103　修改主程式內容示意圖

❺ 將 MemberController.cs 的指令 6 函式中的內容，替換成以下程式碼：

```
01     public string GetHealth()
02     {
03         var mongodbUrl = EnvService.ConfigRoot["MongodbUrl"];
04         return $"mongodbUrl is {mongodbUrl}";
05     }
```

第 03 行，取得 MongodbUrl 的環境變數結果。

第 04 行，透過 API 回應結果。

```
EnvService.cs    Program.cs    MemberController.cs  ≠ ×                          ▼ ✿   方案總管                                        ▼ ♯ ×
Lab11                          ▼ ᷈$Lab11.Controllers.MemberControll◀ ▼ ᵒ Put(EditMemberRequest request) ▼ ＋  📁 ᵒ ᵉ ⇄ ᵈ ᶜ⁾ ᵗᵒₓ ⎘ 🔧 ᴄ⁾
         159    ᵛ     // [指令5] 「取得」指定的會員資訊                                    搜尋方案總管 (Ctrl+;)                              ρ ▼
         160          // GET api/member/<會員編號>                                       📂 方案 'Lab11' (2 / 2 個專案)
         161          // 使用Route Attributes 指定路由為api/member/{id}且方法為Get          ▲ 📁 Lab11
         162          [Route("api/member/{id}")]                                          ▷ 🔗 Connected Services
         163          [HttpGet]                                                           ▲ 📁 Properties
                      0 個參考                                                                ▷ 📁 PublishProfiles
         164    >     public GetMemberResponse Get(string id)...                               🗐 launchSettings.json
         196    ᵛ     // [指令6] 狀態檢查                                                    ▷ ♯@ 相依性
         197          // GET /                                                            ▲ 📁 Controllers
         198          /* 使用Route Attributes 指定路由為/且方法為Get */                        ▷ C♯ MemberController.cs
         199          [Route("")]                                                         ▷ 📁 Models
         200          [HttpGet]                                                           ▷ 🗐 appsettings.json
                      0 個參考                                                             ▷ 🐳 Dockerfile
         201    ᵛ     public string GetHealth()                                             🗐 Lab11.http
         202          {                                                                  ▷ C♯ Program.cs
       ❺ 203              var mongodbUrl = EnvService.ConfigRoot["MongodbUrl"];           ▷ 📁 Lab11Tests
         204              return $"mongodbUrl is {mongodbUrl}";
         205          }
         206
         207      }
         208  }
121 %  ▼ 🖉 🖉    ❷ 0   ⚠ 11   ↑  ↓    🖋 ▼    ◀  ▌▌▌▌▌▌▌▌▌▌            ▶  行: 208    字元: 1    SPC    CRLF
```

圖 11-104　修改控制器內容示意圖

ST EP 04 測試結果。

切換不同的執行方式，IIS Express (Dev) 和 IIS Express (Prod)，並使用 Swagger UI 來查看 API 回應的結果。

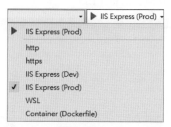

圖 11-105　切換執行方式操作示意圖

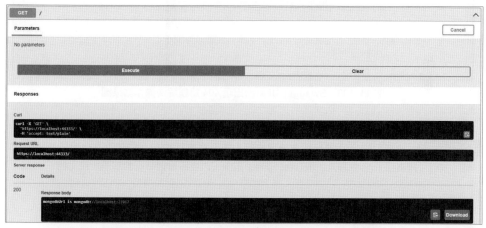

圖 11-106　IIS Express (Dev) 執行方式的 API 回應結果圖

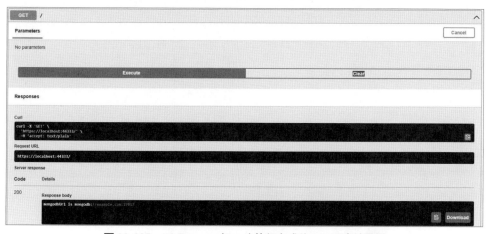

圖 11-107　IIS Express (Prod) 執行方式的 API 回應結果圖

♬ 延伸學習　切換到 IIS Express (Prod) 執行後，會發現 Swagger UI 頁面出現 404 錯誤找不到，因為在 Program.cs 中啟動 Swagger UI 的方法被包在 if (app.Environment.IsDevelopment()) 的區塊中，也就表示僅在 Development 的環境下，才會開啟 Swagger UI，我們將 if 註解掉後，即可正確在 IIS Express (Prod) 中啟用 Swagger UI。

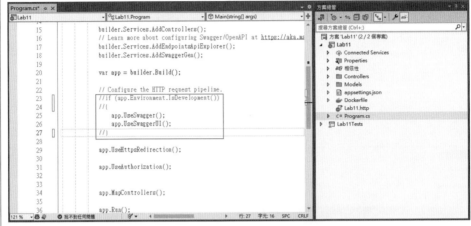

圖 11-108　Swagger UI 頁面出現 404 錯誤解決操作結果圖

🔍 注　意　若特定的 Port 號已經有服務執行，需要將專案的 Port 修改為其他未被使用的號碼。我們可藉由在 cmd 中輸入「netstat -ano」指令，以查看目前執行的服務所使用的 Port 號。

memo

memo

memo

memo

memo